Excel商务智能

Power Query和Power Pivot
数据清洗、建模与分析实战

刘必麟（@小必）◎著

电子工业出版社·
Publishing House of Electronics Industry
北京·BEIJING

内 容 简 介

本书主要介绍 Excel 商务智能组件 Power Query 和 Power Pivot 在数据分析方面的应用。全书共 11 章：第 1 章介绍 Excel 中的 Power Query 和 Power Pivot 两大商务智能组件及其功能；第 2 章至第 6 章介绍如何使用 Power Query 来获取数据并进行处理，主要包含 Power Query 的基本操作、M 函数和 M 公式的基础知识、常用的 M 函数，以及数据处理的综合案例；第 7 章至第 11 章介绍如何使用 Power Pivot 进行数据建模和分析，主要包含 Power Pivot 的基本操作、数据模型的建立、DAX 表达式的基础知识和进阶知识、常用的 DAX 函数，以及数据分析的综合案例。

本书紧贴实际应用场景，深入浅出地介绍了 Excel 商务智能组件强大的数据处理和建模分析能力。为了方便读者学习，本书针对一些综合性强或难点章节录制了配套视频。通过阅读本书，读者可以更加高效地进行数据分析工作。

本书适合有一定基础的 Excel 用户和 Power BI 用户阅读，可以作为销售、客服、采购、仓储、物流、人力资源、财务、电商等相关岗位职场人士的参考用书，也适合 Excel 爱好者、数据"发烧友"、在校大学生及经常和数据打交道的朋友阅读。

图书在版编目（CIP）数据

Excel 商务智能：Power Query 和 Power Pivot 数据清洗、建模与分析实战 / 刘必麟著. —北京：电子工业出版社，2022.10

ISBN 978-7-121-44230-8

Ⅰ. ①E⋯ Ⅱ. ①刘⋯ Ⅲ. ①表处理软件 Ⅳ.①TP391.13

中国版本图书馆 CIP 数据核字（2022）第 162279 号

责任编辑：李利健　　　　特约编辑：田学清
印　　　刷：三河市良远印务有限公司
装　　　订：三河市良远印务有限公司
出版发行：电子工业出版社
　　　　　北京市海淀区万寿路 173 信箱　　　邮编：100036
开　　本：720×1000　　1/16　　印张：20　　字数：381 千字
版　　次：2022 年 10 月第 1 版
印　　次：2022 年 10 月第 1 次印刷
定　　价：88.00 元

推 荐 语

很多人都会问我一个问题：如何学习 Power BI 这样一款功能强大的工具？多数情况下，我会告诉他："你应该从 Excel 开始学起，那是它的'妈妈'。"是的，作为一个希望得到商业智能助力的人，对于数据的理解和了解、对于日常业务环境的观察是必不可少的，这对于驾驭和使用 Power BI 是非常重要的。恰逢小必老师邀请我来阅读他的新作，我看到了这本不错的入门图书。在这里，您可以从 Excel 的视角看到 BI 技术的运作方法，也可以从此处入门 Power BI。愿好书陪伴大家共同进步。

—— Power Platform 中文社区联合创始人、Power BI 老粉丝　刘钰

面对海量的数据和复杂的数据结构，常规的 Excel 工作表函数和公式已经无法满足这样的场景需求。在不需要 IT 人员介入的情况下，Excel 商务智能组件 Power Query 和 Power Pivot 能够让复杂的数据处理和多表建模分析变得更加高效和流程化。本书以实际案例为出发点，深入浅出地介绍了 Power Query 和 Power Pivot 组件。学习完本书，您会发现此时的 Excel 已非彼时的 Excel 了。

—— ExcelHome 论坛创始人、总版主　周庆麟

我们每个人对 Excel 应该都不陌生，但是大多数人对它的认识还停留在 10 年前，以为它只是一款表格处理工具，其实它早已经被植入了强大的数据处理和分析模块——Power Query 和 Power Pivot，以应对数字化时代的挑战。通过对本书的学习，您将会刷新对 Excel 的认识，并大幅度提升自己的数字化技能。

—— Power BI 图书作者、"Power BI 星球"公众号主理人　采悟

阅读一遍本书后，我的总体感受是翔实、通俗、全面。如果您想从事数据分析工作，或者您已经是一名数据工作者，那么本书将是一本值得您学习的好书。本书从基础知识开始，循序渐进地讲解了数据清洗（Power Query）和数据分析（Power Pivot）两部分的核心技术，并且为了帮助读者巩固所学的知识点，还配有大量案例讲解。相信学习完本书，您一定可以将书中讲解的知识学以致用。

—— Office 培训讲师、Office 图书作者　曾贤志

我们在工作中使用 Excel 更多的是进行数据处理和运算，但是在互联网时代，随着数据量的激增及数据使用场景的复杂化，很多时候 Excel 常规的操作并不能够满足我们的需求。Power Query 和 Power Pivot 是微软对 Excel 在大量数据处理、建模分析等方面的补充与扩展。如果您觉得目前 Excel 常规的操作已经不能满足日常数据的处理和分析，那么推荐您学习一下小必老师的这本书，它将会对您的工作有很大的帮助。

——《对比 Excel，轻松学习 Python 数据分析》作者　张俊红

关于 Excel 的 Power Query 和 Power Pivot 方面的图书，尤其是关键基础知识和实战案例方面的图书非常少。小必老师的这本书结合较新的功能、函数和案例，非常好地对这个领域进行了补充。本书从 Power Query 和 Power Pivot 的功能操作、注意事项、主要原理、函数应用、综合实战等角度出发，通过一系列的案例，对 Power Query 和 Power Pivot 的关键基础知识、核心函数，以及常用的实战案例进行了充分的讲解。希望想实现 Excel 报表和数据分析自动化的读者朋友，在小必老师的带领下，把基础打牢，学以致用！

——《从数据到 Excel 自动化报表：Power Query 和 Power Pivot 实战》作者
黄海剑（@大海）

人人都是数据分析师！这绝对不是一个噱头，Excel 商务智能组件 Power Query 和 Power Pivot 的普及，使得用 Excel 进行数据分析从复杂的技术工作变成了一套标准化的流程，在这套流程下，业务人员也能轻松玩转数据分析。

Excel 本身的功能已经足够强大，但是当面对海量的数据和复杂的数据结构时则显得力不从心，而 Power Query 和 Power Pivot 则为 Excel 赋予了强大的商务智能分析能力。可以说，掌握 Power BI 技术是 Excel 新手逆袭的最佳方式，小必老师深刻洞察了这一变革，创作了这本不可多得的好书。如果说 Power BI 技术能够让您实现成为一名数据分析师的梦想，那么本书则能够为您的梦想插上翅膀！

—— 微软办公软件国际认证（MOS）大师、《竞争力：玩转职场 Excel，从此不加班》作者　安伟星

相比 VBA 与 Excel 工作表函数和公式，Excel 的 Power Query 和 Power Pivot 的功能更加强大。但是 Power Query 和 Power Pivot 全新的数据处理方式和抽象的概念让不少初学者望而却步。小必老师经过数月的悉心打磨，终于创作完成了本书。本书内容讲解深入浅出，语言通俗易懂，框架体系清晰明了，这使得 Excel 用户能够更容易理解一些陌生的概念。相信在学习和驾驭这一数据处理利器的过程中，本书定能助您一臂之力，效率倍增。

—— ExcelHome 技术论坛版主　祝洪忠

Excel 与 WPS 之间的核心差别在于，Excel 拥有功能强大的 Power BI 组件。对于有数据处理和分析需求的工作者来说，Power Query 和 Power Pivot 两大组件非常有用。作为一名 Excel 深度用户和 Excel 插件开发者，我强烈建议大家用工具武装自己，掌握最新的 Power BI 技术，让自己的数据处理和分析能力更加强大。小必老师的这本书全面介绍了 Excel 的 Power Query 和 Power Pivot 组件，学习本书可以极大地提升 Excel 学习者的视野，给您的工作带来很大的帮助。

—— Excel 催化剂大型插件和 EasyShu 图表插件作者　李伟坚

Power Query 和 Power Pivot 作为 Excel 中的两个重要组件，它们的功能非常强大。小必老师的这本书从 Excel 用户的角度出发，一步一步带您走进 Power Query 和 Power Pivot 的神奇世界。层层递进的知识体系、深入浅出的讲解和悉心设计的综合案例，让初学者不再困惑，更容易快速入门。

—— 李解 Excel 网校创始人、 @Excel 培训师　李大维

在数字化时代，各个层级的数据和数据分析将成为企业成功的核心与关键，而数据分析也将是职场人所应具备的越来越重要的能力。Excel 作为工作中重要且常用的数据分析工具，其中的高级功能值得我们深入学习。小必老师通过本书讲解了 Excel 中的 Power Query 和 Power Pivot 两大组件，认真阅读本书，必有收益。

—— Excel 和 Power BI 讲师、业务分析师　白永乾

作为一名零售人，我在和各个部门沟通时，常用的软件就是 Excel。在使用 Excel 的过程中，最令人"痛苦"的是，重复使用 VLOOKUP 函数查询并拼接各种数据。而小必老师的这本图书系统地讲解了 Excel 的 Power Query 和 Power Pivot 两大商务智能组件，或许可以使您从永无止境的 Excel 手动制作报表的工作中解脱出来，实现报表自动化，并且可以进行更大规模的数据处理和更复杂的业务运算。

—— 《Power BI 商业数据分析项目实战》作者　武俊敏

Power Query 和 Power Pivot 是 Excel 的强大组件，利用这两个组件可以极大地提高数据分析的效率。本书内容讲解由浅入深，从基础知识开始，带领大家层层深入，并以工作中常见的实战案例帮助大家快速掌握 Power Query 和 Power Pivot。无论您是从事人力资源相关的工作还是财务相关的工作，抑或是销售管理相关的工作，通过学习本书，您都能快速掌握 Power Query 和 Power Pivot。

—— 《"偷懒"的技术：打造财务 Excel 达人》作者　龙逸凡

这是一本面向初学者的图书，脉络清晰，图文并茂，内容层层递进。无论您是 Excel 用户还是 Power BI 用户，本书都值得您深入学习，它会带您走进全新的 Power Query 和 Power Pivot 的数据分析世界。

—— Power BI 系列网站"焦棚子"创办人　焦棚子

本书从 Power Query 出发，讲解了如何通过 Power Query 整合多种数据来源，并使用 M 函数迅速将杂乱的数据整理成有利于分析的数据；再到 Power Pivot，对处理后的规范化数据进行高效率的建模分析，两者结合，将 Excel 的数据分析量级提升到另一个高度；最后通过精选案例引导读者深入学习，系统地介绍 Power Query 和 Power Pivot 的相关知识与应用技巧。本书非常适合想学习 Excel 商务智能组件 Power Query 和 Power Pivot 的读者阅读。

—— 《Power Query：基于 Excel 和 Power BI 的 M 函数详解及应用》作者
李小涛

随着商务智能技术的发展，数据分析成了职场人士必备的能力。在众多的数据分析工具中，Excel 是不错的选择。本书正是为了让您全面掌握 Excel 商务智能工具而写的。本书全面、系统的知识点梳理加上"接地气"的案例分析，相信能够帮助读者重构对 Excel 的认知，快速掌握 Power Query 和 Power Pivot 的相关知识。近年来，政务、财务、金融等众多领域的"数字化"与"数智化"改革如火如茶，相信小必老师的这本书也能够带领您走上"数智化"之路。

—— 《Power BI 数据可视化：从入门到实战》作者　袁佳林

对于很多用户来说，Excel 无疑是日常办公的必备软件，但是很多人并没有最大程度地发挥 Excel 的性能。在面对企业数据增长的过程中，常规的 Excel 工作表函数会显得乏力，而 Excel 中的商务智能组件 Power Query 和 Power Pivot 可以应对数据量较大的情况。小必老师的这本书是一本不可多得的好书，它深入浅出地介绍了 Power Query 和 Power Pivot 的重要知识点，体系完整，结构清晰，讲解鞭辟入里。希望各位读者通过学习本书，能够在职业生涯的道路上更进一步。

—— "PowerBI | 白茶"公众号主理人　白茶

在大数据时代，数据量动辄几十万条，甚至几百万条，Excel 处理这种数据量级的数据的能力相对有限。那么如何针对大量数据进行快速、高效的处理和分析呢？小必老师的这本书详细介绍了相应的工具和使用方法。市面上关于 Power Query 和 Power Pivot 的图书很少，如果您具有一定的 Excel 基础，相信通过阅读本书能够让您在 Excel 数据处理、建模和分析方面的能力更上一个台阶。

——《Excel 超强工作法》作者、"Excel 同学会"社群创办人　徐军泰

在很长一段时间里乃至现在，很多人还是日复一日、年复一年地在 Excel 中使用原始的方法对数据进行处理：用复制和粘贴来合并数据、用函数来提取数据、用手动筛选来获取数据，等等。这本书将带您了解全新的 Excel。比如，在使用 Power Query 处理数据后，只需要刷新一下，所有的数据就都准备好了；使用 Power Pivot 可以轻松地对多个表格进行数据透视，再也不需要 VLOOKUP 函数了，等等。推荐所有从事数据处理工作的 Excel 用户都阅读一下这本书，让自己在 Excel 数据处理、建模和分析方面的能力更加强大。

—— 微软认证讲师（MCT）、"Office 女神"公众号主理人　晏艳

在 Excel 的 Power Query 和 Power Pivot 领域，小必老师一直是我欣赏的优秀分享者。本书针对特定的业务场景和案例深入浅出地进行了分析和讲解，将给您提供一个全新的数据清洗、建模和分析的思路，相信大家都会有所收获。

—— 金山办公认证教育培训专家（KVP）　凌祯

写 在 前 面

本书主要介绍 Excel 商务智能组件 Power Query 和 Power Pivot 在数据分析方面的应用。一方面，使用 Excel 中的 Power Query 可以快速地获取数据，并对数据进行转换和加载。Power Query 不仅提供了丰富的界面操作功能，还提供了强大的用于数据处理的 M 公式，可以让数据处理工作变得高效和准确。另一方面，使用 Excel 中的 Power Pivot 可以对已经处理好的数据建立数据模型，通过 DAX 表达式对数据进行更高级和复杂的运算分析。无论是多表关联分析还是单表独立分析，都能依托数据透视表快速完成计算和分析。

传统的 Excel 单表虽然可以有 100 万行数据的承载量，但是在实际分析时，20 万行数据就已经让传统的 Excel 非常吃力了。如果使用 Excel 中的 Power Query 和 Power Pivot 商务智能组件，即使是上百万行的数据，也可以在短时间内快速完成处理和分析。

本书内容

全书共 11 章，具体内容如下。

- 第 1 章主要介绍 Excel 中的 Power Query 和 Power Pivot 两大商务智能组件及其功能。

- 第 2 章主要介绍 Power Query 的管理界面、查询的创建和数据上载。

- 第 3 章主要介绍 Power Query 的入门基础知识，以及删除行或列、添加列、拆分列与合并列、透视列与逆透视列、提取文本内容、追加查询与合并查询等基本操作。

- 第 4 章主要介绍 M 函数和 M 公式的基础知识、三大数据结构、数据结构之间的相互转换，以及 M 公式中常用的语句等。

- 第 5 章主要结合实际案例介绍常用的批量转换函数、获取和删除函数、拆分函数、合并函数、截取函数、替换函数、包含函数、分组函数，以及参数设置和自定义函数等内容。

- 第 6 章主要通过综合案例介绍如何使用 M 公式来获取和处理数据。

- 第 7 章主要介绍 Power Pivot 组件和 DAX 表达式的基础知识。

- 第 8 章主要介绍计算列与度量值、数据模型与表间关系、DAX 的基础函数、计值上下文（筛选上下文和行上下文），以及 CALCULATE 函数的调节器等内容。

- 第 9 章主要介绍按列排序、条件格式、VAR 变量、各类占比计算、各类排名计算，以及将 DAX 用作表查询工具等内容。

- 第 10 章主要介绍时间智能函数及有关时间类分析指标的计算。

- 第 11 章主要介绍 Power Pivot 和 DAX 表达式在实际场景中的综合应用。

本书紧贴实际分析场景，深入浅出地介绍了 Excel 商务智能组件强大的数据处理和建模分析能力。通过阅读本书，读者可以更加高效地进行数据分析工作。

另外，为了方便读者学习，本书针对一些综合性强或难点章节录制了配套视频，读者可以通过封底的"读者服务"提示下载配套素材和视频。

读者对象

本书适合有一定基础的 Excel 用户和 Power BI 用户阅读，可以作为销售、客服、采购、仓储、物流、人力资源、财务、电商等相关岗位职场人士的参考用书，也适合 Excel 爱好者、数据"发烧友"、在校大学生及经常和数据打交道的朋友阅读。

软件版本

本书是基于 Microsoft 365（原 Office 365）编写的，读者在 Excel 2016 及以上版本中进行操作，体验会更加良好。不推荐在 Excel 2013 和 Excel 2010 中以插件的方式使用 Power Query 和 Power Pivot 两大商务智能组件，因为早期的版本有诸多不稳定因素。Excel 2007 及以下版本和 WPS 均无法使用 Excel 商务智能组件。

读者服务

Power Query 与 Power Pivot 是两款功能强大的数据处理和分析工具，具有许多高级复杂的应用。由于作者水平有限，在学习、理解和写作过程中难免会有纰漏。如果读者在学习过程中发现书中的错误或对书中的内容产生疑惑，可以通过以下联系方式和作者进行交流，以便本书再版时进行纠正。

作者微信公众号：Excel 和 Power BI 聚焦

作者个人微信号：xiaobi_0912

致谢

在本书写作的过程中，感谢家人给予的理解和支持，尤其是我的妻子，主动承担了很多家务；感谢编辑老师的耐心指导和认真审稿；感谢朋友和同事在我写作过程中给予的支持和帮助；感谢为本书撰写推荐语的各位老师和朋友，感谢你们对本书的支持和推荐。要感谢的人很多，心存感恩，相伴同行。

目　录

说明：目录中章或节前面的"*"号表示本章或本节配有视频。

第 1 章

Excel：你的职场生产力工具

随着大数据时代的到来，传统的数据分析工具也在不断地进化。作为传统职场办公软件和生产力工具之一的 Excel，也在悄悄地发生着巨大的变化，以此来适应越来越多的办公场景与数据分析的需求。

1.1 你所不知道的 Excel 分析"利器"

Excel 简单易用，灵活方便，兼容性强，功能丰富，深受广大使用者的喜欢，一直是职场办公与数据分析人士的生产力工具。但是，Excel 常规的功能有时也让人抓狂。例如，单表的行数有限，复杂公式运算缓慢，数据获取与转换难度大，多表关联分析力不从心，等等。

当然，Excel 也在不断地改进与更新，以适应大数据时代的办公和数据分析的需要。这里不得不介绍 Excel 中的两个重要组件。

1）数据获取与清洗——Power Query

Power Query 最早是 Excel 中的一款微软官方的插件，在 Excel 2010 中以插件的形式进行安装和加载使用，在 Excel 2013、Excel 2016、Excel 2019、Excel 2021 及最新的 Microsoft 365（原 Office365）中均属于内置组件。

Power Query（简称 PQ）是微软最先在 Excel 上推出的一款轻型的 ETL

（Extract-Transform-Load 的缩写，即数据获取、转换、上载的过程）工具，即用于数据获取、转换、合并和上载的工具。该工具可以从多种数据源（如 Excel 工作簿、文件夹、文本/CSV 文件、数据库、网络等）中获取数据并进行数据清洗、转换和合并，最后将数据上载到 Power Pivot 数据模型中或 Excel 工作表中进行分析。

Power Query 的功能十分强大，简单的界面操作就可以完成大量的数据获取与清洗工作，而高级的代码可以完成复杂的数据清洗工作。这些简单易学的功能替代了过去使用复杂的 VBA 才能完成的工作，是非常值得学习的 Excel 分析"利器"之一。

2）数据建模与分析——Power Pivot

众所周知，数据透视表的英文是 Pivot Table，而 Power Pivot 则可以被认为是 Excel 数据透视表的升级。

Power Pivot（简称 PP）是微软在 Excel 上推出的一款用于数据建模和分析的工具，从 Excel 2013 开始作为 Excel 中的一个内置加载项来使用。Power Pivot 通过对数据进行建模，使用数据分析表达式进行计算后，以数据透视表的方式呈现结果。

Power Pivot 是 Excel 的一个重大的革命性的功能，在一定程度上突破了传统数据透视表的诸多限制。无论是单表独立分析，还是多表关联分析，还是复杂的多维计算，抑或是处理数据的容量等，都是传统的数据透视表所不能比拟的。

1.2 从 Excel 到 Power BI，只需要一步

既然说到了 Excel 中的 Power Query 与 Power Pivot，那么就不得不说 Power BI。

Power BI 是微软推出的一套商业智能体系（软件、工具和服务等），可以构建个人和组织的商业智能平台。而我们所介绍的 Power BI，实际上是指可视化软件 Power BI Desktop。

Power Query 在 Excel 和 Power BI Desktop 中都是内置组件，并且管理界面和知识体系保持了高度一致。

Power Pivot 在 Excel 和 Power BI Desktop 中的管理界面不一样，但是所使用的功能与知识体系也是高度一致的。需要注意的是，Power BI Desktop 中的部分

DAX高级函数在Excel的Power Pivot中是无法使用的，因为Excel中的Power Pivot由于版本更新问题，许多函数和功能并不能像Power BI一样得到微软的及时更新，但是这并不妨碍读者学习，读者可以通过现有的函数与方法进行替代。

数据的清洗、建模与分析是数据分析的核心，可视化呈现部分也是非常重要的一个方面。在 Excel 中可以通过静态图表或数据透视图的方法来呈现数据。而在 Power BI Desktop 中则有更多的选择，如丰富的图表和主题、功能强大的动态交互功能及快捷简单的设置方法等，数据呈现将变得更加简单。

那么，为什么不直接学习 Power BI Desktop 呢？

因为大多数读者的主要工作环境是 Excel，使用 Excel 可以方便文件的修改与传递，学习的成本低，见效快，可以边学习边应用。而在 Power BI Desktop 中，制作好的报告还需要进行发布后其他人才能访问，这涉及很多的技术问题，需要深入学习和研究 Power BI 相关的产品服务及技术，才能应用到实际工作场景中。

所以，使用 Excel 学习 Power Query 与 Power Pivot，在需要时可以将现有知识迁移至 Power BI Desktop 中。同样的知识，学习一次，就可以学会两个软件。Power Query 与 Power Pivot 的功能仅限在微软的 Excel 中使用，同时建议尽量在 Excel 2016 及更高的版本中使用这两个功能，WPS 中的表格软件无法使用这两个功能。

WPS 用户可以下载 Power BI Desktop 学习。Excel 2013 与 Excel 2010 的用户需要到微软的官方网站下载 Power Query 和 Power Pivot 插件。Excel 2007 及以下版本将无法使用 Power Query 和 Power Pivot。

第 2 章

认识 Power Query 编辑器

Power Query 作为 Excel 中全新的组件，虽然函数公式与 Excel 中的函数公式截然不同，但是管理界面与 Excel 的操作逻辑是一致的。本章内容将主要讲解 Power Query 的管理界面、查询创建、数据导入、数据上载与刷新等知识点，这些都是操作 Power Query 所应掌握的最基本的知识。

2.1 初识 Power Query

正如 1.1 节中所提到的，Power Query 是一款轻量级的 ETL 工具，也就是我们常说的用于数据获取、转换、合并和上载的工具。接下来将详细介绍什么是 Power Query。Power Query 是 Excel 中的一个查询编辑器组件，通过它可以首先导入或连接外部数据，然后对数据进行清洗、转换和合并，最后将结果上载至 Excel 中用于创建图表和报表，并且结果还能做到随时更新。

一般来说，使用 Power Query 有以下 4 个步骤。

1）连接

连接主要是连接对应数据源，如 Excel 工作簿、文本/CSV 文件、文件夹数据、数据库数据、JSON 文件、XLM 文件、云端数据，或者其他 Power Query 支持的数据源。Power Query 本身并不存储数据，只是连接数据源，并且可以刷新数据连接。

2）转换

转换主要是对数据的格式、布局和单位等进行转换，或者对数据进行添加、筛选、删除或修改等操作以符合使用数据的要求。转换时 Power Query 不会修改或影响数据源。

3）合并

合并是将来自不同途径的数据源进行合并，并将其变成一个文件的过程。例如，将多个工作簿或工作表中的数据合并到一起。

4）上载

上载是在 Power Query 编辑器完成查询和转换后，将数据上载至工作表中或添加到数据模型中进行建模或分析的过程。

在 Excel 中，Power Query 的入口在"数据"选项卡下的"获取和转换数据"选项组中，当选择相应的数据来源时可以激活 Power Query 编辑器。而"查询和连接"选项组中的按钮则可以用来查看已上载的查询，如图 2-1 所示。

图 2-1

需要说明的是，虽然不同版本 Excel 中的 Power Query 选项组的名称和按钮的名称有细微的差异，但是功能并没有大的差异。例如，"获取和转换数据"在有的版本中被称为"获取和转换"，"来自表格/区域"在有的版本中被称为"从表格"，等等，虽然名称不同，但是功能相同，操作方法也相同。

2.2　编辑器管理界面介绍

本书 2.1 节介绍了 Power Query 是什么，能做什么，以及在哪里可以进行操作。本节主要介绍 Power Query 编辑器的管理界面。

在 Excel 中，依次选择"数据"→"获取数据"→"启动 Power Query 编辑器"选项（或者选择工作表中的任意数据区域，然后单击"来自表格/区域"按钮），即可进入 Power Query 编辑器的管理界面。在默认情况下，Power Query 编辑器的管理界面如图 2-2 所示。

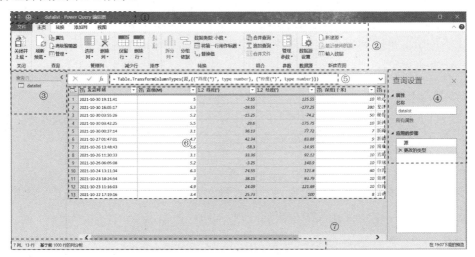

图 2-2

① 标题栏：显示查询的名称和"Power Query 编辑器"字样。

② 功能区：功能区主要有"主页"、"转换"、"添加列"和"视图"等选项卡和对应的命令按钮等。

③ "查询"区：显示已经上载的查询和自定义函数等。在灰色空白区域右击，通过选择弹出的快捷菜单中的命令可以创建新的查询。

④ "查询设置"窗格：显示查询的属性及该查询已经操作的应用步骤。

⑤ 公式编辑栏：公式编辑栏默认状态下需要在"视图"选项卡中勾选"编辑栏"复选框才能显示，公式编辑栏主要显示当前应用步骤下执行的查询所对应的公式和代码。如果要查看所有应用步骤的代码，则可以在"主页"或"视图"选项卡中单击"高级编辑器"按钮，在弹出的"高级编辑器"窗口中即可查看所有应用步骤的代码，如图 2-3 所示。

⑥ 数据区：数据区域对应"查询设置"窗格的"应用的步骤"列表中的一个应用步骤，同时与公式编辑栏中的公式相对应。

⑦ 状态栏：状态栏一般会显示当前数据区域中的行数、列数及数据刷新的时间等。

Power Query 的管理界面中的操作功能比较丰富，并且同一功能往往会有多个入口，这极大地方便了用户操作时寻找按钮或入口。对于其余的有关管理界面的一些操作或入口，读者可以在实际应用中去发现并使用。

图 2-3

2.3 创建查询的方法

本书 2.2 节在介绍 Power Query 的管理界面时提到，创建查询或创建连接的功能入口有很多。本节具体讲解创建查询的几种常见的方法。

1）在 Excel 的"数据"选项卡中创建查询

单击"数据"选项卡下"获取和转换数据"选项组中的"获取数据"按钮来选择数据源创建查询，数据源既可以是当前工作表中的表格/区域，也可以是除当前工作表以外的其他的数据源。具体的操作步骤为：首先选中数据区域中的任一单元格（如 A2），然后单击"数据"→"来自表格/区域"按钮，在弹出的"创建表"对话框中勾选"表包含标题"复选框，检查所选的连续数据区域是否合适，最后单击"确定"按钮，即可将数据上载至 Power Query 编辑器中，如图 2-4 所示。

图 2-4

2）在 Power Query 编辑器的"查询"区中创建查询

如何导入 Excel 工作簿中的工作表数据呢？在 Power Query 编辑器的"查询"区中创建查询的方法与在 Excel 的"数据"选项卡中创建查询的方法相同，具体的操作步骤为：依次选择"数据"→"获取数据"→"启动 Power Query 编辑器"选项，如图 2-5 所示，进入 Power Query 编辑器的管理界面。

图 2-5

在 Power Query 编辑器管理界面左侧的"查询"区中右击，在弹出的快捷菜单中选择"新建查询"→"文件"→"Excel 工作簿"命令，如图 2-6 所示。

图 2-6

在弹出的对话框中选择需要创建查询的 Excel 工作簿，导入数据。在弹出的"导航器"对话框的左侧选择需要导入的表（如"Sheet1"），可以查看右侧的数据预览，然后单击"确定"按钮即可，如图 2-7 所示。

图 2-7

除了可以使用上面两种方法来创建新的查询，还可以在 Power Query 编辑器管理界面的"主页"选项卡中单击"新建源"按钮来创建新的查询。

除此之外，还可以直接在"高级编辑器"窗口或公式编辑栏中使用 M 函数创建查询。关于这个知识点的更多内容，将在第 4 章进行介绍。

2.4　数据源路径的修改与设置

在 2.3 节中，查询是通过导入 Excel 工作簿来创建的。如果源文件的路径发生了变化，那么在 Power Query 编辑器或 Excel 中刷新数据时就会报错。修改查询的源文件的路径通常有以下 3 种方法。

1）在 Excel 的选项卡中修改

首先依次选择"数据"→"获取数据"→"数据源设置"选项，在弹出的"数据源设置"对话框中选中"当前工作簿中的数据源"单选按钮，然后选择要修改文件的路径，单击对话框底部的"更改源…"按钮，在弹出的对话框中即可重新选择相应的文件路径和文件打开格式，如图 2-8 所示。

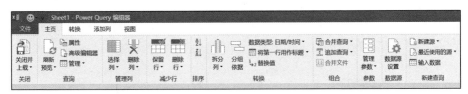

图 2-8

2）在 Power Query 编辑器中修改

如果在 Power Query 编辑器的管理界面中单击"主页"→"数据源设置"按钮来修改数据源的路径，如图 2-9 所示，则弹出的对话框与图 2-8 是一样的。

图 2-9

3）在 Power Query 的公式编辑栏中修改

除了上面两种修改数据源路径的方法，还可以在"应用的步骤"列表中的第一个步骤（即默认情况下的"源"这个步骤）对应的公式编辑栏中修改源文件的路径，如图 2-10 所示。

在学习完第 4 章及之后的内容后，还可以通过自定义参数的方法或在"高级编辑器"窗口中修改对应查询的源文件的路径。综上所述，Power Query 提供了多个修改查询的源文件路径的入口和选项。但是遗憾的是，Power Query 仍然不支持动态路径。

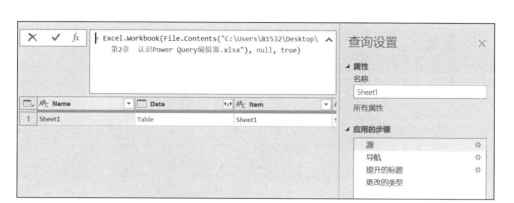

图 2-10

2.5 数据上载与刷新

在 Power Query 编辑器中完成数据转换后，需要将查询结果上载到 Excel 工作表、数据透视表或 Power Pivot 中进行分析，并且可以只上载为连接。数据上载的功能在 Power Query 编辑器中的"主页"选项卡中，有"关闭并上载"和"关闭并上载至…"两种，如图 2-11 所示。

"关闭并上载"功能可以直接将当前所有查询都上载至 Excel 工作表中。"关闭并上载至…"功能可以根据自己的需要来上载数据，如图 2-12 所示。

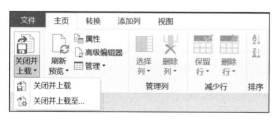

图 2-11

图 2-12

- 表：该选项的功能等同于"关闭并上载"功能，可以直接将数据上载至当前工作簿中。当然可以自由选择数据的放置位置，如"现有工作表"或"新工作表"。

- 数据透视表：将查询用作数据透视表的数据源。
- 数据透视图：将查询用作数据透视图的数据源。
- 仅创建连接：该功能不会将转换的数据上载至工作表中，而只是创建连接。如果在 Power Query 编辑器中有多个查询，只想将其中一个查询或多个查询上载至工作表中时，可以先选择该选项，再在"查询&连接"窗格中选中要上载的查询并右击，在弹出的快捷菜单中选择"加载到…"命令，最后选择对应的上载方式即可，如图 2-13 所示。

图 2-13

- 将此数据添加到数据模型：该选项的功能是将查询直接添加至 Power Pivot 中，而不会上载至 Excel 工作表中。

既然在 Power Query 中创建的查询是数据连接，那么意味着源数据发生变化，连接同样是可以更新的。在 Excel 工作表的管理界面和在 Power Query 编辑器中都是可以刷新数据的。下面进行具体介绍。

在 Excel 工作表的管理界面中可以刷新数据，具体的方法是：单击"数据"选项卡下的"查询和连接"选项组中的"全部刷新"按钮，在弹出的下拉列表中通过选择选项来刷新数据。其中，选择"全部刷新"选项可以刷新当前 Excel 工

作簿中的所有查询,而选择"刷新"选项则只刷新当前工作表中的查询,如图 2-14
所示。

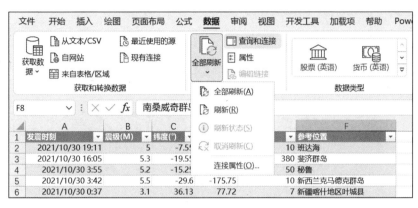

图 2-14

在 Power Query 编辑器中也是可以刷新数据的,具体的方法是:在 Power Query
编辑器中,单击"主页"选项卡下的"查询"选项组中的"刷新预览"按钮即可。

刷新当前工作表中已经上载数据的查询时,直接选中工作表区域中的任意一
个单元格并右击,然后在弹出的快捷菜单中选择"刷新"命令即可。除此之外,
还可以在如图 2-13 所示的"查询&连接"窗格中单击查询右侧的"刷新"按钮来
刷新查询和已经上载至工作表中或添加到数据模型中的查询。

在 Power Query 中创建查询时,一定要检查数据源中是否有错误值。如果有
错误值,则上载后会在"查询&连接"窗格中显示错误值的数量。但更糟糕的是,
在进行分析或转换数据时会发生错误提示。

第 3 章

Power Query 的基本操作实例

本章将主要通过具体的实例讲解在 Excel 的 Power Query 编辑器中如何使用基本的操作来清洗与转换数据。通过对本章内容的学习，读者可以使用 Power Query 来处理日常工作或数据分析过程中的大部分问题。本章的主要内容有入门基础知识，以及删除行或列、添加列、拆分列与合并列、透视列与逆透视列、提取文本值中指定的字符、追加查询与合并查询等基本操作，还有数学运算和分组统计。

3.1 入门基础知识

在正式操作 Power Query 之前，需要注意三点：一是数据类型的设置；二是标题的设置；三是"转换"与"添加列"选项卡中同名按钮的区别。了解这三点后，可以减少在基本操作过程中的烦恼。

3.1.1 数据类型的设置

在 Power Query 中，数据类型的设置是必须注意的一个重要操作。如果数据类型不合适，那么在数据转换的过程或将数据添加至 Power Pivot 的过程中会出现无法计算的问题。例如，文本类型数值不能参与四则运算，必须转换为数值类型才可以。在 Power Query 默认设置下，创建查询时，Power Query 会自动更改数据类型，但是有时候更改后的数据类型并不是我们需要的数据类型，如文本类型的编号，软件会自动将其数据类型更改为数值类型。

　　针对这种情况，可以在 Excel 管理界面的"数据"选项卡中依次选择"获取数据"→"查询设置"选项，在弹出的"查询选项"对话框左侧的列表中选择"全局"→"数据加载"选项，在右侧的"类型检测"选区中选中"从不检测未结构化源的列类型和标题"单选按钮，最后单击"确定"按钮即可，如图 3-1 所示。

图 3-1

　　当然，也可以直接在 Power Query 编辑器的管理界面中依次选择"文件"→"选项和设置"→"查询选项"选项，在弹出的"查询选项"对话框中进行相应的设置。

　　需要注意的是，当不需要进行全局设置，仅设置检测当前工作簿的查询的数据类型时，可以先在如图 3-1 所示对话框左侧的"当前工作簿"列表中选择"数据加载"选项，然后在对话框的右侧进行相应的设置。

　　如果需要将某一列设置成特定的格式，则可以先选中这一列，然后在"主页"选项卡中单击"数据类型:任意"按钮，在弹出的下拉列表中选择相应的格式选项即可。例如，将"经度"列设置成"小数"格式，操作如图 3-2 所示。

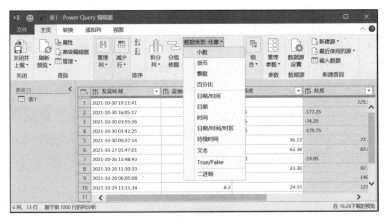

图 3-2

数据类型在数据转换时起着十分重要的作用，在后面章节介绍的 M 函数中，数据类型的转换十分频繁，所以在转换数据时一定要注意每列的数据类型是否合适。

3.1.2　标题的升降设置

在 Power Query 编辑器中转换数据时，当上载进来的数据没有标题，即标题在第一行时，可以在"主页"选项卡下的"转换"选项组中选择"将第一行用作标题"选项来提升标题，如图 3-3 所示。

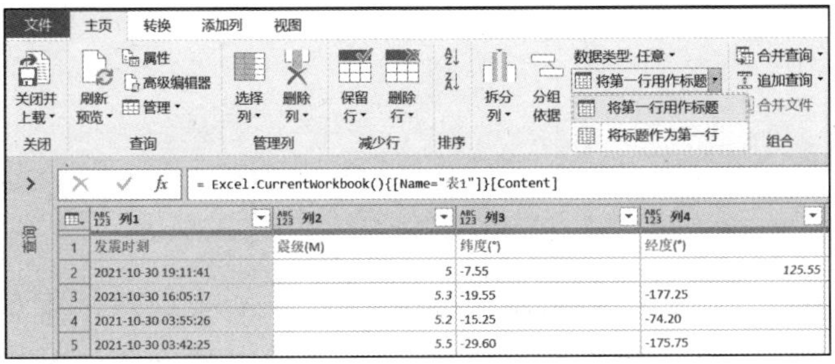

图 3-3

"将标题作为第一行"选项在转置表的操作时会非常有用，这里不再赘述。

如果需要修改标题，则直接双击标题进行修改即可。

3.1.3　"转换"与"添加列"选项卡中的功能

Power Query 编辑器中的"转换"与"添加列"选项卡有着相同的功能，如"格式"、"合并列"、"提取"、"统计信息"和"标准"等功能，"转换"选项卡如图 3-4 所示，"添加列"选项卡如图 3-5 所示。

图 3-4

图 3-5

为什么这两个选项卡中都有相同名字的按钮呢？如"格式"按钮。

"转换"选项卡中的按钮的功能是在选中列的基础上进行转换的，而"添加列"选项卡中的按钮的功能则是直接增加一列，然后将转换的结果放在新建的这一列中。

以"格式"功能为例，分别在"转换"和"添加列"选项卡中进行操作：将"账号"列由小写字母转换成大写字母，如图 3-6 所示 。

图 3-6

首先选中"账号"列，然后依次选择"转换"→"格式"→"大写"选项，如图 3-7 所示。结果是：在原有"账号"列的基础上，将原来的小写字母转换成了大写字母，如图 3-8 所示。

图 3-7

图 3-8

同样，首先选中"账号"列，然后依次选择"添加列"→"格式"→"大写"选项。结果是：原有的"账号"列没有变化，但是重新添加了一个名称为"大写"的列，并且将小写字母转换成了大写字母，如图 3-9 所示。

	姓名	账号	大写
1	财务部	caiwu	CAIWU
2	人力资源部	renliziyuan	RENLIZIYUAN
3	销售部	xiaoshou	XIAOSHOU
4	客服部	kefu	KEFU

图 3-9

在实际应用中，两个选择卡中的功能都能实现同样的结果。选择的方法为：如果需要增加一个列，则选择"添加列"选项卡中的功能；如果要在原有列的基础上转换数据，则选择"转换"选项卡中的功能。

3.2 删除行或列操作

Power Query 中删除列的操作基本与 Excel 表格中删除列的操作一致，而删除行的操作则功能比较多，如删除错误行、删除前几行、保留前几行，等等。本节主要讲述如何对行或列执行选择和删除操作。

3.2.1 选择列与删除列

"选择列"与"删除列"功能按钮在"主页"选项卡下的"管理列"选项组中，这两个按钮的功能互为反向操作。其中，"选择列"下拉列表中有"选择列"和"转到列"两个选项，"删除列"下拉列表中有"删除列"和"删除其他列"两个选项。

例如，保留"美食类型"和"人均"两列，删除其他列。具体的操作方法为：首先依次选择"主页"→"选择列"→"选择列"选项，然后在弹出的"选择列"对话框中勾选要保留字段左侧的复选框，最后单击"确定"按钮即可，如图 3-10 所示。

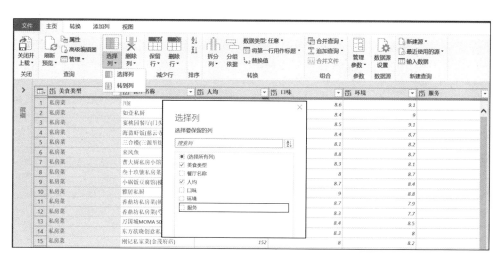

图 3-10

同样，也可以按照以下两种方法来操作。以删除列为例。

方法 1：选中"美食类型"与"人均"两列后右击，在弹出的快捷菜单中选择"删除其他列"命令即可，如图 3-11 所示。或者依次选择"主页"→"删除列"→"删除其他列"选项即可删除。

图 3-11

方法 2：选中除"美食类型"与"人均"列以外的所有列后右击，在弹出的快捷菜单中选择"删除列"命令即可（见图 3-11）。或者依次选择"主页"→"删除列"→"删除列"选项即可删除。

在 Power Query 编辑器中，如果需要删除连续的列，则可以先选中开始的列，然后按 Shift 键选中结束的列来删除；如果需要删除不连续的列，则可以按 Ctrl 键分别选中相应的列后再删除。

3.2.2 删除行与保留行

和"选择列"与"删除列"一样，"保留行"与"删除行"的大部分功能也是互为相反的操作。"保留行"和"删除行"下拉列表中的选项分别如图 3-12 和图 3-13 所示。

图 3-12

图 3-13

同功能名字的意思一样，"保留最前面几行"与"删除最前面几行"功能、"保留最后几行"与"删除最后几行"功能、"保留重复项"与"删除重复项"功能、"保留错误"与"删除错误"功能都是互为相反的操作。

"保留行的范围"功能是指从指定的行数开始保留一定数量的行。

"删除间隔行"功能是指从指定位置开始保留一定数量的行数后再删除一定数量的行数。

"删除空行"功能是指删除指定列中的空行。

下面以"删除最前面几行"、"保留行的范围"、"删除间隔行"和"删除重复项"等功能为例，以案例形式介绍具体操作。

🔍 **案例 1**：删除最前面的 3 行。

删除表中最前面的 3 行，保留剩余的行数，具体的操作步骤为：首先依次选择"主页"→"删除行"→"删除最前面几行"选项，然后在弹出的"删除最前面几行"对话框的"行数"文本框中输入"3"，最后单击"确定"按钮即可，如图 3-14 所示。

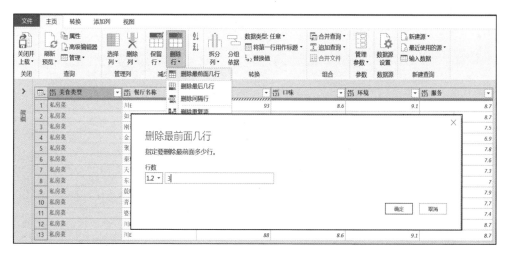

图 3-14

结果会生成新的应用步骤，其数据包含除上一个应用步骤中的最前面 3 行数据以外的其他数据，如图 3-15 所示。

	美食类型	餐厅名称	人均	口味	环境	服务
1	私房菜	金元宝东北私房菜	49	7	6.7	6.9
2	私房菜	聚京会神私房菜馆	45	7.7	7.7	7.8
3	私房菜	秦瑞居	40	7.5	7.5	7.6
4	私房菜	天目江南	Error	7.7	7.7	7.3
5	私房菜	东北春饼私房菜	null	7	7	7
6	私房菜	晨曦小筑	67	7.8	7.9	7.9
7	私房菜	青岛小院	null	7.9	7.7	7.7
8	私房菜	婆婆家春饼私家菜(管庄店)	32	7	7.4	7.4
9	私房菜	川E	93	8.6	9.1	8.7
10	私房菜	川E	88	8.6	9.1	8.7

图 3-15

案例 2：保留第 2 行至第 5 行的数据。

保留表中第 2 行至第 5 行的数据，具体的操作步骤为：首先依次选择"主页"→"保留行"→"保留行的范围"选项，然后在弹出的"保留行的范围"对话框的"首行"文本框中输入"2"，在"行数"文本框中输入"4"，最后单击"确定"按钮即可，如图 3-16 所示。

生成的新应用步骤的数据如图 3-17 所示。

案例 3：保留第 1 行，每删除 2 行后保留 1 行。

选择"删除行"下拉列表中的"删除间隔行"选项来完成简单的数据清洗。例如，将如图 3-18 所示的数据转换成如图 3-19 所示的结果。

图 3-16

美食类型	餐厅名称	人均	口味	环境	服务
1 私房菜	如壹私厨	68	8.4	9	8.7
2 私房菜	刚记私家菜(金茂府店)	152	8	8.2	7.5
3 私房菜	金元宝东北私房菜	49	7	6.7	6.9
4 私房菜	聚京会神私菜馆	45	7.7	7.7	7.8

图 3-17

	昵称	粉丝	点赞数量	转发数量
1	塞北的雪	9898	46011	12788
2	塞北的雪：阅读时间	2022/1/1 0:00:00	null	null
3	null	null	null	null
4	东南虎	2343	47352	11809
5	东北虎：阅读时间	2022/1/1 0:00:00	null	null
6	null	null	null	null
7	大花	2432	37650	5674
8	大花：阅读时间	2022/1/1 0:00:00	null	null
9	null	null	null	null
10	张同学	10912	47554	14078
11	张同学：阅读时间	2022/1/1 0:00:00	null	null
12	null	null	null	null
13	司马大先生	12314	23284	2343
14	司马大先生：阅读时间	2022/1/1 0:00:00	null	null

图 3-18

	昵称	粉丝	点赞数量	转发数量
1	塞北的雪	9898	46011	12788
2	东南虎	2343	47352	11809
3	大花	2432	37650	5674
4	张同学	10912	47554	14078
5	司马大先生	12314	23284	2343

图 3-19

具体的操作步骤为：首先依次选择"主页"→"删除行"→"删除间隔行"选项，然后在弹出的"删除间隔行"对话框的"要删除的第一行"文本框中输入"2"，在"要删除的行数"文本框中输入"2"，在"要保留的行数"文本框中输入"1"，最后单击"确定"按钮即可，如图 3-20 所示。

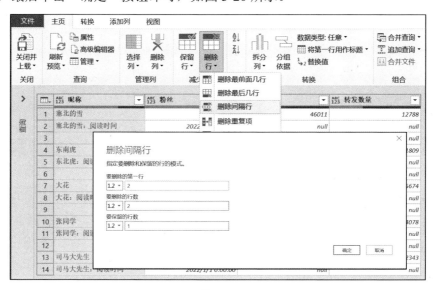

图 3-20

🔍 **案例 4**：删除重复项，保留唯一值。

"删除重复项"是比较常用的功能。如果只选中表中的一列，那么 Power Query 就会先判断当前选中列中的重复值，然后将重复的行删除，保留唯一值。如果选中表中的所有列，那么系统就会先判断每一行，然后删除重复的行。原始数据如图 3-21 所示。

	ABC 123 美食类型	ABC 123 餐厅名称	ABC 123 人均	ABC 123 口味
1	私房菜	川E	93	8.6
2	私房菜	如壹私厨	68	8.4
3	私房菜	刚记私家菜(金茂府店)	152	8
4	私房菜	金元宝东北私房菜	49	7
5	私房菜	聚京会神私房菜馆	45	7.7
6	私房菜	秦瑞居	40	7.5
7	私房菜	东北春饼私房菜	null	7
8	私房菜	晨曦小筑	67	7.8
9	私房菜	青岛小院	null	7.9
10	私房菜	婆婆家春饼私家菜(管庄店)	32	7
11	私房菜	川E	93	8.6
12	私房菜	川E	88	8.6

图 3-21

将图 3-21 中的数据删除重复的行，保留唯一值的行，具体的操作步骤为：首先选中所有列，然后依次选择"主页"→"删除行"→"删除重复项"选项即可。结果如图 3-22 所示。

	ABC 123 美食类型	ABC 123 餐厅名称	ABC 123 人均	ABC 123 口味
1	私房菜	川E	93	8.6
2	私房菜	如壹私厨	68	8.4
3	私房菜	刚记私家菜(金茂府店)	152	8
4	私房菜	金元宝东北私房菜	49	7
5	私房菜	聚京会神私房菜馆	45	7.7
6	私房菜	秦瑞居	40	7.5
7	私房菜	东北春饼私房菜	null	7
8	私房菜	晨曦小筑	67	7.8
9	私房菜	青岛小院	null	7.9
10	私房菜	婆婆家春饼私家菜(管庄店)	32	7
11	私房菜	川E	88	8.6

图 3-22

将图 3-21 中的数据按"餐厅名称"列删除重复项，保留唯一值的行，具体的操作步骤为：首先选中"餐厅名称"列，然后依次选择"主页"→"删除行"→"删除重复项"选项即可。结果如图 3-23 所示。

	ABC 123 美食类型	ABC 123 餐厅名称	ABC 123 人均	ABC 123 口味
1	私房菜	川E	93	8.6
2	私房菜	如壹私厨	68	8.4
3	私房菜	刚记私家菜(金茂府店)	152	8
4	私房菜	金元宝东北私房菜	49	7
5	私房菜	聚京会神私房菜馆	45	7.7
6	私房菜	秦瑞居	40	7.5
7	私房菜	东北春饼私房菜	null	7
8	私房菜	晨曦小筑	67	7.8
9	私房菜	青岛小院	null	7.9
10	私房菜	婆婆家春饼私家菜(管庄店)	32	7

图 3-23

如果想要保留重复值，则可以使用"删除重复项"功能的反向操作——"保留重复项"功能来实现。具体的操作步骤比较简单，读者可以举一反三。

3.2.3　通过筛选器删除行

除了可以通过选项卡来删除行，还可以使用列标题的筛选器来删除行。Power Query 中的列标题的筛选器与 Excel 中的列标题的筛选器基本是一样的。唯一不同的是，在 Power Query 中使用筛选器后，结果会生成新的应用步骤，并且对应一个新表。

如果在"保留行"与"删除行"按钮的功能中没有我们想要的功能，那么我们可以根据自己的需要，在列标题的筛选器中选择更加丰富的删除行功能。

在 Power Query 列标题的筛选器中，我们可以根据自己的需要选择不同类型的筛选器。例如，单击"餐厅名称"列的标题右侧的下拉按钮后，在弹出的下拉列表中选择"文本筛选器"选项，可以显示对应的文本类型的筛选器，如图 3-24 所示。

图 3-24

3.3　添加列操作

本节主要讲解如何在 Power Query 中添加新列。添加列的主要类型有：添加条件列、添加序号列和使用公式添加自定义列。

3.3.1　简单快速地添加条件列

在 Power Query 编辑器中的"添加列"选项卡中单击"条件列"按钮，即可激活对应的对话框。条件列一般是根据已有的列进行判断后再返回相应的值。这个功能类似于 Excel 工作表中的 IF 函数。下面来看一个案例。

新建一个名称为"等级"的列，对每位学员的"考试分数"进行等级判断，规则为：如果"考试分数"在60分以下（不含60分），则等级为"C"；如果"考试分数"大于或等于60分且小于80分，则等级为"B"；如果"考试分数"大于或等于80分且小于或等于100分，则等级为"A"。具体的操作步骤为：单击"添加列"→"条件列"按钮，在弹出的"添加条件列"对话框中进行相应的设置，如图3-25所示。结果如图3-26所示。

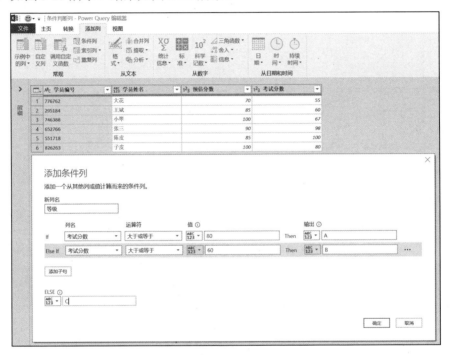

图 3-25

图 3-26

对"预估分数"和"考试分数"进行比较。新建一个名称为"比较"的列。如果"预估分数"大于"考试分数"，则输出结果为"高估"；如果"预估分数"小于"考试分数"，则输出结果为"低估"；否则输出结果为"一样"。可以在"添加条件列"对话框中进行相应的设置，如图3-27所示。结果如图3-28所示。

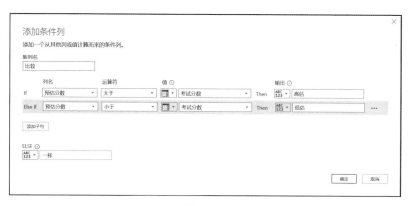

图 3-27

	学员编号	学员姓名	预估分数	考试分数	比较
1	776762	大花	70	55	高估
2	295184	王斌	85	60	高估
3	746388	小翠	100	67	高估
4	652766	张三	90	98	低估
5	551718	陈皮	85	100	低估
6	826263	子皮	100	80	高估

图 3-28

需要注意的是，在"添加条件列"对话框中，"值"与"输出"对应的设置可以是当前表中的列名，也可以是一个常量值，还可以是已经定义的参数（关于参数的用法详见第 5 章中的内容）。添加新的条件时可以单击"添加子句"按钮。本节的内容属于基本的条件判断，对于比较复杂的条件判断，可以在学习第 4 章中的 M 函数的内容后编写相应的公式来实现。

3.3.2　为行添加自定义序号

为每一行添加一个序号，如 1、2、3……，这样的序号在 Power Query 中被叫作索引，而这列序号所在的列通常也被叫作索引列。索引可以是等差的，也可以是非等差的。索引既可以从 0 开始，也可以从 1 开始，还可以根据需要从自定义的数字开始，以指定的增量（也称步长）递增。

在 Power Query 中，基本的操作功能提供了索引列的 3 种添加方法，这 3 种方法的选项在"添加列"选项卡下的"索引列"下拉列表中，如图 3-29 所示。

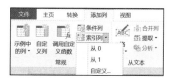

图 3-29

- "从 0"是指添加索引从 0 开始、增量为 1 的索引列。
- "从 1"是指添加索引从 1 开始、增量为 1 的索引列。
- "自定义…"是指可以根据自己的需要通过设置起始索引与增量来添加索引列。

给表添加两个索引列：一个索引列的索引从 0 开始，另一个索引列的索引从 1 开始，增量均为 1。具体的操作步骤为：依次选择"添加列"→"索引列"→"从 0"或"从 1"选项即可。结果如图 3-30 所示。

	ABC 123 学员编号	ABC 123 学员姓名	ABC 123 考试分数	1²₃ 索引	1²₃ 索引.1
1	776762	大花	55	0	1
2	295184	王斌	60	1	2
3	746388	小翠	67	2	3
4	652766	张三	98	3	4
5	551718	陈皮	100	4	5
6	826263	子皮	80	5	6

图 3-30

例如，添加一个索引从 2 开始、增量为 3 的索引列，具体的操作步骤为：依次选择"添加列"→"索引列"→"自定义…"选项，在弹出的"添加索引列"对话框的"起始索引"文本框中输入"2"，在"增量"文本框中输入"3"，如图 3-31 所示。结果如图 3-32 所示。

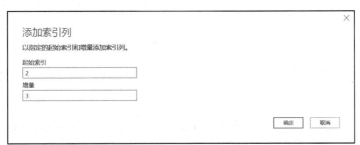

图 3-31

	ABC 123 学员编号	ABC 123 学员姓名	ABC 123 考试分数	1²₃ 索引
1	776762	大花	55	2
2	295184	王斌	60	5
3	746388	小翠	67	8
4	652766	张三	98	11
5	551718	陈皮	100	14
6	826263	子皮	80	17

图 3-32

在转换数据时，索引可以起到对数据进行排序与标记的作用。

3.3.3　添加自定义列

在一般情况下，根据实际的需要添加自定义列是比较常用的方法。

例如，计算"考试分数"与"预估分数"的差额，具体的操作步骤为：首先单击"添加列"→"自定义列"按钮，然后在弹出的"自定义列"对话框的"新列名"文本框中输入"差额"，在"自定义列公式"文本框中，双击其右侧"可用列"列表中的"考试分数"字段后输入"-"，再以同样的方法选择"预估分数"字段，最后观察对话框左下角，显示"未检测到语法错误。"后单击"确定"按钮即可，如图 3-33 所示。

图 3-33

结果如图 3-34 所示。需要注意的是，当通过添加列进行四则运算时，需要提前检查对应的列的数据类型是否为数值类型。

	学员编号	学员姓名	预估分数	考试分数	差额
1	776762	大花	70	55	-15
2	295184	王斌	85	60	-25
3	746388	小翠	100	67	-33
4	652766	张三	90	98	8
5	551718	陈皮	85	100	15
6	826263	子皮	100	80	-20

图 3-34

3.4 拆分列与合并列操作

Power Query 中的"拆分列"功能十分强大，使用频率非常高。"拆分列"功能提供了多种拆分列的方式，如按分隔符拆分、按字符数拆分、按位置拆分及其他的拆分方式。通过学习这一节的内容，读者可以解决工作中 60%以上的关于拆分列的问题。除此之外，拆分的反向操作是合并，因此，合并列也非常需要学习。

3.4.1 实例 1：按分隔符拆分列

"拆分列"功能按钮位于"主页"选项卡下的"转换"选项组中，"转换"选项卡下的"文本列"选项组中也有该功能按钮。"拆分列"功能既可以将一列拆分成多列，也可以将一列拆分成多行。"拆分列"下拉列表中的选项如图 3-35 所示。

图 3-35

"按分隔符"拆分列就是指按文本值中的具有标志性的分隔符来拆分列。

案例 1：按"顿号"拆分列。

将左侧的数据按"顿号"拆分成右侧的行数据，如图 3-36 所示。

具体的操作步骤为：首先选中要拆分的"明细"列，然后依次选择"主页"→"拆分列"→"按分隔符"选项。在弹出的"按分隔符拆分列"对话框中，Power Query 已识别出具有标志性的分隔符。如果存在多个分隔符，则在"选择或输入分隔符"对应的下拉列表中选择已有的选项；如果没有，则首先选择"自定义"选项，然后在对应的文本框中输入自定义的分隔符。"拆分位置"选择默认设置，即"每次出现分隔符时"单选按钮，在"高级选项"选区中选中"行"单选按钮，最后单击"确定"按钮，如图 3-37 所示。

图 3-36

按分隔符拆分列

指定用于拆分文本列的分隔符。

选择或输入分隔符

--自定义--

、

拆分位置

○ 最左侧的分隔符
○ 最右侧的分隔符
● 每次出现分隔符时

▲ 高级选项

拆分为

○ 列
● 行

引号字符

"

□ 使用特殊字符进行拆分

插入特殊字符

确定　　取消

图 3-37

案例 2： 按"换行符"拆分列。

将左侧的数据拆分成右侧的行数据，如图 3-38 所示。

具体的操作步骤为：首先选中要拆分的"明细"列，然后依次选择"主页"→"拆分列"→"按分隔符"选项。在弹出的"按分隔符拆分列"对话框中，如果 Power Query 已经自动识别分隔符，则只需要检查是否合适即可。否则，首先在"选择或输入分隔符"对应的下拉列表中选择"自定义"选项，然后清空对应的文本框，"拆分位置"选择默认设置，在"高级选项"选区中选中"行"单选按钮，勾选"使用特殊字符进行拆分"复选框，在对应的下拉列表中选择"换行"选项（选择后，在"选择或输入分隔符"对应的文本框中会自动填充相应的代码），最后单击"确定"按钮即可，如图 3-39 所示。

图 3-38

图 3-39

需要注意的是，换行符对应的代码为"#(lf)"，括号里面的不是"if"（即 IF），而是小写形式的"l"（大写形式为"L"）。读者在本书后面的第 4 章与第 5 章中学习了 M 函数后，使用这个符号时需要注意，否则 Power Query 会无法识别。

其他特殊的分隔符代码见表 3-1 所示。

表 3-1

序　号	特 殊 字 符	对 应 代 码
1	Tab	#(tab)
2	回车	#(cr)
3	换行	#(lf)
4	回车和换行	#(cr)#(lf)
5	不间断空格	#(00A0)

3.4.2　实例 2：按字符数拆分列

有时候文本值中并没有分隔符，但是有固定长度的字符，此时就可以使用"拆分列"下拉列表中的"按字符数"选项来拆分。

将表中"尺码"列里的文本值按每 7 个字符拆分为一行，如图 3-40 所示。

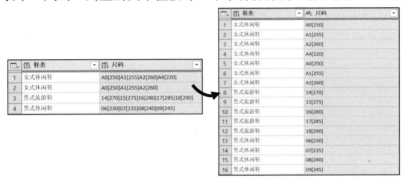

图 3-40

具体的操作步骤为：首先选中要拆分的"尺码"列，然后依次选择"主页"→"拆分列"→"按字符数"选项，在弹出的"按字符数拆分列"对话框的"字符数"文本框中输入"7"，"拆分"选择默认设置"重复"，在"高级选项"选区中选中"行"单选按钮，最后单击"确定"按钮完成拆分，如图 3-41 所示。

图 3-41

"拆分"选区中的另外两个选项介绍如下。

- "一次，尽可能靠左"：从左起拆分一次，如"ABC"按字符数 1 拆分，则拆分结果为"A"和"BC"。
- "一次，尽可能靠右"：从右起拆分一次，如"ABC"按字符数 1 拆分，则拆分结果为"AB"和"C"。

3.4.3 实例 3：按位置拆分列

如果文本值中既没有分隔符，也没有固定长度的字符，那么此时可以使用"拆分列"下拉列表中的"按位置"选项来拆分。

按位置来拆分列，这里的"位置"是指字符串的位置。例如，有文本值为"EXCELPOWERQUERY"，如果从左向右给每一个字母标记一个从 1 开始的数字，那么每个数字就是对应字母的位置，如图 3-42 所示。

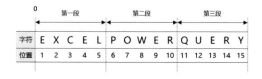

图 3-42

如果将这段文本值拆分为三段，那么第一段对应的位置是 1～5，第二段对应的位置是 6～10，第三段对应的位置是 11～15。拆分的位置应该有 3 个，即 0、5 和 10。那么可以理解为 0 和 1 之间为分隔点，5 和 6 之间为分隔点，10 和 11 之间为分隔点。所以"EXCELPOWERQUERY"可以被拆分为"EXCEL"、"POWER"和"QUERY"三段。如果只有 5 和 10 这两个分隔点，那么拆分结果为"POWER"和"QUERY"两段。

案例：将文本值按指定位置拆分为行。

将"流水号"列中的文本值拆分为三段，前三个字符为一段，中间两个字符为一段，剩余的字符为一段，结果拆分为行，如图 3-43 所示。

图 3-43

具体的操作步骤为：首先选中要拆分的"流水号"列，然后依次选择"主页"→"拆分列"→"按位置"选项，在弹出的"按位置拆分列"对话框的"位

置"文本框中输入"0,3,5",在"高级选项"选区中选中"行"单选按钮,最后
单击"确定"按钮,如图 3-44 所示。

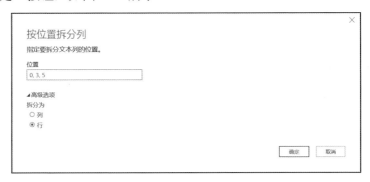

图 3-44

需要注意的是,"位置"文本框中输入的逗号为英文状态下的逗号。

3.4.4 实例 4:其他拆分列的方法

本节主要介绍如何按大写与小写、数字与非数字拆分文本值。因为"拆分列"
是对列的转换,所以为了更清楚地观察拆分列的结果,本节会先将要拆分的列进
行复制,即创建一个一模一样的列,然后对该复制列进行拆分并与原来的列进行
对比。

🔍 **案例 1:按大写与小写拆分列。**

将"流水号-复制"列进行拆分,具体的操作步骤为:依次选择"主页"→"拆
分列"→"按照从小写到大写的转换"选项,结果如图 3-45 所示。

	ABC 123 姓名	ABC 123 流水号	ABC 123 流水号 - 复制
1	张三	ADFWRBDSAzhangsan	ADFWRBDSAzhangsan
2	李四	ADFWRASFlisiAF	ADFWRASFlisiAF
3	王五	ADFWRwangwu	ADFWRwangwu
4	赵六	ADFWRASDFzhaoliu	ADFWRASDFzhaoliu

	ABC 123 姓名	ABC 123 流水号	ABC 流水号 - 复制.1	ABC 流水号 - 复制.2
1	张三	ADFWRBDSAzhangsan	ADFWRBDSAzhangsan	null
2	李四	ADFWRASFlisiAF	ADFWRASFlisi	AF
3	王五	ADFWRwangwu	ADFWRwangwu	null
4	赵六	ADFWRASDFzhaoliu	ADFWRASDFzhaoliu	null

图 3-45

再选择"按照从大写到小写的转换"选项来拆分"流水号-复制"列,结果
如图 3-46 所示。

图 3-46

"按照从小写到大写的转换"功能是以大写字母为分隔点进行拆分的，"按照从大写到小写的转换"功能是以小写字母为分隔点进行拆分的。所以，在拆分列的过程中，这两个功能都只能以一种字母（大写字母或小写字母）为分隔点进行拆分。

案例 2：按数字与非数字拆分列。

按数字与非数字拆分也分为两类，即"按照从数字到非数字的转换"和"按照从非数字到数字的转换"。

基本操作和按大写与小写拆分列的操作是一样的。选择"按照从数字到非数字的转换"选项来拆分列，结果如图 3-47 所示。选择"按照从非数字到数字的转换"选项来拆分列，结果如图 3-48 所示。

	姓名	记录	记录 - 复制.1	记录 - 复制.2
1	张三	迟到9次	迟到9	次
2	李四	正常20次	正常20	次
3	王五	迟到5次	迟到5	次
4	赵六	正常19次	正常19	次

图 3-47

	姓名	记录	记录 - 复制.1	记录 - 复制.2
1	张三	迟到9次	迟到	9次
2	李四	正常20次	正常	20次
3	王五	迟到5次	迟到	5次
4	赵六	正常19次	正常	19次

图 3-48

对于本节中介绍的拆分列的功能，实质上能自定义的功能基本没有。所以在实战过程中，类似案例中的拆分，使用 M 函数进行拆分会更加智能。

3.4.5　合并列常用的方法

合并列是指将不少于两列的列合并为一列。Power Query 中有 3 处提供了合并列的功能，具体如下：

- “转换”选项卡中的“合并列”按钮，该按钮的功能是转换，替换原有的列，生成新的合并列。
- “添加列”选项卡中的“合并列”按钮，该按钮的功能是添加新列，并且不会覆盖原有的列。
- 鼠标右键快捷菜单中的“合并列”命令，该命令的功能与“转换”选项卡中的“合并列”按钮的功能是一样的。

以添加列的方式，将星期的“中文”列与“英文简写”列合并为一列，名称为“中英简写”，分隔符为空格，如图 3-49 所示。

	星期num	中文	英文简写	中英简写
1	1	周一	Mon	周一 Mon
2	2	周二	Tue	周二 Tue
3	3	周三	Wed	周三 Wed
4	4	周四	Thu	周四 Thu
5	5	周五	Fri	周五 Fri
6	6	周六	Sat	周六 Sat
7	7	周天	Sun	周天 Sun

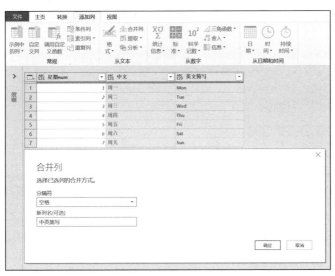

图 3-49

具体的操作步骤为：首先选中“中文”列与“英文简写”列，然后单击“添加列”→“合并列”按钮，在弹出的“合并列”对话框的“分隔符”下拉列表中选择“空格”选项，在“新列名(可选)”文本框中输入“中英简写”，最后单击“确定”按钮即可，如图 3-50 所示。

图 3-50

合并列的内容也可以使用连接符“&”将两列或多列连接起来。

3.5 透视列与逆透视列操作

Power Query 中的"透视列"与"逆透视列"是非常重要的两个功能。"透视列"功能可以将一维表转换为二维表，而"逆透视列"功能则可以将二维表转换为一维表。本节主要讲解的内容有：了解一维表与二维表，一维表与二维表之间的相互转换，以及含有多重行/列表头的数据清洗实例。

3.5.1 一维表和二维表

我们经常会听到有人说这个表是一维表、这个表是二维表、二维表要转换成一维表。那么，到底什么是一维表呢？什么是二维表呢？

一般来说，表格的数据构成可以分为两部分：维度和值。维度就是数据的范围，也叫属性，也可以理解为同一类别。维度越多，范围越小，数据就越精准。

一维表：维度是一列或几列，而值是单独的一列。

在如图 3-51 所示的表中，维度就是"姓名"、"月份"和"收入类型"这三列，而值就是"金额"列。例如，"1500"这个值对应的维度就是当前行的前三列。类似这样单行就能够确定值的表可以称为一维表。

二维表：二维表中需要行与列交叉才能确定一个值。

在如图 3-52 所示的表中，例如，"1500"这个值需要通过行数据"姓名"和"月份"及对应的列数据"绩效奖金"交叉才能确定。

姓名	月份	收入类型	金额
张三	202201	固定工资	1000
张三	202201	绩效奖金	2000
张三	202202	固定工资	1000
张三	202202	绩效奖金	1500

图 3-51

姓名	月份	固定工资	绩效奖金
张三	202201	1000	2000
张三	202202	1000	1500

图 3-52

一维表与二维表并没有什么优劣之分，它们在不同的场合具有不同的优势。例如，使用 Excel 数据透视表时一维表有着明显的优势，所以分析师们比较喜欢一维表的形式，而领导则更希望员工通过二维表的形式来汇报工作。

3.5.2　实例 1：一维表转二维表

上节内容分别介绍了什么是一维表与二维表。本节主要讲解如何使用 Power Query 中的"透视列"功能将一维表转换为二维表。

🔍　**案例 1：** 数值透视。

将左侧的数据转换为右侧的数据，聚合的方式为求和，如图 3-53 所示。

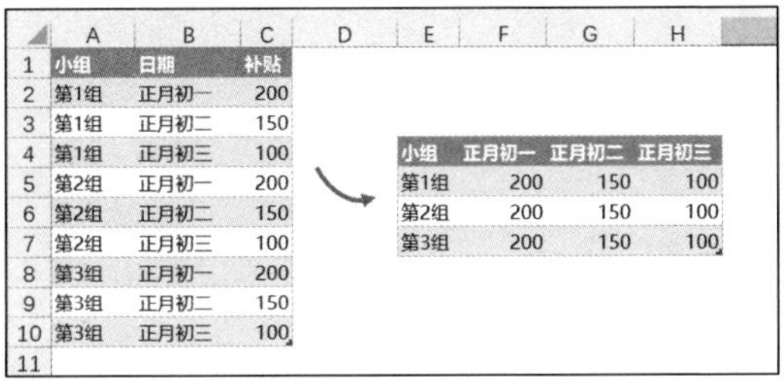

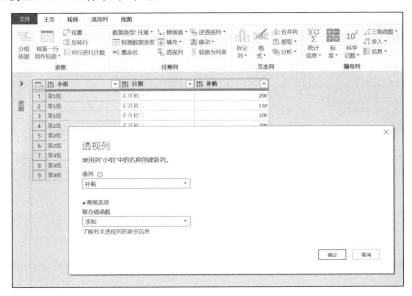

图 3-53

具体的操作步骤为：首先在 Power Query 中创建图 3-53 中左侧数据的查询，然后单击"转换"→"透视列"按钮，在弹出的"透视列"对话框的"值列"下拉列表中选择"补贴"选项，在"高级选项"选区的"聚合值函数"下拉列表中选择"求和"选项，接着单击"确定"按钮，完成转换，如图 3-54 所示。最后将结果上载至 Excel 工作表中即可。

图 3-54

案例 2：文本值透视。

使用“透视列”功能除了可以对数值进行透视，还可以对文本值进行透视。使用“透视列”功能将左侧的数据转换为右侧的数据，如图 3-55 所示。

编号	姓名	小组	日期
71847	张三1	第1组	正月初一
38159	张三2	第1组	正月初二
31848	张三3	第1组	正月初三
26289	张三4	第2组	正月初一
16553	张三5	第2组	正月初二
68649	张三6	第2组	正月初三
67537	张三7	第3组	正月初一
26935	张三8	第3组	正月初二
97237	张三9	第3组	正月初三

小组	正月初一	正月初二	正月初三
第1组	71847 张三1	38159 张三2	31848 张三3
第2组	26289 张三4	16553 张三5	68649 张三6
第3组	67537 张三7	26935 张三8	97237 张三9

图 3-55

具体的操作步骤如下所述。

第 1 步：首先在 Power Query 中创建图 3-55 中左侧数据的查询，然后选中“编号”列和“姓名”列，使用“换行”分隔符对两列进行合并，合并后的列的名称为“人员”。具体的操作步骤可以参考 3.4.5 节中的内容，结果如图 3-56 所示。

	人员	小组	日期
1	71847 张三1	第1组	正月初一
2	38159 张三2	第1组	正月初二
3	31848 张三3	第1组	正月初三
4	26289 张三4	第2组	正月初一
5	16553 张三5	第2组	正月初二
6	68649 张三6	第2组	正月初三
7	67537 张三7	第3组	正月初一
8	26935 张三8	第3组	正月初二
9	97237 张三9	第3组	正月初三

图 3-56

第 2 步：首先参照本节案例 1 中的操作步骤，打开“透视列”对话框，然后在“值列”下拉列表中选择“人员”选项，在“高级选项”选区的“聚合值函数”下拉列表中选择“不要聚合”选项，最后单击“确定”按钮，如图 3-57 所示。

图 3-57

需要注意的是，虽然 Power Query 中的"透视列"功能与 Excel 中的数据透视表的功能相似，但是 Power Query 中的"透视列"功能只能对单列进行透视，不能对多列进行透视。当然，相对于 Excel 中的数据透视表，Power Query 中的"透视列"功能也有自己的优势，那就是 Excel 中的数据透视表不能对文本值进行透视，而 Power Query 中的"透视列"功能则可以对文本值进行透视。

3.5.3　实例 2：二维表转一维表

"逆透视列"功能实际上是"透视列"功能的反向操作。"透视列"功能可以将一维表转换为二维表，那么"逆透视列"功能就可以将二维表转换为一维表。Power Query 中的"逆透视列"下拉列表中的选项如图 3-58 所示。

图 3-58

- "逆透视列"：对选定的列进行逆透视操作。
- "逆透视其他列"：对除选定列之外的其他列进行逆透视操作。
- "仅逆透视选定列"：该选项的功能与第一项属于同等功能，只是生成的代码不同而已。

在实际操作中，使用比较频繁的是"逆透视其他列"选项。

🔍　**案例**：将二维表转换为一维表。

将左侧的二维数据转换为右侧的一维数据，如图 3-59 所示。

具体的操作步骤为:首先在 Power Query 中创建图 3-59 中左侧数据的查询(从表/区域)，然后选中"小组"列，依次选择"转换"→"逆透视列"→"逆透视其他列"选项（见图 3-58）。

图 3-59

在对列进行逆透视的过程中，要注意对同类的维度进行逆透视。例如，图 3-59 中左侧的数据除"小组"列以外的三列都是同类维度的日期，那么就可以逆透视为一列，构成一个日期列。如果两个列的维度不一样，如一个列的维度是日期，另外一个列的维度是类别，那么将这两列逆透视为一列就是自寻烦恼。

3.5.4 实例 3：含有多重行/列表头的数据清洗

在日常工作中，含有多重行/列表头和合并单元格的表格数据是非常多的，这给处理和分析数据造成了很大麻烦。那么，这样的数据该如何使用 Power Query 来进行转换呢？

将左侧的数据转换为右侧的数据，如图 3-60 所示。

图 3-60

具体的操作步骤如下所述。

第 1 步：在 Power Query 中创建图 3-60 中左侧数据的查询，创建的查询将标题放置在第一行。具体的操作步骤可以参照 3.1.2 节中的内容。

第 2 步：首先选中第 1 列与第 2 列，然后依次选择"转换"→"填充"→"向下"选项，将这两列向下填充，如图 3-61 所示。

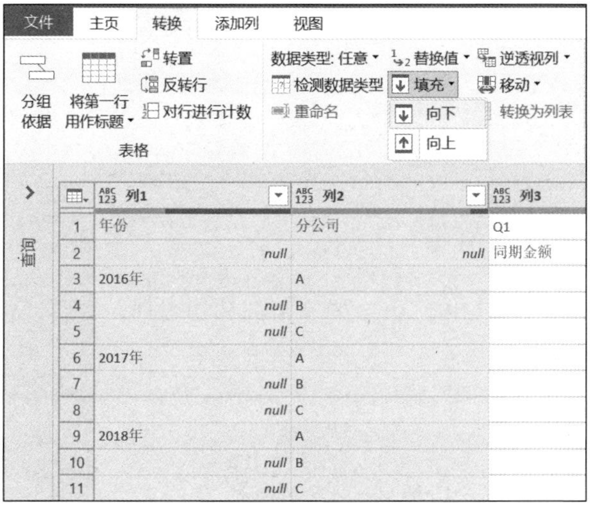

图 3-61

第 3 步：首先单击"转换"→"转置"按钮，将表的行和列进行调换，然后对第 1 列与第 2 列执行向下填充，可以参考第 2 步中的填充操作，结果如图 3-62 所示（局部截图）。

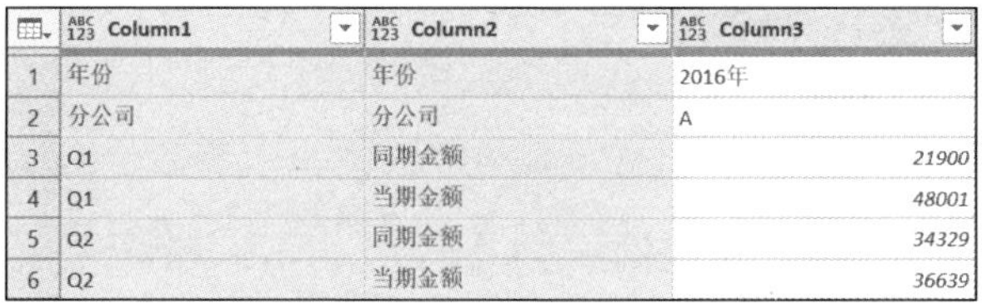

	ABC 123 Column1	ABC 123 Column2	ABC 123 Column3
1	年份	年份	2016年
2	分公司	分公司	A
3	Q1	同期金额	21900
4	Q1	当期金额	48001
5	Q2	同期金额	34329
6	Q2	当期金额	36639

图 3-62

第 4 步：首先选中第 3 步中填充的第 1 列与第 2 列，然后单击"转换"→"合并列"按钮，使用逗号作为分隔符。具体的操作步骤可以参照 3.4.5 节中的内容，结果如图 3-63 所示（局部截图）。

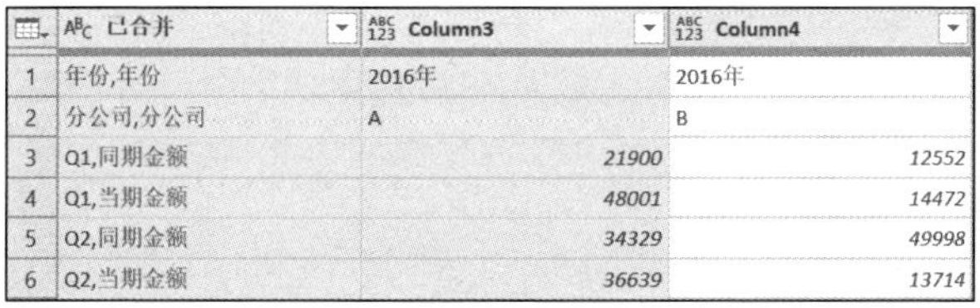

	ABC 已合并	ABC 123 Column3	ABC 123 Column4
1	年份,年份	2016年	2016年
2	分公司,分公司	A	B
3	Q1,同期金额	21900	12552
4	Q1,当期金额	48001	14472
5	Q2,同期金额	34329	49998
6	Q2,当期金额	36639	13714

图 3-63

第 5 步：对第 4 步的结果执行"转置"操作，同时将第一行的数据提升为标题，结果如图 3-64 所示。

	年份,年份	分公司,分公司	Q1,同期金额	Q1,当期金额	Q2,同期金额	Q2,当期金额
1	2016年	A	21900	48001	34329	36639
2	2016年	B	12552	14472	49998	13714
3	2016年	C	27306	46060	25459	34558
4	2017年	A	21365	19803	33081	42487
5	2017年	B	19765	32180	29819	27505
6	2017年	C	44105	41320	18997	44398
7	2018年	A	47488	43964	48602	21402
8	2018年	B	36426	37624	17105	16698
9	2018年	C	30897	42421	45081	34953

图 3-64

第 6 步：首先选中第 5 步结果中的第 1 列和第 2 列，然后依次选择"转换"→"逆透视列"→"逆透视其他列"选项，结果如图 3-65 所示（局部截图）。

	年份,年份	分公司,分公司	属性	值
1	2016年	A	Q1,同期金额	21900
2	2016年	A	Q1,当期金额	48001
3	2016年	A	Q2,同期金额	34329
4	2016年	A	Q2,当期金额	36639
5	2016年	B	Q1,同期金额	12552
6	2016年	B	Q1,当期金额	14472
7	2016年	B	Q2,同期金额	49998
8	2016年	B	Q2,当期金额	13714
9	2016年	C	Q1,同期金额	27306
10	2016年	C	Q1,当期金额	46060
11	2016年	C	Q2,同期金额	25459
12	2016年	C	Q2,当期金额	34558
13	2017年	A	Q1,同期金额	21365
14	2017年	A	Q1,当期金额	19803

图 3-65

第 7 步：参照 3.4.1 节中的内容，以逗号"，"为分隔符将"属性"列拆分为两列，结果如图 3-66 所示。

	年份,年份	分公司,分公司	属性.1	属性.2	值
1	2016年	A	Q1	同期金额	21900
2	2016年	A	Q1	当期金额	48001
3	2016年	A	Q2	同期金额	34329
4	2016年	A	Q2	当期金额	36639
5	2016年	B	Q1	同期金额	12552
6	2016年	B	Q1	当期金额	14472
7	2016年	B	Q2	同期金额	49998
8	2016年	B	Q2	当期金额	13714
9	2016年	C	Q1	同期金额	27306
10	2016年	C	Q1	当期金额	46060
11	2016年	C	Q2	同期金额	25459
12	2016年	C	Q2	当期金额	34558
13	2017年	A	Q1	同期金额	21365

图 3-66

第 8 步：逐一双击列标题，将列标题分别修改后上载数据至 Excel 工作表中即可。

本例使用的知识点比较多，如填充、转置、合并列、拆分列、逆透视列、标题的提升与降低，以及重命名列等。由此可知，在 Power Query 中进行数据清洗时会使用很多操作技巧，如果读者在这个过程中对基本的操作非常熟悉，将会对学习第 4 章中的 M 函数非常有帮助。

3.6　提取文本值中指定字符的操作

数据清洗除了常用的拆分功能外，还有一类就是提取文本值中指定字符的功能。本节主要讲解如何在文本值中提取需要的字符。在 Power Query 编辑器中的"转换"和"添加列"选项卡中均有"提取"功能按钮，为了使读者更容易观察与理解，本节全部使用"添加列"选项卡中的"提取"功能进行讲解。

3.6.1　实例 1：按指定的长度提取文本值中指定的字符

"添加列"选项卡下的"提取"下拉列表中一共有 7 个选项，如图 3-67 所示。

图 3-67

- "长度"：测量文本值的长度，结果是一个数字。
- "首字符"：从首位字符起向右提取指定长度的字符。
- "结尾字符"：从结尾字符开始向左提取指定长度的字符。
- "范围"：从指定位置开始向右提取指定长度的字符。
- "分隔符之前的文本"、"分隔符之后的文本"与"分隔符之间的文本"都是按分隔符的位置提取文本值中指定的字符，可拓展性较强。

　案例 1：提取首字符与结尾字符。

提取"文本内容"列中文本值的前两个字符与最后两个字符，如图 3-68 所示。

文本内容	首字符	结尾字符
1	数据获取与清洗	数据	清洗
2	数据分析与建模	数据	建模
3	数据可视化设计	数据	设计

图 3-68

提取前两个字符的具体操作步骤为：首先选中"文本内容"列，然后依次选择"添加列"→"提取"→"首字符"选项，在弹出的"插入首字符"对话框的"计数"文本框中输入"2"，最后单击"确定"按钮即可完成，如图 3-69 所示。

图 3-69

提取最后两个字符的操作步骤与上述操作步骤类似。

🔍 **案例 2**：提取指定范围的字符。

提取第 3 个至第 7 个字符，如图 3-70 所示。

文本内容	文本范围
1	数据获取与清洗	获取与清洗
2	数据分析与建模	分析与建模
3	数据可视化设计	可视化设计

图 3-70

具体的操作步骤为：首先选中"文本内容"列，然后依次选择"添加列"→"提取"→"范围"选项，在弹出的"提取文本范围"对话框的"起始索引"文本框中输入"2"，在"字符数"文本框中输入"5"，最后单击"确定"按钮即可完成，如图 3-71 所示。

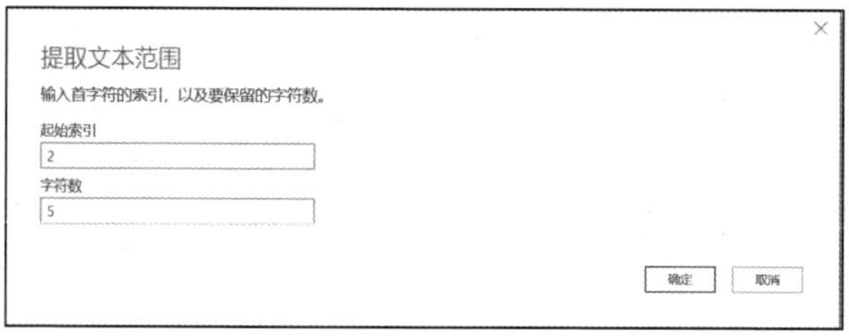

图 3-71

需要注意的是，要提取从第 3 个字符开始的内容，但是在"起始索引"文本框中输入了"2"，这是为什么呢？因为在 Power Query 中，默认索引都是从 0 开始的，即第 1 个字符的索引是 0，那么依次往后类推，第 3 个字符的索引就是 2。

3.6.2　实例 2：按分隔符的位置提取文本值中指定的字符

上一节内容介绍了如何按指定的长度来提取文本值中指定的字符。本节介绍如何按分隔符的位置来提取文本值中指定的字符。

🔍　**案例 1**：提取分隔符之前的字符。

提取"文本内容"列中第 2 个分隔符"-"之前的内容，如图 3-72 所示。

ABC 文本内容	▼	ABC 分隔符之前的文本	▼
1	ABC-BCD-CDE-ADR-DFR	ABC-BCD	
2	ABC-DER-SDF-DFR-JTD-AFD	ABC-DER	
3	ASGA-EAF-AGAD-ASG-asf	ASGA-EAF	

图 3-72

具体的操作步骤为：首先选中"文本内容"列，然后依次选择"添加列"→"提取"→"分隔符之前的文本"选项，在弹出的"分隔符之前的文本"对话框的"分隔符"文本框中输入"-"，在"高级选项"选区的"扫描分隔符"下拉列表中选择"从输入的开头"选项，在"要跳过的分隔符数"文本框中输入"1"，最后单击"确定"按钮即可完成，如图 3-73 所示。

图 3-73

需要说明的是，在"扫描分隔符"下拉列表的选项中，一个是"从输入的开头"选项（见图 3-73），另一个是"从输入的末尾"选项。如果将图 3-73 中"扫描分隔符"下拉列表中的选项选择为"从输入的末尾"选项，那么结果取第 3 个分隔符"-"之前的内容。结果如图 3-74 所示的第 3 列。

	文本内容	分隔符之前的文本	分隔符之前的文本.1
1	ABC-BCD-CDE-ADR-DFR	ABC-BCD	ABC-BCD-CDE
2	ABC-DER-SDF-DFR-JTD-AFD	ABC-DER	ABC-DER-SDF-DFR
3	ASGA-EAF-AGAD-ASG-asf	ASGA-EAF	ASGA-EAF-AGAD

图 3-74

对于"提取"下拉列表中的"分隔符之后的文本"选项，读者可以根据"分隔符之前的文本"选项的操作来自行实践，操作的过程比较简单，这里不再做案例说明。

案例 2：提取分隔符之间的字符。

提取文本值中指定的字符，规则为：开始分隔符为"-"，结束分隔符为"#"且忽略遇到的第一个"#"，如图 3-75 所示。

	文本内容	分隔符之间的文本
1	你们-我们-他们#你-我-他#你的-我的-他的	我们-他们#你-我-他
2	#Excel-PPT-WORD#	PPT-WORD#
3	变量#常量#对象-属性-方法#VBA	属性-方法#VBA
4	#函数-公式#关键字-代码	公式#关键字-代码
5	#Excel#WORD#PPT	

图 3-75

具体的操作步骤为：首先选中"文本内容"列，然后依次选择"添加列"→"提取"→"分隔符之间的文本"选项，在弹出的"分隔符之间的文本"对话框的"开始分隔符"文本框中输入"-"，在"结束分隔符"文本框中输入"#"，在"高级选项"选区的"扫描开始分隔符"下拉列表中选择"从输入的开头"选项，在"要跳过的开始分隔符数"文本框中输入"0"，在"扫描结束分隔符"下拉列表中选择"从开始分隔符，到输入结束"选项，在"要跳过的结束分隔符数"文本框中输入"1"，最后单击"确定"按钮即可完成，如图 3-76 所示。

图 3-76

"提取"下拉列表中的"分隔符之间的文本"选项的功能十分强大，并且具有丰富的自定义设置项，极大地方便了一些复杂的数据清洗。但是想要灵活高效地运用好这项功能，还需要进行大量的案例练习。

3.7　数学运算和分组统计

本节主要讲解三部分内容，即常用的聚合运算的操作、数值运算的基本操作和分组统计功能。

3.7.1　聚合运算的操作

一般常用的聚合运算有求和、平均值、最大值、最小值、中值、计数和不重复计数等。在 Power Query 中，用于聚合运算的操作在"转换"和"添加列"选项卡下的"统计信息"下拉列表中，如图 3-77 所示。

图 3-77

需要说明的是，使用"统计信息"功能对列进行操作时，只能在"转换"选项卡中才能激活"统计信息"按钮，在"添加列"选项卡中该按钮处于灰色的未激活状态，这是因为对列进行聚合运算，结果是要返回一个值，而不是添加列。

分别对"考评成绩"列求平均值，对"姓名"列计数，对"部门"列不重复计数。数据如图 3-78 所示。

	ABC 123 部门	▼	ABC 123 岗位	▼	ABC 123 姓名	▼	1²₃ 考评成绩	▼
1	人资部		经理		李义收			69
2	市场部		主管		苏成名			56
3	客服部		专员		张达			98
4	人资部		总监		张三			75
5	市场部		主管		吴中			89
6	客服部		工程师		邓连成			59
7	人资部		秘书		李建娜			77
8	市场部		编辑		苏大强			79

图 3-78

具体的操作步骤为：首先选中要计算的列，然后单击"转换"→"统计信息"按钮，在弹出的下拉列表中，根据具体要计算的类型选择对应的选项即可。计算的结果如图 3-79 所示，"考评成绩"的平均值为 75.25，"姓名"的计数为 8，"部门"的不重复计数为 3。

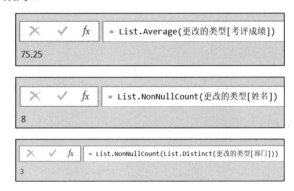

图 3-79

"统计信息"功能的基本操作在实际的应用中用处不大，但是基于 M 函数的聚合运算在 Power Query 中是非常重要的。读者在学习了本书第 4 章和第 5 章中的内容后，才能对聚合运算的作用有更深的体会。

3.7.2　实例 1：活用"选择性粘贴"功能处理考试成绩

在 Excel 中，使用"选择性粘贴"功能可以给一个数字加、减、乘、除一个数，该功能是在原有的数字上直接操作的，而不用重新添加一列，如图 3-80 所示。

在 Power Query 中也有类似的功能，但是比 Excel 中的"选择性粘贴"功能更加强大。为了让读者更加清楚地观察结果，以"添加列"选项卡下的"标准"下拉列表中选项的功能为例进行讲解，如图 3-81 所示。

图 3-80　　　　　　　　　　　　图 3-81

- "添加"：执行加运算。
- "除（整数）"：给指定的列除一个数，商数取整数部分。
- "取模"：给指定的列除一个数，取余数。
- "百分比"：这个比较特殊，在本节下面的案例 3 中以具体的例子来说明两个"百分比"的功能有何差异。

案例 1："乘"运算。

给每个人的"考评成绩"乘以 80%，如图 3-82 所示。

	部门	岗位	姓名	考评成绩	乘法
1	人资部	经理	李义收	69	55.2
2	市场部	主管	苏成名	56	44.8
3	客服部	专员	张达	98	78.4
4	人资部	总监	张三	75	60
5	市场部	主管	吴中	89	71.2
6	客服部	工程师	邓连成	59	47.2
7	人资部	秘书	李建娜	77	61.6
8	市场部	编辑	苏大强	79	63.2

图 3-82

具体的操作步骤为：首先选中"考评成绩"列，然后依次选择"添加列"→"标准"→"乘"选项，在弹出的对话框的"值"文件框中输入"0.8"即可，如图 3-83 所示。

图 3-83

其他的"添加"、"减"和"除"的运算都是类似的操作方法。

案例 2："除（整数）"运算和"取模"运算。

分别对每个人的成绩除 10 后取整数部分和除 5 后取余数。具体的操作步骤可以参照上述案例 1 中的操作步骤，结果如图 3-84 所示。

	姓名	考评成绩	整除	取模
1	李义收	69	6	4
2	苏成名	56	5	1
3	张达	98	9	3
4	张三	75	7	0
5	吴中	89	8	4
6	邓连成	59	5	4
7	李建娜	77	7	2
8	苏大强	79	7	4

图 3-84

案例 3："百分比"运算。

"百分比"运算在"标准"下拉列表中有两个一样的选项，但两者的功能是不一样的。首先我们按下拉列表中的顺序将两个一样的"百分比"选项分别叫作"百分比 1"和"百分比 2"，然后对"考评成绩"列分别应用两个"百分比"功能，输入的值均为 80，结果如图 3-85 所示。

	姓名	考评成绩	百分比1	百分比2
1	李义收	69	55.2	86.25
2	苏成名	56	44.8	70
3	张达	98	78.4	122.5
4	张三	75	60	93.75
5	吴中	89	71.2	111.25
6	邓连成	59	47.2	73.75
7	李建娜	77	61.6	96.25
8	苏大强	79	63.2	98.75

图 3-85

可以看到图 3-85 中"百分比 1"列和"百分比 2"列中的内容有明显的差异。我们再来观察一下 Power Query 生成的公式，如图 3-86 所示。

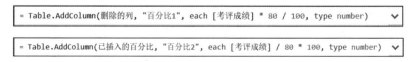

```
= Table.AddColumn(删除的列, "百分比1", each [考评成绩] * 80 / 100, type number)
```

```
= Table.AddColumn(已插入的百分比, "百分比2", each [考评成绩] / 80 * 100, type number)
```

图 3-86

重点观察"考评成绩"对应的公式发现："百分比 1"是使用"考评成绩"先乘 80 再除 100，而"百分比 2"则是使用"考评成绩"先除 80 再乘 100。

两者的区别是：以第一行"李义收"的"考评成绩"为例，"百分比 1"计算的是 69 的 80%是多少，结果是 55.2；而"百分比 2"计算的是总量，也就是总量的 80%是 69，那么总量就是 69 除以 80%，结果是 86.25。

3.7.3　实例 2：使用分组统计功能快速计算各部门的数据

分组统计功能是 Power Query 中的一项重要功能，这个功能类似于 Excel 中数据透视表的功能，可以将同维度的数据分组后进行聚合运算。该功能的按钮为"主页"选项卡中的"分组依据"按钮。

计算每个部门每个季度的人数、补贴总金额和平均补贴金额，如图 3-87 所示。

具体的操作步骤为：首先选中"部门"列与"季度"列，然后依次选择"主页"→"分组依据"选项，在弹出的"分组依据"对话框中，在第一行中的"新列名"对应的文本框中输入"人数"，在"操作"对应的下拉列表中选择"对行进行计数"选项，"柱"自动变为不可选状态，接着单击"添加聚合"按钮，添加第二行与第三行，并分别输入列名，以及选择"操作"选项和"柱"选项，如图 3-88 所示。

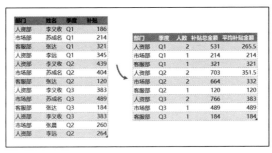

图 3-87

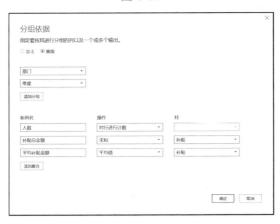

图 3-88

分组的基本操作的功能有限，但是对应的分组函数 Table.Group 的功能相当强大，将在本书 5.6 节中对其进行详细的介绍。

3.8 追加查询与合并查询

本节介绍两个重要的功能：追加查询和合并查询。追加查询是将两个及以上的同结构的查询进行合并，如合并半年的工资表；合并查询并不是用来合并查询的，而是用来做数据匹配的，虽然其功能类似于 Excel 中的 VLOOKUP 函数的功能，但是其功能更丰富和强大。

3.8.1 实例 1：使用追加查询批量合并多个 Excel 工作表数据

追加查询功能可以通过在"主页"选项卡下的"追加查询"下拉列表中选择"追加查询"选项来实现，如图 3-89 所示。

图 3-89

- "追加查询"：以选定的查询为基础或主表，在其后追加新的数据。
- "将查询追加为新查询"：将已有的数据汇总后创建一个新的查询，不在任何已有查询上追加。

通常情况下，我们会选择"将查询追加为新查询"选项，因为这样不破坏原始的查询，方便核对数据。下面以"将查询追加为新查询"选项的功能为例，讲解如何合并一个工作簿中的多个工作表。

工作簿中有 4 个工作表，需要将工作表"202201 销售"、"202202 销售"和"202203 销售"中的数据进行汇总。数据源如图 3-90 所示。

具体的操作步骤如下所述。

第 1 步：依次选择"数据"→"获取数据"→"来自文件"→"从工作簿"选项，如图 3-91 所示。

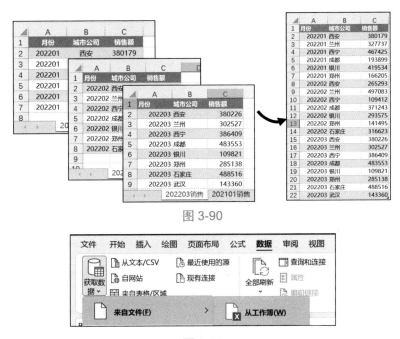

图 3-90

图 3-91

第 2 步：在弹出的对话框中选择对应的 Excel 工作簿，单击"导入"按钮导入数据。

第 3 步：在弹出的"导航器"对话框中，先勾选"选择多项"复选框，再勾选除"追加查询"表之外的 3 个表，最后单击"转换数据"按钮，如图 3-92 所示。

图 3-92

第 4 步：首先，如果创建的 3 个查询的标题行不在第一行，则需要将第一行用作标题，然后依次选择"主页"→"追加查询"→"将查询追加为新查询"选项，在弹出的"追加"对话框中选中"三个或更多表"单选按钮，在"可用表"列表中全选 3 个查询，接着单击中间的"添加"按钮，将 3 个表添加至右侧的"要追加的表"列表中，最后单击"确定"按钮即可完成，如图 3-93 所示。

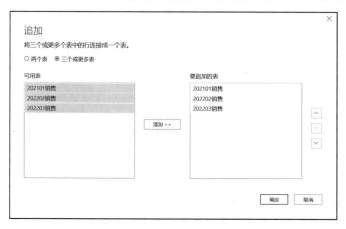

图 3-93

第 5 步：只将追加查询的结果上载至对应的工作表中，其他 3 个原表的数据仅上载为连接即可。

3.8.2　认识合并查询的 6 种联接类型

合并查询功能可以通过在"主页"选项卡下的"合并查询"下拉列表中选择"合并查询"选项来实现，如图 3-94 所示。

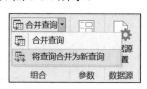

图 3-94

- "合并查询"：选择一个查询为主表，直接在当前表中返回相关表的匹配项。
- "将查询合并为新查询"：保留原查询，创建一个新的查询来放置匹配的结果。

合并查询功能一共有 6 种联接类型，如表 3-2 所示。

表 3-2

图　示	联接类型	说　明
	左外部	以表 A 为主表，表 B 为相关表 保留表 A 中的所有行，匹配表 B 中的相关行
	右外部	以表 A 为主表，表 B 为相关表 保留表 B 中的所有行，匹配表 A 中的相关行
	完全外部	保留表 A 与表 B 中的所有行
	内部	保留表 A 与表 B 中的相关行
	左反	以表 A 为主表，表 B 为相关表 保留表 A 中不含有表 B 的相关行
	右反	以表 A 为主表，表 B 为相关表 保留表 B 中不含有表 A 的相关行

　　我们以"将查询合并为新查询"选项的功能为例，逐一来介绍一下这 6 种联接类型（暂时不考虑模糊查询方式）。

联接类型 1：左外部（第一个中的所有行，第二个中的匹配行）

　　第 1 步：首先依次选择"主页"→"合并查询"→"将查询合并为新查询"选项，然后在弹出的"合并"对话框中分别选择"表 1"与"表 2"，并分别选择两个表的匹配列，即"类型"列，接着在"联接种类"下拉列表中选择"左外部（第一个中的所有行，第二个中的匹配行）"选项，最后单击"确定"按钮即可，如图 3-95 所示。

图 3-95

第 2 步：在生成的新的查询中，首先选中"表 2"列，然后单击标题右侧的扩展按钮，在字段列表中勾选要展开的字段左侧的复选框后单击"确定"按钮即可。如果某些列不需要，则可以在字段列表中取消勾选不需要列的名称左侧的复选框，如图 3-96 所示。

图 3-96

结果：使用"表 1"去匹配"表 2"，保留"表 1"中的所有项，如果"表 1"中的"类型"没有在"表 2"中出现，那么匹配到的"数量"显示为 null 值，如图 3-97 所示。

	类型		表2.类型		表2.数量
1	B		B		20
2	C		C		30
3	D		D		40
4	A		null		null
5	E		null		null

图 3-97

联接类型 2：右外部（第二个中的所有行，第一个中的匹配行）

操作步骤可以参照上述联接类型 1 中的操作步骤。

结果：使用"表 1"去匹配"表 2"，保留"表 2"中的所有项，如果"表 1"中的"类型"没有在"表 2"中出现，那么将"表 2"中的"数量"匹配给 null 值，如图 3-98 所示。

图 3-98

联接类型 3：完全外部（两者中的所有行）

结果：保留两个表中的所有项。使用"表 1"去匹配"表 2"，如果"表 1"中的"类型"没有在"表 2"出现，那么匹配到的"数量"显示为 null 值；如果"表 2"中的"类型"在"表 1"中没有出现，那么将"表 2"中的"数量"匹配给 null 值，如图 3-99 所示。

图 3-99

联接类型 4：内部（仅限匹配行）

结果：使用"表 1"去匹配"表 2"，仅保留"表 1"与"表 2"中共同的匹配项，删除不同的项，如图 3-100 所示。

图 3-100

联接类型 5：左反（仅限第一个中的行）

结果：使用"表 1"去匹配"表 2"，仅保留"表 1"中与"表 2"中不同的项，删除相同的项，如图 3-101 所示。

图 3-101

联接类型 6：右反（仅限第二个中的行）

结果：使用"表 1"去匹配"表 2"，仅保留"表 2"中与"表 1"中不同的项，删除相同的项，如图 3-102 所示。

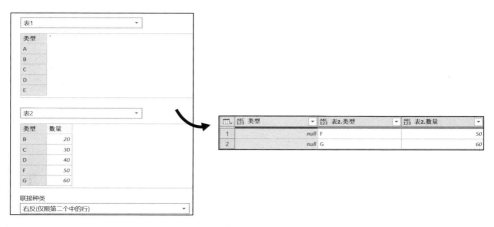

图 3-102

需要注意的是，如果将“右外部”联接类型中的“表 1”与“表 2”的位置互换，那么结果和“左外部”联接类型的结果是一样的。因此，“左外部”和“右外部”联接类型、“左反”和“右反”联接类型都属于相同功能，在实际使用时选择其中一项即可。除此之外，以上的联接类型仅限于两个表之间进行操作。

3.8.3　实例 2：使用合并查询完成各种数据匹配

在 Excel 工作表函数中，VLOOKUP 函数经常用来匹配数据，但是 VLOOKUP 函数也有不完美的地方。例如，多条件查找匹配或一对多查找匹配时，复杂的数组公式不仅效率低下，还不易编写。而 Power Query 中的合并查询功能使用起来却很方便，只要简单几步操作就能完成复杂的匹配。

案例 1：多条件匹配。

以“库存表”为主表，按产地与型号两个条件，匹配“销量表”中对应的销量，如图 3-103 所示。

库存表

产地	型号	库存
北京	MS02	20
上海	MS01	26
上海	MS02	23
深圳	MS01	26
深圳	MS02	25
成都	MS01	30
成都	MS02	22
北京	MS01	25

销量表

产地	型号	销量
北京	MS01	10
北京	MS02	15
上海	MS01	16
上海	MS02	18
深圳	MS01	9
深圳	MS02	7

结果表

产地	型号	库存	销量表.销量
北京	MS02	20	15
上海	MS01	26	16
上海	MS02	23	18
深圳	MS01	26	9
深圳	MS02	25	7
成都	MS01	30	
成都	MS02	22	
北京	MS01	25	10

图 3-103

具体的操作步骤如下所述。

第 1 步：首先将"库存表"与"销量表"导入 Power Query 中创建查询，然后依次选择"主页"→"合并查询"→"将查询合并为新查询"选项，在弹出的"合并"对话框中分别选择"库存表"与"销量表"，并依次选中"库存表"中的"产地"列和"销量表"中的"产地"列，接着按住 Shift 键，依次选中"库存表"中的"型号"列和"销量表"中的"型号"列，在"联接种类"下拉列表中选择"左外部（第一个中的所有行，第二个中的匹配行）"选项，最后单击"确定"按钮即可，如图 3-104 所示。

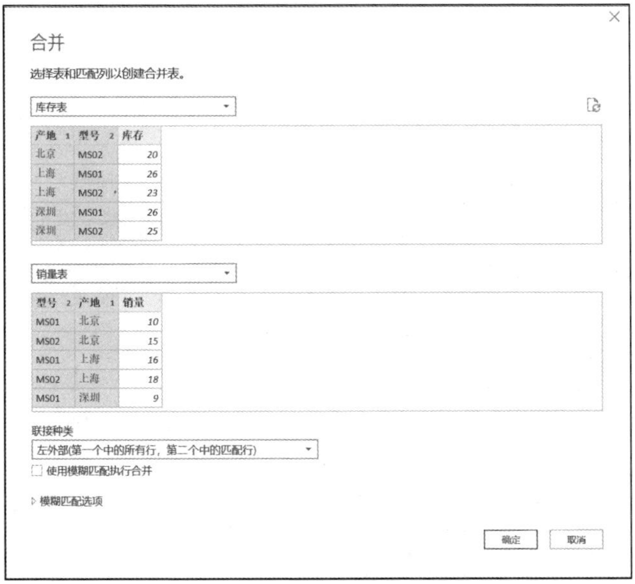

图 3-104

第 2 步：在生成的新的查询中，首先单击"销量表"中的"销量"列标题右侧的扩展按钮，在字段列表中勾选要展开的字段左侧的复选框，然后单击"确定"按钮，最后将结果上载至工作表中即可。

需要注意的是，在图 3-104 中，两组条件都有先后的顺序，两个表中的"产地"列标题的右侧都有数字"1"的标识，"型号"列标题的右侧都有数字"2"的标识，说明两个表中的条件有先后顺序，并且是一一对应的关系。

🔍 **案例 2：** 一对多匹配。

有"产地表"和"产品销量表"，以"产地表"为主表，匹配每个产地的销售产品的型号与销量，如图 3-105 所示。

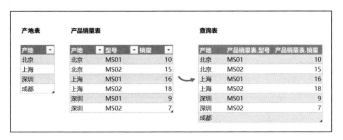

图 3-105

具体的操作步骤如下所述。

第 1 步：参照上述案例 1 中的操作步骤，在打开的"合并"对话框中进行如下的设置，如图 3-106 所示。

图 3-106

第 2 步：在生成的新的查询中，每一个产地都对应相应的数据。此时只需要先单击"产品销量表"列标题右侧的扩展按钮，在字段列表中勾选"型号"和"销量"字段左侧的复选框，然后单击"确定"按钮，最后将结果上载至工作表中即可。

案例 3：模糊匹配。

根据"名单"匹配"登记表"中的"访问时间"，如图 3-107 所示。

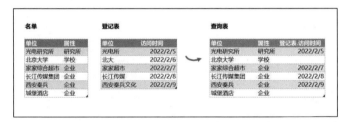

图 3-107

具体的操作步骤如下所述。

第 1 步：参照本节案例 1 中的操作步骤，在打开的"合并"对话框中，首先选择"名单"与"登记表"，并选中两个表中的"单位"列，然后在"联接种类"下拉列表中选择"左外部（第一个中的所有行，第二个中的匹配行）"选项，勾选"使用模糊匹配执行合并"复选框，接着在"模糊匹配选项"选区的"相似性阈值（可选）"文本框中输入"0.5"，最后单击"确定"按钮即可，如图 3-108 所示。

图 3-108

第 2 步：展开需要的字段后将结果上载至工作表中即可。

需要注意的是，"相似性阈值"在默认情况下为 0.8，根据实际的文本值的相似度可进行调整。当"相似性阈值"为 1 时，则为完全匹配。

第 4 章

M 函数和 M 公式基础入门

前三章介绍了 Power Query 中的基本操作，熟练掌握这些内容能够解决三分之一左右的问题，但是比较复杂的问题还需要使用功能强大的 M 函数来解决。本章主要讲解 M 函数和 M 公式的基础知识、Power Query 中的三大数据结构及 M 公式中常用的语句。

4.1 M 函数和 M 公式介绍

M 函数是预先设定好的特殊公式，M 公式是用户利用 M 函数编写的对数据进行转换和处理的计算表达式。M 公式也被称为 M 语言，或者 M 公式语言。这几种称呼都是缘于使用 M 函数创建的公式是一种函数式语言。本书中将其统称为 M 公式。

4.1.1 M 函数和 M 公式

M 函数不同于 Excel 工作表函数。M 函数一般由两部分组成。例如，用于添加列的 Table.AddColumn 函数，该函数被分隔符"."分隔成前后两部分：前一部分 Table 可以理解为函数的对象，即表；而后一部分 AddColumn 则可以理解为方法，是对 Table 对象进行的操作，即添加一列。有一些特殊的 M 函数，如用于定义时间的#date 函数，该函数由分隔符 "#" 与 date 组成。

在 Power Query 中，对查询每操作一步，都会生成对应的 M 公式。每个步骤的名称都在 "查询设置" 窗格的 "应用的步骤" 列表中，并且列表中的每一个选项都有对应的 M 公式，即公式编辑栏中显示的公式。例如，在 "应用的步骤" 列表中选择 "更改的类型" 选项后，即可在公式编辑栏中看到该步骤所对应的公式，如图 4-1 所示。

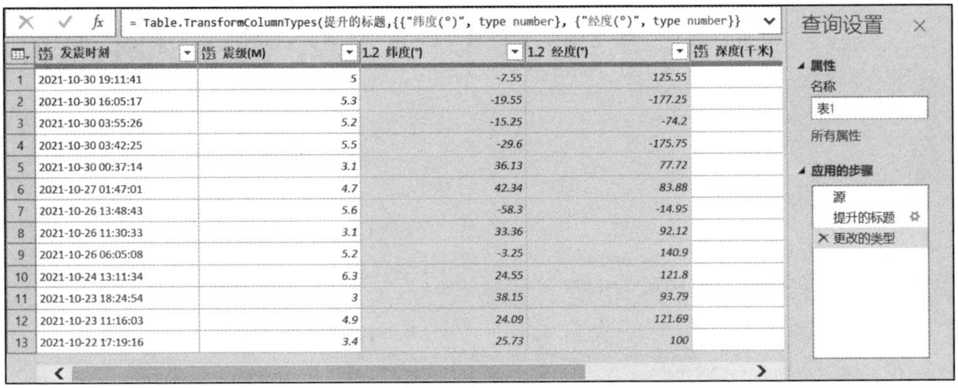

图 4-1

在 "主页" 选项卡中单击 "高级编辑器" 按钮，在弹出的 "高级编辑器" 窗口中可以看到完整的 M 公式，应用步骤都在语句 "let...in" 之间，并且每一个应用步骤的名称与对应的 M 公式用等号 "=" 相连，结尾以逗号 "," 分隔，如图 4-2 所示。

```
1  let
2      源 = Excel.CurrentWorkbook(){[Name="表1"]}[Content],
3      提升的标题 = Table.PromoteHeaders(源, [PromoteAllScalars=true]),
4      更改的类型 = Table.TransformColumnTypes(提升的标题,
5          {{"纬度(°)", type number}, {"经度(°)", type number}})
6  in
7      更改的类型
```

图 4-2

需要注意的是，M 函数严格区分大小写。如果未按照函数规范书写公式，则会提示公式错误，并且无法输出结果。

4.1.2　主要的 M 函数类型

M 函数是 Power Query 专有的函数，主要用于在 Excel 和 Power BI 中获取和处理数据。

Power Query 中的 M 函数可以分为 100 多类，函数有 800 个左右，并且随着更新还会有新的函数加入。

在如此庞大的函数体系中，常用的函数有 100 个左右，能够解决 80% 左右的问题。而对于一些不常用且比较特殊的函数，在需要时可以查看函数帮助来学习使用，因此无须全部记忆。下面介绍一些常用的函数类型。

- **文件解析类函数**：经常在导入文件时使用文件解析类函数，如 Excel.Workbook、Excel.CurrentWorkbook 和 Csv.Document 等函数。
- **Text 类函数**：Text 类函数主要用于处理文本值中的字符，如 Text.End、Text.Middle、Text.Split 等函数。
- **Table 类函数**：Table 类函数主要用于对表进行操作，如 Table.AddColumn、Table.Combine、Table.TransformColumns、Table.SelectRows 和 Table.Max 等函数。
- **Record 类函数**：Record 类函数主要用于对记录进行操作，如 Record.Combine、Record.FromList、Record.ToList 和 Record.FromTable 等函数。
- **List 类函数**：List 类函数主要用于对列表进行操作，如 List.Zip、List.Select、List.Transform、List.Count 和 List.Split 等函数。
- **Number 类函数**：Number 类函数主要包含舍入函数（如 Number.Round 和 Number.From 等函数）、三角函数（如 Number.Asin 等函数）和判断与计算类函数（如 Number.IsOdd 和 Number.Log 等函数）。
- **日期和时间类函数**：日期和时间类函数主要包含日期类函数、时间类函数和日期时间类函数，如 Date.From、Time.From 和 DateTime.From 等函数。
- **其他类型函数**：除上述基本常用的函数以外，还有其他类型的函数，如财务函数、数据库函数等。

这么庞大的函数体系记不住也没关系，只要记住常用的核心函数即可，其他的函数可以根据具体的操作对象来选择相应的函数。Excel 2021 和 Excel 365 都有智能语法提示，其他低版本虽然没有智能语法提示，但是读者可以参照本书后面 4.1.5 节中的内容进行学习，这也是一个便捷的学习路径。

4.1.3　常用的数据类型

在 3.1.1 节中介绍了创建查询时要注意数据类型的设置。本节将具体介绍 M 公式中的各种数据类型，如表 4-1 所示。

表 4-1

类　　型	说　　明	举　　例
空值	null	null
文本	text	"数据清洗"
数值	number	1、2、3、2e+12
时间	time	#time(16,30,0)
日期	date	#date(2022,1,8)
日期时间	datetime	#datetime(2022,1,8,16,30,0)
时区	datetimezone	#datetimezone(2022,1,8,16,30,0,08,0)
持续时间	duration	#duration(1,0,0,0)
二进制	binary	#binary("AQID")
列表	list	{1,2,3,4,5}
记录	record	[a=5,b=6]
表	table	#table({"列 1","列 2"},{{1,2},{3,4}})
类型	type	type {text}
函数	function	(x)=>x

M 公式中的数据类型非常重要，不仅在创建查询时需要格外注意，在数据运算中也要注意数据类型的设置是否合适。在使用函数时，要先分清数据类型再选择相应的函数。

4.1.4　运算符

和 Excel 工作表中的公式一样，M 公式也需要相应的运算符作用于表达式中。M 公式中不同类型的数据不可以直接进行运算，要转换为相同的数据类型后才能进行运算。M 公式中常用的运算符如下所述。

1）算术运算符

算术运算符为+、-、*、/，即加、减、乘、除。

2）比较运算符

比较运算符为>、<、=、>=、<=、<>，即大于、小于、等于、大于或等于、小于或等于、不等于。

3）逻辑运算符

逻辑运算符为 and、or、not，即与、或、非。示例如下：

```
= 3>=2 and 0>=5          //结果为 FALSE
= 3>=2 or 0>=5           //结果为 TRUE
```

```
= not(3>=2)                        //结果为 FALSE
```

4）行列运算符

行列运算符分别为"{}"和"[]"。行列运算符主要用于从表中获取一行或一列数据。示例如下：

```
//有一个表为"销售表"，该表中有一个名称为"地区"的列
销售表{0}                          //从表中获取第一行数据
销售表[地区]                        //从表中获取"地区"列的数据
```

5）判断和定义运算符

判断运算符为 is，主要用于判断变量的数据类型。示例如下：

```
//判断"销售表"中的"日期"列数据的数据类型是否是文本类型
销售表[日期]{0}  is text
```

定义运算符用于自定义函数中的变量的数据类型。示例如下：

```
(x as number) => x + 1            //定义变量 x 的数据类型为 number 类型
```

6）组合运算符

组合运算符也称连接运算符，即"&"，主要用于文本、列表、记录和表等的连接。示例如下：

```
= "Power" & "Query"               //连接两个文本，结果为"PowerQuery"
= {1,2,3} & {6,7}                 //连接两个列表，结果为{1,2,3,6,7}
= [A=5, B=6] & [C=7]              //连接两个记录，结果为[A=5,B=6,C=7]
//连接两个表，结果为#table({"姓名","性别"},{{"张三","男"},{"李四","女"}})
= #table({"姓名","性别"},{{"张三","男"}})& #table({"姓名","性别"},{{"李四","女"}})
```

除了算术运算符和比较运算符相对比较简单，其他的运算符是 M 公式进行运算的基础，一定要深入理解。

4.1.5　如何查看函数帮助

由于 M 函数体系庞大，函数众多。因此，学习如何快速查看 Power Query 中有哪些函数及函数的解释和语法，可以使读者快速掌握 M 函数，写出高效的 M 公式。

1）导出函数名称

具体的操作步骤如下所述。

第 1 步：参照 2.3 节中的操作步骤，首先在 Power Query 编辑器管理界面左侧"查询"窗格中的空白处右击，在弹出的快捷菜单中依次选择"新建查询"→"其

他源"→"空查询"选项，然后在公式编辑栏中输入"= #shared"，按下 Enter 键后即可看到函数列表，最后单击"到表中"按钮，转换为表，如图 4-3 所示。

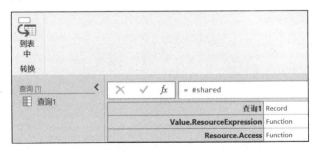

图 4-3

第 2 步：在要查看的函数对应的"Value"列中单击"Function"，即可看到对应的函数帮助。以 List.Count 函数为例，如图 4-4 所示。

ABC Name	ABC 123 Value
123 Date.MonthName	Function
124 Date.DayOfWeekName	Function
125 SqlExpression.SchemaFrom	Function
126 DirectQueryCapabilities.From	Function
127 List.Count	Function
128 List.Distinct	Function
129 List.FirstN	Function
130 List.IsEmpty	Function
131 List.LastN	Function
132 List.Select	Function
133 List.Skip	Function
134 List.Sort	Function

function (list as list) as number

返回列表 list 中的项数。

示例: 查看列表 {1, 2, 3} 中的值数。

用法:
```
List.Count({1, 2, 3})
```

输出:
3

图 4-4

2）查看函数的参数

参照上述导出函数名称的内容，首先新建一个空查询，然后在公式编辑栏中输入"=Table.Skip"，按下 Enter 键后就可以看到该函数的具体解释、语法格式和举例。除可以查看该函数的帮助以外，还可以直接调用该函数，即直接输入参数后，就会返回一个结果，如图 4-5 所示。

✕ ✓ ƒx	= Table.Skip

Table.Skip

返回一个表，该表不包含表 `table` 的指定数量的前几行 `countOrCondition`。 跳过的行数依赖于可选参数 `countOrCondition`。

　　如果忽略 `countOrCondition`，则只跳过第一行。
　　如果 `countOrCondition` 为数字，则将跳过该数字那么多的行(从顶部开始)。
　　如果 `countOrCondition` 是条件，将跳过满足此条件的行，直到行不满足条件为止。

输入参数

table
[　　　　　　　　　▼]

countOrCondition (可选)
[　　　　　　　　　]

[调用]　[清除]

function (`table` as table, *optional* `countOrCondition` as any) as table

示例: 跳过表的第一行。

使用情况:
Table.Skip(

图 4-5

通过语法格式不仅可以看出函数有几个参数，以及哪些参数是必需的和哪些参数是可以被省略的，还可以看出函数返回结果的类型和各个参数的类型。函数的语法格式如下：

```
Function(table as table, optional countOrCondition as any) as any
```

先看括号外面：Function as any。其中，Function 是函数名，as any 表示函数返回的结果可以为任意类型，as 是定义运算符。

再看括号里面：table as table, optional countOrCondition as any。其中，table as table 是函数的第一个参数，第一个 table 是表名，第二个 table 表示参数的类型为 table。optional countOrCondition as any 是函数的第二个参数，optional 表示第二个参数可以省略；countOrCondition 表示第二个参数的名称，其可以是数值，也可以是条件；any 表示第二个参数的类型可以为任意类型。

对于不确定的函数，在使用过程中及时地查看函数的语法格式，是学习 M 函数的重要途径之一。

4.2 三大数据结构

本节主要介绍 Power Query 中的三大数据结构（又称"三大容器"，本书统称为数据结构）。三大数据结构是 Power Query 的核心知识点，深入理解三大数据结构是写出高质量的 M 公式的前提。

4.2.1 列表

列表（List）相当于从表中被单独拿出的一列。列表是用大括号"{ }"括起来的有序的一列值，大括号中的每个元素用逗号隔开。元素可以是文本、数字、函数、日期、时间、逻辑值、列表、记录、表等。示例如下：

```
= {"列表",2022,List.Combine,#date(2022,1,9),#time(9,48,0),true,
{1,2},[a="a"],#table({},{{}})}
```

将上述代码输入公式编辑栏中，在"查询"区中可以看到，查询名称的图标显示为 ⬚ ，表示当前查询的数据结构为列表，如图 4-6 所示。

图 4-6

列表中的每个元素都是有序的，其中，第一个元素对应的位置是 0，第二个元素对应的位置是 1，以此类推。这些有顺序的数字就是列表的索引号，根据列表的索引号可以找到列表中唯一的值。如果想要查找列表的某个索引号所对应的值，则在大括号"{}"中输入对应的索引号即可。示例如下：

```
= {1,2,3,4}{0}           //列表中第 1 个位置的元素，结果为 1
= {"A","B","C","D"}{3}    //列表中第 4 个位置的元素，结果为"D"
```

如果索引号大于列表中的元素的数量，则 Power Query 会提示错误信息。例如，在以下公式中，列表中共有 4 个元素，而索引号超过了列表中的元素的个数，因此会报错，如图 4-7 所示。

```
= {"A","B","C","D"}{4}
```

图 4-7

解决上述问题的方法是：在公式后面添加一个问号来屏蔽错误，让其返回结果为 null。示例如下：

```
= {"A","B","C","D"}{4}?
```

在 M 公式中，可以使用 ".." 来构造一个连续的列表序列，".." 前面的值表示列表的起始值，后面的值表示列表的终止值。例如，创建一个元素为连续数值 1～6 的列表，如图 4-8 所示。

```
= {1..6}        //创建一个元素为连续数值 1～6 的列表
```

图 4-8

需要注意的是，连续列表的起始值不大于终止值。如果要得到一个逆序的列表，则可以使用排序或反转的操作。示例如下：

```
= {6..1}                     //这是一个错误的列表
= List.Reverse({1..6})       //反转后得到逆序列表
= List.Sort({1..6},1)        //倒序后也可以得到一个逆序列表
```

使用 ".." 不仅可以创建上述数值类型的列表，还可以创建其他类型的列表。示例如下：

```
/*0～9 的文本类型数字列表。如果想要创建元素个数大于 9 的数值连续的文本类型的列表，
可以先创建一个数值类型的列表，再将该列表的类型转换为文本类型*/
= {"0".."9"}
= {"A".."Z"}//26 个大写英文字母列表
= {"a".."z"}//26 个小写英文字母列表
```

```
//26个大写和小写英文字母列表，但是包含了6个特殊符号（[、\、]、^、_、`）
= {"A".."z"}
= {"A".."Z","a".."z"}        //26个大写和小写英文字母列表
= {"一".."龟"}               //常用的汉字列表
```

4.2.2 记录

记录（Record）就是一组名称（或称标题）与值的组合，简单地理解，即表中的一行数据或一条记录，而这条记录中的每个值对应唯一的名称。

记录用中括号"[]"括起来，每组名称与值之间使用等号"="连接起来，每组之间使用逗号隔开，如图4-9所示。

```
= [姓名="张三",性别="男"]
```

图 4-9

在"查询"区中可以看到，查询名称的图标显示为▤，表示当前查询的数据结构为记录。

一个名称对应一个值，名称不使用引号，但是文本值需要使用引号。例如，字段"性别"对应的值——"男"。

4.2.3 表

我们在 Power Query 中使用的表大多都是从外部数据源导入的，我们也可以手动使用 M 函数中的#table 函数创建一个表。#table 函数的语法格式如下：

```
//在语法格式中，字段名与值对应，有几个字段名就表示有几列，有几组值就表示有几行
//值11表示第1行的第1列，值12表示第1行的第2列，……
//第二个参数必须使用一组大括号括起来，表示值的列表
//有几个字段名，就需要提供对应数据的值，否则会报错
= #table({字段名1,字段名2,…},{{值11,值12},{值21,值22},{…}})
```

例如，创建一个3列3行的表，如图4-10所示。

```
= #table({"姓名","年龄","性别"},
    {
        {"张三",20,"男"},{"李四",22,"女"},{"王五",24,"男"}
    })
```

图 4-10

在"查询"区中可以看到，查询名称的图标显示为 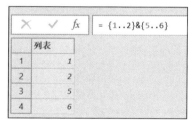，表示当前查询的数据结构为表。在创建表时，表的字段名需要加双引号；如果字段类型为文本，则字段所对应的值也需要加双引号，否则不需要加双引号。

4.2.4　数据结构的组合和深化

1）数据结构的组合

在 4.1.4 节中，本书曾简要介绍了一类被称作组合运算符的运算符，即连接符，当时所给出的示例简略地提到了数据结构的组合。

对于两个或两个以上的列表进行组合，既可以使用组合运算符"&"来完成，也可以使用对应的列表组合函数 List.Combine 来完成，如图 4-11 所示。

```
= {1..2}&{5..6}                  //使用组合运算符进行组合，结果为{1,2,5,6}
= List.Combine({{1..2},{5..6}})  //使用 List.Combine 函数进行组合
```

图 4-11

List.Combine 函数可以对多个列表进行组合。该函数只有一个参数，在组合多个列表时，需要使用大括号将要组合的列表括起来，列表与列表之间使用逗号隔开。该函数的语法格式如下：

```
List.Combine(list as list) as list
```

对记录进行组合同样可以使用组合运算符来完成，也可以使用对应的记录组合函数 Record.Combine 来完成，如图 4-12 所示。

```
= [姓名="张三"]&[年龄=20]&[性别="男"]
= Record.Combine({[姓名="张三"],[年龄=20],[性别="男"]})
```

图 4-12

Record.Combine 函数可以将多个记录组合成一个新的记录。该函数同样只有一个参数，在组合记录时，需要使用大括号将要组合的记录括起来，记录与记录之间使用逗号隔开。该函数的语法格式如下：

```
Record.Combine(records as list) as list
```

对表进行组合除可以使用组合运算符来完成以外，还可以使用对应的表组合函数 Table.Combine 来完成。例如，将"表 a"和"表 b"组合成一个新表"组合表"，如图 4-13 所示。

```
= Table.Combine({表a,表b})
```

图 4-13

Table.Combine 函数可以将多个表组合成一个新表，第一个参数为必需参数，在组合表时，需要使用大括号将要组合的表或查询括起来，表/查询与表/查询之间使用逗号隔开。该函数的语法格式如下：

```
Table.Combine(tables as list) as list
```

在本例中，表名或查询名是可以被直接引用的，因此不需要使用引号。

2）数据结构的深化

深化是指将选定的行或列位置上的值引用出来。不同数据结构的深化方式不同。

对列表进行深化是指查找列表中指定位置上的元素。在对列表进行深化时使用"{}"。需要注意的是，索引号是从 0 开始的。例如，深化第 3 个元素，那么索引号为 2。示例如下：

```
= {1..5}{2}                    //深化第 3 个元素，结果为 3
```

对记录进行深化是指将对应字段的值引用出来。在对记录进行深化时使用"[]"，在中括号中输入对应的字段名称即可。示例如下：

```
= [姓名="张三",性别="男"][性别]       //深化"性别"字段的值，结果为"男"
```

在对表进行深化时可以同时使用"{}"和"[]"。例如，查询名称为"源"，如图 4-14 所示。

ABC 123 姓名	ABC 123 年龄	ABC 123 性别
1　张三	20	男
2　李四	22	女
3　王五	24	男
4　小必	20	男
5　小明	22	女
6　小红	24	男

图 4-14

对"姓名"列进行深化得到一个列表，对第 3 行进行深化得到一个记录，如图 4-15 所示。

```
= 源[姓名]        //对"姓名"列进行深化
= 源{2}           //对第 3 行进行深化
```

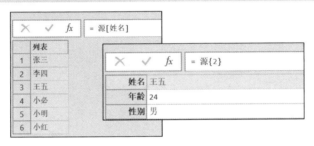

图 4-15

同时对"姓名"列和第 3 行进行深化，结果为"姓名"列与第 3 行交叉处的值，即"王五"。

```
= 源[姓名]{2}                      //同是对"姓名"列和第 3 行进行深化
```

当需要进行精确的深化时，如直接深化图 4-14 中的"小明"的"年龄"的值，那么公式可以写为：

```
= 源{[姓名="小明"]}[年龄]           //直接深化"小明"的"年龄"的值，结果为 22
```

如果数据结构中同时存在多种类型，那么依次进行深化即可。

4.2.5　数据结构的扩展

List 是一个纵向的列表，因此在表中进行扩展（或称展开）时，数据会以行的形式展开，即纵向展开。单击"list"列标题右侧的扩展按钮后，数据沿垂直方向展开，如图 4-16 所示。

图 4-16

Record 是一个记录,在进行扩展时,数据会向水平方向展开,即横向展开。单击"record"列标题右侧的扩展按钮后,数据沿水平方向展开,如图 4-17 所示。

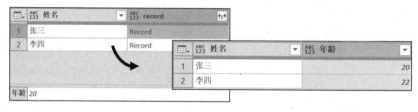

图 4-17

Table 是一个表,在进行扩展时,数据会向垂直和水平方向分别展开。单击"table"列标题右侧的扩展按钮后,数据沿水平和垂直方向分别展开,如图 4-18 所示。

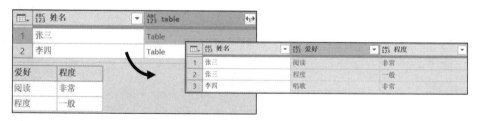

图 4-18

🔍 **案例:** 按次数重复数据。

将左侧的数据按"出差次数"列中的数据重复对应的行数,如图 4-19 所示。

图 4-19

具体的操作步骤如下所述。

第 1 步：首先单击"添加列"→"自定义列"按钮，然后在弹出的"自定义列"对话框的"新列名"文本框中输入"序号"，在"自定义列公式"文本框中输入以下公式，最后单击"确定"按钮即可，如图 4-20 所示。

```
= {1..[出差次数]}
```

图 4-20

第 2 步：在生成的结果中，先将"序号"列进行扩展，然后将数据上载至工作表中即可。

4.3　数据结构之间的相互转换

三大数据结构之间的转换是 M 公式的核心内容。数据结构之间的转换主要是通过 M 函数来实现的，因此，掌握了这几类转换函数也就掌握了数据结构转换的一般规律。

4.3.1　List 和 Record 之间的转换

可以使 List 和 Record 之间实现相互转换的函数只有一组，共两个函数。

- 将 List 转换为 Record 的函数是 Record.FromList。
- 将 Record 转换为 List 的函数是 Record.ToList。

Record.ToList 函数和 Record.FromList 函数的语法格式分别如下:

```
Record.ToList(record as record) as list     //将 Record 转换为 List
Record.FromList(list as list,fields as any) as any //将 List 转换为 Record
```

🔍 **案例:** List 和 Record 之间的转换。

分别创建一个 List 和 Record,公式如下:

```
= {"张三","男","阅读"}
= [姓名="张三",性别="男",爱好="阅读"]
```

左侧为创建的 List,右侧为创建的 Record,如图 4-21 所示。

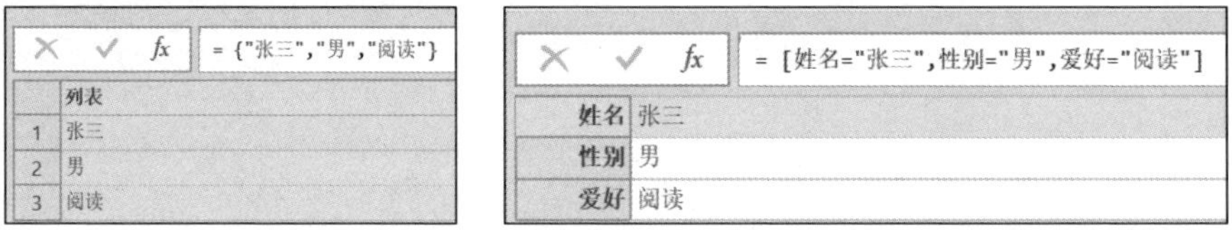

×	✓	fx	= {"张三","男","阅读"}
	列表		
1	张三		
2	男		
3	阅读		

×	✓	fx	= [姓名="张三",性别="男",爱好="阅读"]
	姓名	张三	
	性别	男	
	爱好	阅读	

图 4-21

首先将图 4-21 中左侧的 List 转换为右侧的 Record,此时需要给 List 中的每一个元素对应一个名称,名称的类型是 list,公式如下:

```
= Record.FromList({"张三","男","阅读"},{"姓名","性别","爱好"})
```

然后将图 4-21 中右侧的 Record 转换为左侧的 List,公式如下:

```
= Record.ToList([姓名="张三",性别="男",爱好="阅读"])
```

4.3.2 Table 和 List 之间的转换

可以使 Table 和 List 之间实现相互转换的函数有 3 组,共 6 个函数。

1) Table.ToRows 函数和 Table.FromRows 函数

Table.ToRows 函数和 Table.FromRows 函数的语法格式分别如下:

```
Table.ToRows(table as table) as list     //将 Table 转换为 List
//将 List 转换为 Table,第二个参数是转换成的表的标题,可以省略
Table.FromRows(rows as list,optional columns as any) as table
```

🔍 **案例 1:** Table 和 List 之间的相互转换(行转换为列表)。

先将"明细表"中的每一行转换为 List,再将 List 列表转换为 Table。将 Table 转换为 List 的过程如图 4-22 所示。

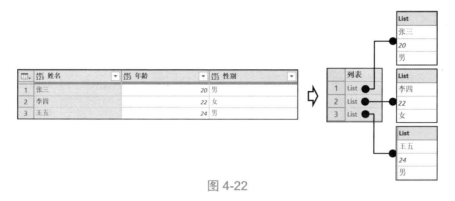

图 4-22

公式如下：

```
= Table.ToRows(明细表)
```

由图 4-22 可以看出，"明细表"被转换为列表，列表中的每个"List"的元素就是"明细表"中的每一行的元素。

Table.ToRows 函数将 Table 转换为 List 时，表中有几行数据就会在列表中显示几个"List"元素，而每个"List"元素里又分别包含"明细表"中的每一行数据，从而构成了两层 List 列表。

反过来，如果想要将图 4-22 中右侧的 List 列表转换为左侧的表，则可以使用 Table.FromRows 函数来实现，公式如下：

```
// "表转换为列表"是上一个应用步骤的名称
= Table.FromRows(表转换为列表,{"姓名","年龄","性别"})
```

需要注意，如果 Table.FromRows 函数不指定第二个参数，那么转换成的表的标题会是默认的标题，因此，在进行转换时需要自定义一个标题列表。

2）Table.ToColumns 函数和 Table.FromColumns 函数

对照上述的 Table.ToColumns 函数和 Table.FromRows 函数，我们不难知道，Table.ToColumns 函数是将表按列转换成列表，而 Table.FromColumns 函数则是将转换成的列表再转换回去。这两个函数的语法格式分别如下：

```
Table.ToColumns(table as table) as list //将 Table 转换为 List
//将 List 转换为 Table，第二个参数是转换成的表的标题，可以省略
Table.FromColumns(columns as list, optional columns as any) as table
```

案例 2：Table 和 List 之间的相互转换（列转换为列表）。

先将"明细表"中的每一列转换为 List，再将 List 列表转换为 Table。将 Table 转换为 List 的过程如图 4-23 所示。

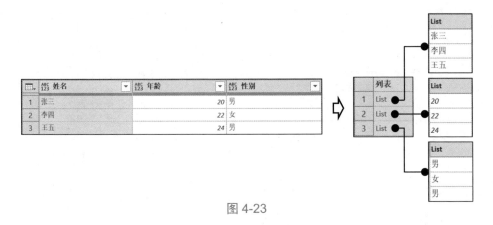

图 4-23

公式如下：

```
= Table.ToColumns(明细表)
```

由图 4-23 可以看出，"明细表"被转换为列表，列表中的每个"List"的元素就是"明细表"中的每一列的元素。

反过来，如果想要将图 4-23 中右侧的 List 列表转换为左侧的表，则可以使用 Table.FromColumns 函数来实现，公式如下：

```
//"表转换为列表"是上一个应用步骤的名称
= Table.FromRows(表转换为列表,{"姓名","年龄","性别"})
```

3）Table.ToList 函数和 Table.FromList 函数

Table.ToList 函数和 Table.FromList 函数又与上述的两组函数不同。这两个函数的语法格式分别如下：

```
//将表中的多列合并为一列后再转换为列表，第一个参数为必需参数，其他参数可以省略
Table.ToList(table as table,optional combiner as nullable function) as
list
//将列表中的每一个元素进行拆分后转换为表，第一个参数为必需参数，其他参数可以省略
Table.FromList(List as List,optional splitter as nullable function,
optional columns as any, optional extraValues as nullable ExtraValues.Type)
as table
```

Table.ToList 函数内部涉及合并列的运算，所以在转换前需要将所有列数据的数据类型转换为文本类型。

🔍 **案例 3**：Table 和 List 之间的相互转换。

将"明细表"转换为 List 列表，转换前需要将"年龄"列中数据的数据类型转换为文本类型，如图 4-24 所示。

图 4-24

公式如下：

```
= Table.ToList(更改类型)    //在省略第二个参数的情况下，默认的分隔符为逗号
```

由于 Table.ToList 函数的第二个参数是一个函数（function）类型，因此可以使用自定义函数或合并器函数，如可以使用 Text.Combine 函数来自定义合并文本值时的分隔符。

反过来，如果想要将图 4-24 中右侧的 List 列表转换为左侧的表，则可以使用 Table.FromList 函数来实现，公式如下：

```
//省略第二个参数，用 null 值补足，函数按默认分隔符分隔，第三个参数是转换成的表的标题
= Table.FromList(合并转换为列表,null,{"姓名","年龄","性别"})
```

Table.FromList 函数还提供了更多的可选参数，这里不再一一叙述。

4.3.3　Table 和 Record 之间的转换

Table.ToRecords 函数和 Table.FromRecords 函数可以实现 Table 和 Record 之间的相互转换，这两个函数的语法格式分别如下：

```
Table.ToRecords(table as table) as list      //将表转换换为记录
Table.FromRecords(record as list) as table    //将记录转换为表
```

　案例：Table 和 Record 之间的相互转换。

先将"明细表"转换为一个列表，该列表中的每个元素均为 Record，再将元素为 Record 的列表转换为 Table。将 Table 转换为 Record 的过程如图 4-25 所示。

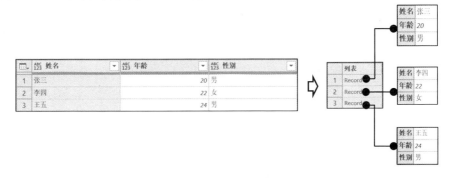

图 4-25

将表转换为记录，公式如下：

```
= Table.ToRecords(明细表)
```

Table.ToRecords 函数会将"明细表"转换为一个列表，该列表中的每个元素为一个 Record，而每个 Record 又对应"明细表"中的每一行，名称对应的是标题。

反过来，如果想要将记录转换为表，则可以使用 Table.FromRecords 函数来实现，公式如下：

```
= Table.FromRecords(表转换为记录) //"表转换为记录"是上一个应用步骤的名称
```

这一组转换的函数虽然比较简单，但是在实战运用过程中非常有用。

4.4 M 公式中常用的语句

本节主要讲解 M 公式中常用的语句，以及如何为公式添加注释。

4.4.1 let…in…语句

每个应用步骤都有对应的公式，而一个查询一般有一个以上的应用步骤，这些公式是如何组合在一起的呢？

打开"高级编辑器"窗口，就可以看到当前查询的所有的公式，如图 4-26 所示。

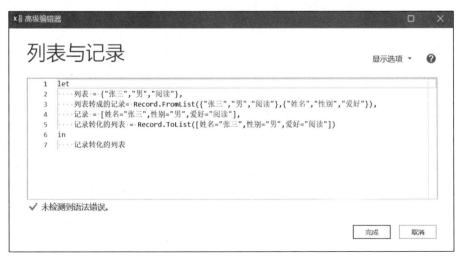

图 4-26

整个查询以 let 开始，以 in 结束，中间部分就是各个应用步骤所对应的公式。每个应用步骤以对应的名称开头，以等号连接，以逗号结束，最后一个应用步骤不使用逗号结束。in 后面的应用名称为输出结果的步骤。let 和 in 是成对出现的，一个 let 对应一个 in。在一些公式的嵌套中，为了简化公式，也会有多组 let…in…语句同时出现。

当创建一个查询时，Power Query 会自动为当前的查询添加 let…in…语句，而在公式编辑栏中每编写一个公式，在"高级编辑器"窗口中的 let 和 in 中间的应用步骤就会增加相应的应用名称和公式。如果要在一个查询中添加新的查询步骤，则单击公式编辑栏左侧的 fx 按钮即可。

4.4.2　条件分支语句

条件分支语句就是通常所说的条件判断语句。M 公式中的条件分支语句是常规的 if 判断语句，其语法格式如下：

```
//如果……那么……否则……
if 条件表达式 then 条件为真时返回的结果  else 条件为假时返回的结果
```

除了单条件的条件分支语句，还有多条件的条件分支语句，其语法格式如下：

```
if … then … else if … then … else …
```

在大多数的情况下，条件分支语句配合逻辑运算符 and、or 和 not 一起使用。需要注意的是，条件分支语句是小写形式，这与 M 函数首字母大写是不同的。

🔍 **案例 1**：单条件判断。

判断"考核分数"列。如果"考核分数"大于或等于 70 分，则为"合格"，否则为"不合格"，如图 4-27 所示。

ABC 123 姓名	ABC 123 考核分数	ABC 123 是否合格
张三	50	不合格
李四	98	合格
王五	45	不合格
赵六	95	合格

图 4-27

具体的操作步骤为：首先单击"添加列"→"自定义列"按钮，然后在弹出的"自定义列"对话框的"新列名"文本框中输入"是否合格"，在"自定义列公式"文本框中输入以下公式，最后单击"确定"按钮即可，如图 4-28 所示。

```
= if [考核分数]>=70 then "合格" else "不合格"
```

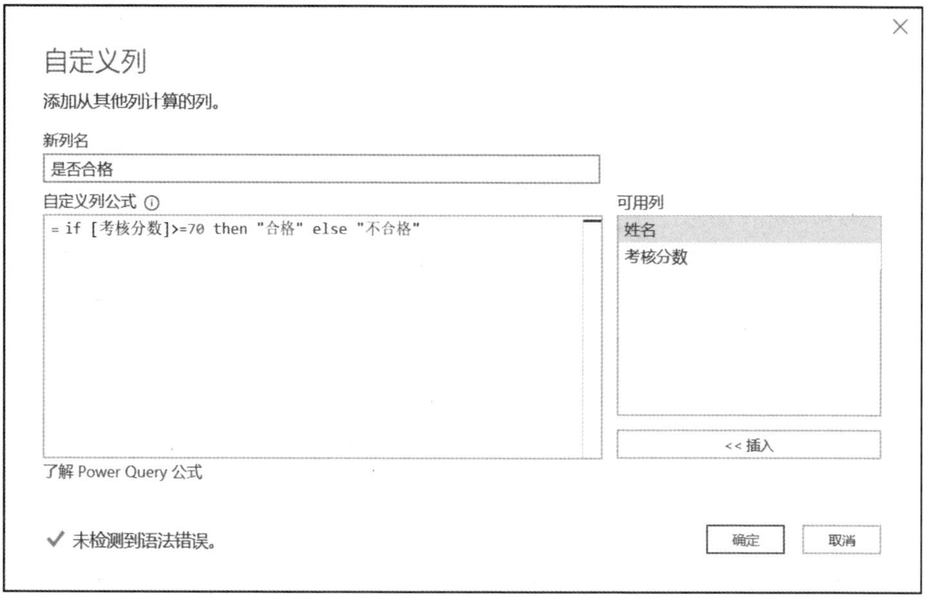

图 4-28

🔍 **案例 2**：区间判断。

对"考核分数"列进行判断。如果"考核分数"大于或等于 90 分，则"考核等级"为"A"；如果"考核分数"大于或等于 70 分且小于 90 分，则"考核等级"为"B"；否则"考核等级"为"C"，如图 4-29 所示。

	ABC 123 姓名	ABC 123 考核分数	ABC 123 考核等级
1	张三	50	C
2	李四	65	C
3	王五	78	B
4	赵六	95	A
5	陈胜利	92	A
6	李立民	82	B
7	王道明	100	A

图 4-29

具体的操作步骤为：首先单击"添加列"→"自定义列"按钮，然后在弹出的"自定义列"对话框的"新列名"文本框中输入"考核等级"，在"自定义列公式"文本框中输入以下公式，最后单击"确定"按钮即可，如图 4-30 所示。

```
= if [考核分数]>=90 then "A"
    else if [考核分数]>=70 then "B"
    else "C"
```

自定义列

添加从其他列计算的列。

新列名

考核等级

自定义列公式 ⓘ

```
= if [考核分数]>=90 then "A"
     else if [考核分数]>=70 then "B"
     else "C"
```

可用列

姓名

考核分数

<< 插入

了解 Power Query 公式

✔ 未检测到语法错误。

确定   取消

图 4-30

🔍 **案例 3**：多条件判断。

对"理论分数"和"实操分数"两列进行判断。如果"理论分数"大于或等于 80 分且"实操分数"大于或等于 80 分，则"等级判断"为"A"；如果"理论分数"大于或等于 70 分或"实操分数"大于或等于 80 分，则"等级判断"为"B"；否则"等级判断"为"C"，如图 4-31 所示。

	ABC 123 姓名	ABC 123 理论分数	ABC 123 实操分数	ABC 123 等级判断
1	张三	50	75	C
2	李四	65	89	B
3	王五	78	72	B
4	赵六	95	63	B
5	陈胜利	92	100	A
6	李立民	82	90	A
7	王道明	100	88	A

图 4-31

具体的操作步骤为：首先单击"添加列"→"自定义列"按钮，然后在弹出的"自定义列"对话框的"新列名"文本框中输入"等级判断"，在"自定义列公式"文本框中输入以下公式，最后单击"确定"按钮即可，如图 4-32 所示。

```
= if [理论分数]>=80 and [实操分数]>=80 then "A"
     else if [理论分数]>=70 or [实操分数]>=80 then "B"
     else "C"
```

自定义列

添加从其他列计算的列。

新列名

等级判断

自定义列公式 ⓘ

```
= if [理论分数]>=80 and [实操分数]>=80 then "A"
    else if [理论分数]>=70 or [实操分数]>=80 then "B"
    else "C"
```

可用列

姓名
理论分数
实操分数

<< 插入

了解 Power Query 公式

✓ 未检测到语法错误。

确定　　取消

图 4-32

4.4.3　容错语句 try…otherwise…

本节主要介绍当 M 公式报错时该如何处理。在 Excel 工作表函数中有一些容错函数，如常用的 IFERROR 函数。在 M 公式中，也有相应的容错语句，即 try…otherwise…语句，其语法格式如下：

```
//当表达式返回错误时，可以指定一个替换值，否则返回表达式的结果
try … otherwise …
```

需要注意的是，容错语句是小写形式，这与 M 函数首字母大写是不同的。

例如，在公式编辑栏中输入以下公式：

```
= "1"+1
```

此时会提示公式错误。这是因为文本值无法和数值完成加法运算，如图 4-33 所示。

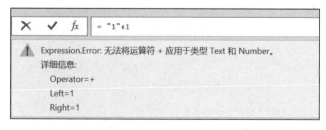

图 4-33

这时就可以使用容错语句，让其返回另外一个值，公式如下：

```
= try "1"+1 otherwise "不能计算"
```

结果如图 4-34 所示。

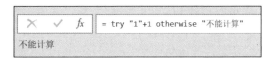

图 4-34

4.4.4　each _ 与(x)=>的关系

本节主要介绍 M 公式中的环境和在环境中如何传递参数。

在正式讲解这节内容之前，先介绍一下添加列函数 Table.AddColumn，该函数的语法格式如下：

```
//该函数用于添加列,最后一个参数可以省略
Table.AddColumn(table as table,newColumnName as text,columnGenerator
as function,optional columnType as nullable type) as table
```

参数说明：

- 第一个参数是 table 类型，表示要添加列的表，为必需参数。
- 第二个参数是 text 类型，表示要添加的新列的列名，为必需参数。
- 第三个参数是函数类型，表示要添加的新列的表达式，为必需参数。
- 第四个参数是要添加的新列的数据类型，为可选参数。

使用 Table.AddColumn 函数生成的新列与使用"添加列"选项卡中的"自定义列"功能添加的列的效果是一样的。例如，使用"自定义列"功能添加一个名称为"总成绩"的新列，结果如图 4-35 所示。

	ABC 123 姓名	ABC 123 理论分数	ABC 123 实操分数	ABC 123 总成绩
				= Table.AddColumn(源, "总成绩", each [理论分数]+[实操分数])
1	张三	50	75	125
2	李四	65	89	154
3	王五	78	72	150
4	赵六	95	63	158
5	陈胜利	92	100	192
6	李立民	82	90	172
7	王道明	100	88	188

图 4-35

在图 4-35 中观察生成的公式，公式中间有一个"each"符号，这个符号就表示以当前行为操作环境。那么公式中的"[理论分数]"和"[实操分数]"部分相当于分别对当前行环境中的"理论分数"列和"实操分数"列进行深化。所以，每一行的"总成绩"才能对应具体的"理论分数"和"实操分数"。图 4-35 中的公式还可以写为：

```
= Table.AddColumn(源, "总成绩",each _[理论分数] + _[实操分数])
```

接下来，按以下公式添加一个新列，如图 4-36 所示。

```
= Table.AddColumn(源, "例子",each _)
```

	ABC 123 姓名	ABC 123 理论分数	ABC 123 实操分数	ABC 123 例子
1	张三	50	75	Record
2	李四	65	89	Record
3	王五	78	72	Record
4	赵六	95	63	Record
5	陈胜利	92	100	Record
6	李立民	82	90	Record
7	王道明	100	88	Record

fx 公式栏：`= Table.AddColumn(源, "例子",each _)`

姓名	张三
理论分数	50
实操分数	75

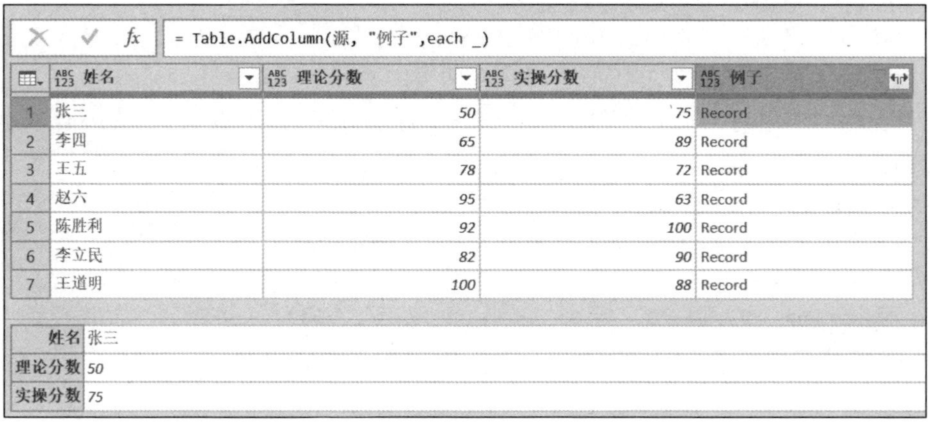

图 4-36

从图 4-36 中可以看出，"each _"获取了每一行的记录，是一个 Record 数据结构。以第一行为例，先对"例子"列中每一行的"Record"分别进行深化，即"[理论分数]"和"[实操分数]"，再将深化出来的结果相加。因为在当前的表中只存在一个上下文的关系，所以公式中的"_"可以省略。在只有一个环境的情况下，以下两种写法是相同的写法：

```
_[理论分数] + _[实操分数]
[理论分数] + [实操分数]
```

再换一个数据结构。例如，添加一个新列，新列的每一行的数据结构为 Table，并且每一行的内容为当前表，如图 4-37 所示。

```
= Table.AddColumn(源, "当前表",each 源)
```

从图 4-37 中可以看出，当环境为当前的表或查询中的应用步骤时，那么只写"each"这不难解释。each 表示每一行这个上下文环境，而"_"则表示当前行的数据。因此，这部分就相当于一个自定义的函数。

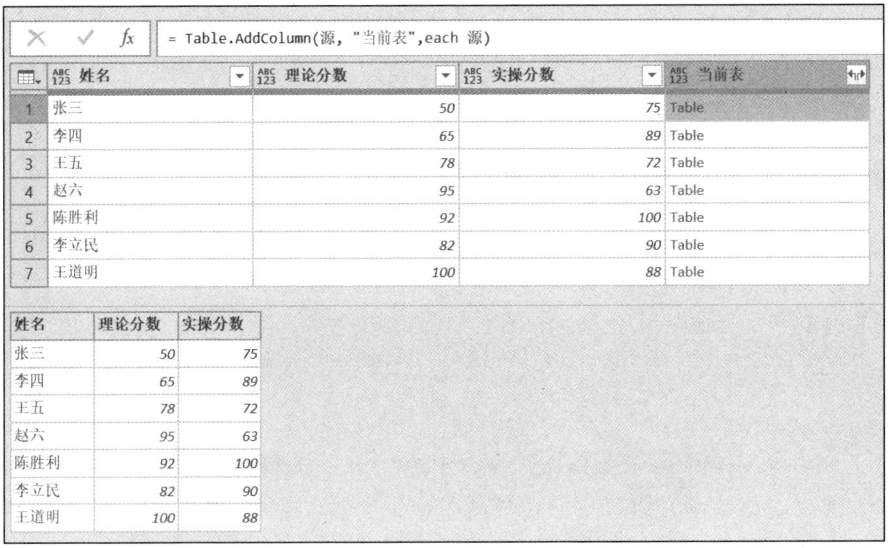

图 4-37

新建一个查询，输入公式"= each _"，结果是一个函数，根据函数的可任意扩展性，就可以有无限构建公式的可能，如图 4-38 所示。

图 4-38

在只有一个环境的情况下，上述的"each _"公式可以正常运算，但是如果存在多个环境，就会发生冲突。所以，也可以针对不同的环境命名不同的名称。示例如下：

```
(s)=>     //(s)=>s 等同于 each _
(x)=>     //(x)=>x 等同于 each _
//上述公式中的 s 和 x 表示环境的名称，我们可以根据自己的喜好来选择其他的符号
```

总结一下：each _ 和(x)=>x 是等同的；(x)=>x 表示传递的是什么，返回的就是什么。

我们使用自定义的方式来改写一下图 4-35 中的公式，改写后的公式如下，结果如图 4-39 所示。

```
//当使用自定义的环境名称时,"=>"前面的括号中是什么,传递后就使用什么,如"x"
Table.AddColumn(源, "总成绩", (x)=> x[理论分数] + x[实操分数])
```

	ABC 123 姓名	ABC 123 理论分数	ABC 123 实操分数	ABC 123 总成绩
1	张三	50	75	125
2	李四	65	89	154
3	王五	78	72	150
4	赵六	95	63	158
5	陈胜利	92	100	192
6	李立民	82	90	172
7	王道明	100	88	188

fx = Table.AddColumn(源, "总成绩", (x)=> x[理论分数] + x[实操分数])

图 4-39

在 M 函数中,还有很多数据类型为 Function 的函数,我们可以使用上述自定义的方式来对这些函数进行更多可能的扩展。当然,根据需要可以传递多个参数,如(x,y)=>等,这在后面的章节中会通过具体的案例来讲解。

4.4.5 为公式添加注释

当公式比较复杂时,为公式添加注释是非常有必要的,这样可以方便后期对公式的维护。

1)为应用步骤添加注释

使用基本操作可以为应用步骤添加注释。具体的操作步骤为:首先选中要添加注释的应用步骤并右击,然后在弹出的快捷菜单中选择"属性"命令,在弹出的"步骤属性"对话框的"说明"文本框中输入注释文字,最后单击"确定"按钮,如图 4-40 所示。

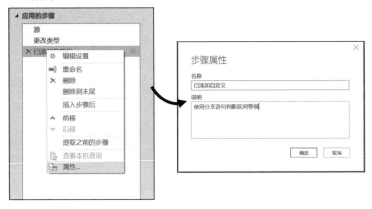

图 4-40

在添加注释后，对应的应用步骤的最右侧会显示一个提示符号，当鼠标指针悬停在此符号上时会出现对应的注释文字，如图 4-41 所示。

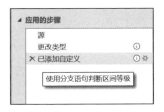

图 4-41

在"高级编辑器"窗口中，每个应用步骤对应的公式前面会自动添加相应的注释，如图 4-42 所示。

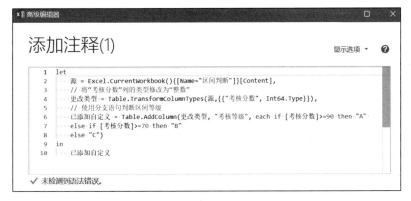

图 4-42

2）直接在公式中添加注释

单行注释以"//"为起始，后面输入对应的注释文本；多行注释以"/*"开始，以"*/"结束。单行注释和多行注释在"高级编辑器"窗口中的效果如图 4-43 所示。

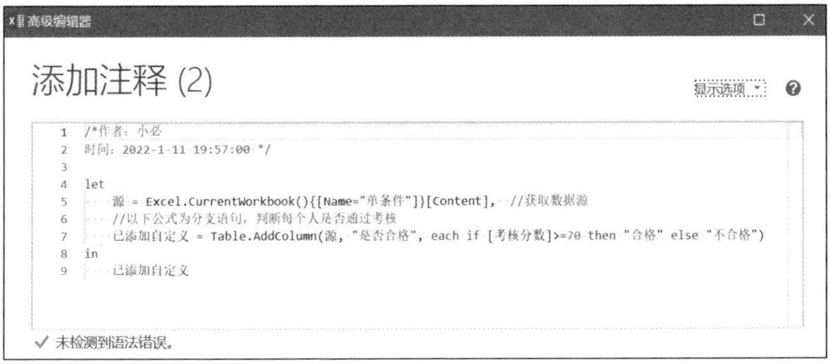

图 4-43

第 5 章

常用的 M 函数实战详解

5.1 各种数据类型之间的相互转换

数据类型的转换是决定 M 公式能否返回正确结果的重要前提。常用的有数值、文本和日期等数据类型之间的相互转换。

5.1.1 将值转换为文本

将值转换为文本可以分为：将数值转换为文本，将日期转换为文本，将时间转换为文本，以及将日期时间转换为文本。常用的转换函数有 Text.From、Number.ToText、Date.ToText、Time.ToText 和 DateTime.ToText。示例如下：

```
= Text.From(1231)                      //将数值 1231 转换为文本格式
= Number.ToText(1231)                  //将数值 1231 转换为文本格式
= Date.ToText(#date(2022,1,12))        //将日期 2022-1-12 转换为文本格式
= Time.ToText(#time(10,15,0))          //将时间 10:15:00 转换为文本格式
//将日期时间 2022-1-12 10:15:00 转换为文本格式
= DateTime.ToText(#datetime(2022,1,12,10,15,0))
```

在实际应用中，如果没有特别的需求，则可以使用 Text.From 函数替代其他函数进行转换。

在有些情况下，以上函数的所有参数都可以省略，即直接写函数名称也能够进行数据类型的转换。关于这个用法，在本书 5.2 节中会有相关的讲解。

5.1.2　将值转换为数值

将值转换为数值可以分为：将文本数字转换为数值，将日期转换为数值，将时间转换为数值，以及将日期时间转换为数值。常用的转换函数有 Number.From 和 Number.FromText。示例如下：

```
= Number.From("1231")              //将文本数字转换为数值格式
= Number.FromText("1231")          //将文本数字转换为数值格式
= Number.From(#date(2022,1,12))    //将日期转换为数值，结果为 44573
//将时间转换为数值，结果为 0.42708333333333331
= Number.From(#time(10,15,0))
//将日期时间转换为数值，结果为 44573.427083333336
= Number.From(#datetime(2022,1,12,10,15,0))
```

🔍 **案例**：将每个人的日期范围拆分成每一天为一行，如图 5-1 所示。

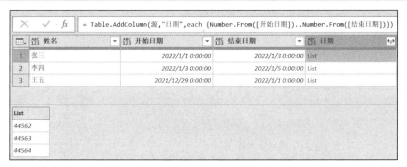

图 5-1

具体的操作步骤如下所述。

第 1 步：使用以下公式添加一个名称为"日期"的列，如图 5-2 所示。

```
= Table.AddColumn(源,"日期",each {Number.From([开始日期])..Number.From
([结束日期])})
```

图 5-2

第 2 步：先将"日期"列扩展至新行，再将"日期"列的数据类型设置为日期，最后将数据上载至工作表中。

5.1.3　将值转换为日期

将值转换为日期可以通过 Date.From 函数和 Date.FromText 函数来实现；将值转换为时间可以通过 Time.From 和 Time.FromText 函数来实现；将值转换为日期时间可以通过 DateTime.From 函数和 DateTime.FromText 函数来实现。示例如下：

```
= Date.From(44573)                     //将数值转换为日期，结果为 2022-1-12
= Date.From("2022-1-12")               //将文本类型的日期转换为日期
= Date.FromText("2022-1-12")           //将文本类型的日期转换为日期
= Time.From(0.42708333333333331)       //将数值转换为时间，结果为 10:15:00
= Time.From("10:15:00")                //将文本类型的时间转换为时间
= Time.FromText("10:15:00")            //将文本类型的时间转换为时间
//将数值转换为日期时间，结果为 2022-1-12 10:15:00
= DateTime.From(44573.427083333336)
//将文本类型的日期时间转换为日期时间
= DateTime.From("2022/1/12 10:15:00")
//将文本类型的日期时间转换为日期时间
= DateTime.FromText("2022/1/12 10:15:00")
```

5.2　List 和 Table 的批量转换实战

本节主要介绍 M 公式中两个重要的转换函数：一个是对 List 进行转换的 List.Transform 函数，另外一个是对 Table 进行转换的 Table.TransformColumns 函数。

5.2.1　批量转换函数 List.Transform 的实际应用

List.Transform 函数的语法格式如下：

```
//使用该函数可以将一个列表按照一定的规则转换后得到一个新的列表
List.Transform(list as list,transform as function) as list
```

该函数共有两个参数：第一个参数是 list 类型，第二个参数是 function 类型。也就是说，我们可以根据第二个参数的自定义规则对第一个参数任意地进行扩展或改造。

在 4.2.1 节中曾提到，如果想要创建一个元素个数大于 9 的文本类型的列表，可以先创建一个数值类型的列表，再将该列表的类型转换为文本类型。此时就可以使用 List.Transform 函数配合 Text.From 函数来完成，如图 5-3 所示。

```
= List.Transform({10..15},each Text.From(_))
```

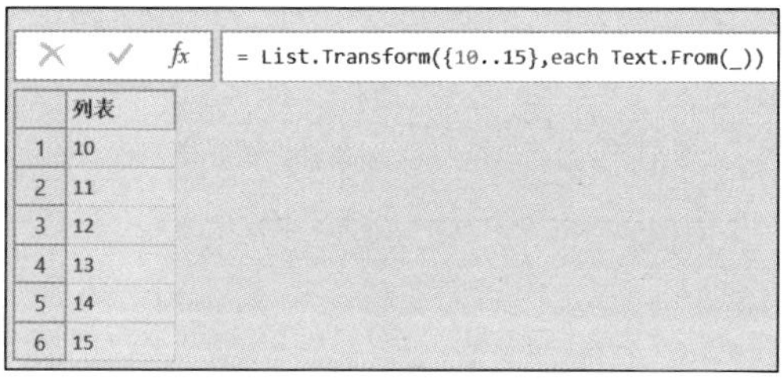

图 5-3

在 4.4.4 节中曾提到关于"each _"可以省略的问题。所以，上述的公式可以直接写为：

```
= List.Transform({10..15},Text.From)
```

可以将 List.Transform 函数理解为：对一个列表进行遍历，在遍历的过程中可以对列表中的元素进行相应的转换或运算。

5.2.2　批量转换函数 Table.TransformColumns 的实际应用

上一节介绍了对 List 进行转换的 Table.Transform 函数。本节重点介绍对 Table 进行转换的 Table.TransformColumns 函数。

Table.TransformColumns 函数的语法格式如下：

```
//对表中指定的一列或多列进行转换或改造，该函数返回的结果为一个表
Table.TransformColumns(table as table, transformOperations as list,
optional defaultTransformation as nullable function, optional missingField
as nullable number) as table
```

参数说明：

- 第一个参数是指要转换的表或查询的应用步骤，该参数为 table 类型。
- 第二个参数是指要转换的表中的列，可以是一列或多列，该参数为 list 类型。
- 第三个参数是指针对除第二个参数指定的列以外的其他列进行指定的统一设置，该参数为 function 类型。
- 第四个参数是指当表中没有公式中指定的列时，返回的结果中可以指定一个结果。

下面重点以前三个参数为例，结合具体案例对该函数进行介绍。

案例 1：批量运算。

如果"理论分数"大于或等于 60 分，则再加 10 分，否则不加分，另外，对

“实操分数”列整体加 10%的分数，如图 5-4 所示。

```
= Table.TransformColumns(源,{{"理论分数",each if _>=60 then _+10
else _ },{"实操分数",each _*0.1 + _ }})
```

	姓名	理论分数	实操分数
1	张三	50	75
2	李四	65	89
3	王五	78	72
4	赵六	95	63
5	陈胜利	92	100
6	李立民	82	90
7	王道明	100	88

= Table.TransformColumns(源,{{"理论分数",each if _>=60 then _+10 else _},{"实操分数",each _*0.1+_}})

	姓名	理论分数	实操分数
1	张三	50	82.5
2	李四	75	97.9
3	王五	88	79.2
4	赵六	105	69.3
5	陈胜利	102	110
6	李立民	92	99
7	王道明	110	96.8

图 5-4

需要注意的是，对于第二个参数来说，如果仅对一列进行转换，则最外层的一对大括号可以省略。例如，当只对“理论分数”列进行转换时，省略掉最外层的一对大括号后，公式也是可以运算的，因为其自身就是一个列表，公式如下：

```
= Table.TransformColumns(源,{"理论分数",each if _>=60 then _+10 else _ })
```

当对多列同时进行转换时，最外层的一对大括号不能省略，如果省略了，则不符合第二个参数是一个列表的语法要求。

案例 2： 多列同时转换。

将“出差天数”列转换为文本格式，将其他含日期的列转换为日期格式，如图 5-5 所示。

```
= Table.TransformColumns(源,{{"姓名",each _},{"出差天数",each
Number.From(_)}},Date.From)
```

公式说明：“姓名”列保持原样，所以在公式中不做任何的转换；公式中的第三个参数虽然是对两列（如“理论分数”列和“实操分数”列）进行转换，但是不用写具体的列名，因为这些都是需要转换为同种类型的列，所以 Date.From 函数只是单独使用，而不需要任何的参数。

图 5-5

5.3　获取和删除各种数据实战

5.3.1　使用 Table.Skip 函数和 Table.SelectRows 函数筛选行

Table.Skip 函数的语法格式如下：

```
//删除表中的前几行或按指定条件删除表中前面的行，保留其他行
//该函数的第二个参数为可选参数，当该参数省略时，默认只删除第一行
//也可以通过指定一个具体的条件来删除表中从前面开始符合条件的行
Table.Skip(table as table,optional countOrCondition as any) as table
```

例如，删除"源"表中的前 3 行，公式如下：

```
= Table.Skip(源,3)
```

🔍 **案例 1**：删除表中符合条件的前面的行。

删除表中"分数"小于或等于 70 分的前几行，如图 5-6 所示。

```
= Table.Skip(源,each [分数]<=70)
```

图 5-6

Table.SelectRows 函数的语法格式如下：

```
//该函数可以对表进行筛选
//第一个参数是表，第二个参数是一个function类型的筛选条件
Table.SelectRows(table as table,condition as function) as table
```

🔍 **案例 2**：计算累加额。

计算累计销量，如图 5-7 所示。

	ᴬᴮᶜ₁₂₃ 城市	ᴬᴮᶜ₁₂₃ 销售日期	ᴬᴮᶜ₁₂₃ 销售数量	ᴬᴮᶜ₁₂₃ 累计销量
1	北京	2022/1/1 0:00:00	100	100
2	北京	2022/1/2 0:00:00	200	300
3	北京	2022/1/3 0:00:00	300	600
4	北京	2022/1/4 0:00:00	400	1000
5	北京	2022/1/5 0:00:00	500	1500

图 5-7

思路：先用每一行的"销售日期"来筛选整个表，再对"销售数量"进行求和。下面具体分解一下公式，逐步介绍累计销量是如何计算的。

第 1 步：添加一个"累计销量"列，为每一行添加源表，即要进行筛选的表。每一行都会产生一个数据结构为 Table 的源表，如图 5-8 所示。

```
= Table.AddColumn(源,"累计销量",each 源)
```

✕ ✓ fx	= Table.AddColumn(源,"累计销量",each 源)			
	ᴬᴮᶜ₁₂₃ 城市	ᴬᴮᶜ₁₂₃ 销售日期	ᴬᴮᶜ₁₂₃ 销售数量	ᴬᴮᶜ₁₂₃ 累计销量
1	北京	2022/1/1 0:00:00	100	Table
2	北京	2022/1/2 0:00:00	200	Table
3	北京	2022/1/3 0:00:00	300	Table
4	北京	2022/1/4 0:00:00	400	Table
5	北京	2022/1/5 0:00:00	500	Table

城市	销售日期	销售数量
北京	2022/1/1 0:00:00	100
北京	2022/1/2 0:00:00	200
北京	2022/1/3 0:00:00	300
北京	2022/1/4 0:00:00	400
北京	2022/1/5 0:00:00	500

图 5-8

第 2 步：对"累计销量"列中的"Table"进行筛选，筛选出每一个"Table"中的"销售日期"小于或等于当前应用步骤中的"销售日期"的行，如图 5-9 所示。

```
= Table.AddColumn(源,"累计销量",each Table.SelectRows(源,(x)=>_[销售日
期]>=x[销售日期]))
```

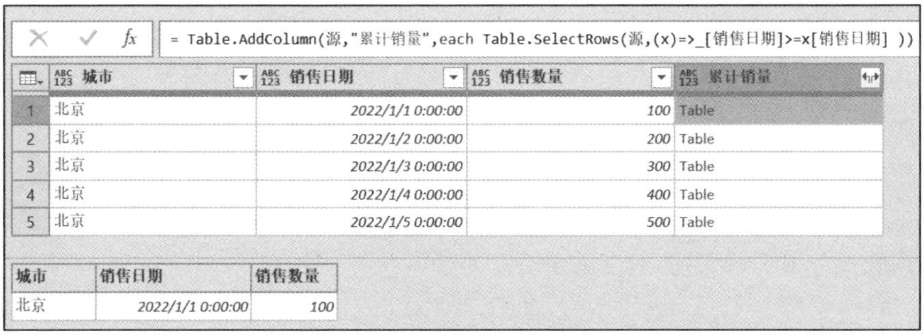

图 5-9

在 4.4.4 节中介绍过关于 each _ 和(x)=>的内容。在上述公式中，"each _" 传递的是 Table.AddColumn 函数的第一个参数"源"，而"(x)=>"传递的是 Table.SelectRows 函数的第一个参数"源"。在上述公式中，同一个"源"表存在两个不同的环境，所以需要区别对待。"_[销售日期]"是指第 2 列的"销售日期"，而"x[销售日期]"则是指第 4 列的每一个"Table"中的"销售日期"。

第 3 步：先深化每一个"Table"中的"销售数量"，再使用 List.Sum 函数进行求和。公式如下：

```
= Table.AddColumn(源,"累计销量",each List.Sum(Table.SelectRows(源,
(x)=>_[销售日期]>=x[销售日期])[销售数量]))
```

最终完成累计销量的计算。

5.3.2 获取和删除指定文本值中的指定字符

Text.Select 函数和 Text.Remove 函数是一对功能相近的函数，都可以用来获取或删除指定文本值中的指定字符，两个函数可以互换使用。这两个函数的语法格式分别如下：

```
/*两个函数的第二个参数的类型均为 any，即表示任意类型，意味着这两个参数可以进行任意扩展*/
Text.Select(text as text,selectChars as any) as nullable text
Text.Remove(text as nullable text,removeChars as any) as nullable text
```

Text.RemoveRange 函数是 Text.Remove 函数的升级版，参数设置更丰富。该函数的语法格式如下：

```
/*该函数用于删除指定位置的字符，保留剩余部分。其中，参数 count 的默认值为 1，位置从 0 开始*/
Text.RemoveRange(text as nullable text,offset as number,optional count as nullable number) as nullable text
```

🔍 **案例 1**：添加两个名称分别为"提取汉字"和"删除汉字和数字"的新列，并分别编写提取汉字、删除汉字和数字对应的公式，如图 5-10 所示。

提取汉字对应的公式如下：

```
= Table.AddColumn(源,"提取汉字",each Text.Select([文本内容],{"一".."龟"}))
```

删除汉字和数字对应的公式如下：

```
= Table.AddColumn(自定义1,"删除汉字和数字",each Text.Remove([文本内容],{"一".."龟","0".."9"}))
```

	ᴬᴮᶜ₁₂₃ 文本内容	ᴬᴮᶜ₁₂₃ 提取汉字	ᴬᴮᶜ₁₂₃ 删除汉字和数字
1	Excel&PowerBI聚焦	聚焦	Excel&PowerBI
2	Excel数据清洗	数据清洗	Excel
3	Microsoft2021		Microsoft
4	Text.Remove&Text.Select		Text.Remove&Text.Select

图 5-10

🔍 **案例 2**：按指定的位置删除字符。

```
/*从"ABCDEFG"的第 4 个位置删除 1 个字符。其中,3 表示第 4 个字符,位置从 0 开始,
当第二个参数省略时,默认值为1*/
= Text.RemoveRange("ABCDEFG",3)          //结果为"ABCEFG"
//从"ABCDEFG"的第 4 个位置开始删除 3 个字符,结果为"ABCG"
= Text.RemoveRange("ABCDEFG",3,3)
```

5.3.3　获取和删除列表中的元素

可以对列表中的元素进行获取和删除的函数比较多，下面以具体案例来逐一进行介绍。

🔍 **案例 1**：获取列表中的前（后）几位元素。

List.First 函数和 List.FirstN 函数可以分别用来获取列表中的第一位元素和前几位元素。示例如下：

```
= List.First({1..5})              //获取列表中的第一位元素，结果为1
= List.First({},-1)               //如果列表为空，则当获取第一位元素时，结果为-1
= List.FirstN({1..5},2)           //获取列表中的前 2 位元素，结果为{1,2}
= List.FirstN({1..5},each _<3)    //获取列表中小于 3 的前几位元素，结果为{1,2}
```

List.Last 函数和 List.LastN 函数的用法与上述两个函数的用法相同，这两个函数可以分别用来获取列表中的最后一位元素和最后几位元素。

🔍 **案例 2**：删除列表中的前（后）几位元素。

List.Skip 函数可以用来删除列表中指定的前几位元素。示例如下：

```
= List.Skip({1..5},3)        //删除列表中的前 3 位元素，结果为{4,5}
= List.Skip({1..5},each _<3) //删除列表中小于 3 的元素，结果为{3,4,5}
```

List.RemoveFirstN 函数和 List.RemoveLastN 函数可以分别用来删除列表中的前几位元素和最后几位元素。示例如下：

```
= List.RemoveFirstN({1..5},3)        //删除列表中的前 3 位元素，结果为{4,5}
//删除列表中小于 3 的前几位元素，结果为{3,4,5}
= List.RemoveFirstN({1..5},each _<3)
```

List.RemoveLastN 函数的用法与 List.RemoveFirstN 函数的用法是相同的，该函数可以用来删除列表中的最后几位元素。

List.RemoveRange 函数可以用来删除列表中指定位置的元素。该函数的语法格式如下：

```
/*该函数的第一个函数为列表；第二个参数是要删除的元素在列表中的索引（位置），从 0
开始；第三个参数是要删除的元素的数量，从 1 开始，当该参数省略时，默认值为 1*/
List.RemoveRange(list as list,index as number,optional count as
nullable number) as list
```

示例如下：

```
//删除列表中从第 3 个位置起的 1 个元素，结果为{1,2,4,5}
= List.RemoveRange({1..5},2)
//删除列表中从第 3 个位置起的 2 个元素,结果为{1,2,5}
= List.RemoveRange({1..5},2,2)
```

List.RemoveNulls 函数可以用来删除列表中的 null 元素。示例如下：

```
//删除列表中的 null 元素，结果为{1..5}
= List.RemoveNulls({1,2,3,null,4,5,null})
```

🔍 **案例 3**：筛选列表中的元素。

List.Select 函数可以用来筛选列表中的元素。示例如下：

```
//筛选列表中不等于 null 的元素，结果为{1..5}，等同于 List.RemoveNulls 函数
= List.Select({1,2,3,null,4,5,null},each _<>null)
//筛选列表中不等于 null 且大于 3 的元素，结果为{4,5}
= List.Select({1,2,3,null,4,5,null},each _<>null and _>3)
```

还有一些其他同类型的函数，读者在实际的应用中可以尝试使用。例如，List.Alternate 函数和 Table.Alternate 函数，这两个函数可以分别用来处理一些复杂的列表和表的选择问题。

5.4 各种数据结构的拆分、合并、截取和替换实战

本节主要介绍表、列表和文本值的拆分、合并、截取与替换函数的实际应用。

5.4.1 实例 1：表的拆分与合并应用

可以对 table 类型的表进行拆分与合并的函数分为两类，其中，一类是 Table.Split 函数和 Table.Combine 函数，另一类是 Table.SplitColumn 函数和 Table.CombineColumns 函数。

1）Table.Split 函数和 Table.Combine 函数

Table.Split 函数的语法格式如下：

```
//该函数是将一个 table 类型的表按指定的行数拆分为一个列表
//该函数返回一个 List 列表，第一个参数为表，第二个参数为拆分时所指定的行数
Table.Split(table as table,pageSize as number) as list
```

Table.Combine 函数的语法格式如下：

```
//该函数用于将一个 List 列表中的 tables 合并为一个表
//该函数返回一个 table 类型的表
//第一个参数是 list 类型，第二个参数是要返回的表的列类型
Table.Combine(tables as list,optional columns as any) as table
```

🔍 **案例 1**：将左侧的表每两行拆分为一个表，如图 5-11 所示。

先将左侧的表拆分为右侧的列表，公式如下：

```
= Table.Split(源,2)
```

再将右侧的列表合并为左侧的表，公式如下：

```
= Table.Combine(自定义 1)    //"自定义 1"为上一个应用步骤的名称
```

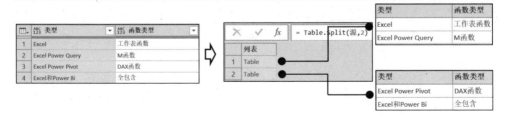

图 5-11

Table.Combine 函数在 4.2.4 节中有介绍。另外一种直接将表组合的方法请参

照 4.2.4 节中的内容。

2）Table.SplitColumn 函数和 Table.CombineColumns 函数

Table.SplitColumn 函数是基本操作拆分列所对应的函数，该函数的语法格式如下：

```
//该函数用于将一列按分隔符拆分为多列
Table.SplitColumn(table as table,sourceColumn as text,splitter as
function,optional columnNameOrNumber as any,optional default as any,
optional extraColumns as any) as table
```

该函数的语法可以简单理解为：

```
Table.SplitColumn(表,要拆分的列的列名,拆分函数,拆分后的列名[可选],不存在的列
处理[可选],添加列处理[可选])
```

Table.CombineColumns 函数是基本操作合并列所对应的函数，该函数的语法格式如下：

```
/*该函数用于将多个列合并为一列,第二个参数为 List 列表形式的要合并的列名,第三个参
数是合并函数,最后一个参数是生成的新列的列名*/
Table.CombineColumns(table as table,sourceColumns as list,combiner as
function,columnName as text) as table
```

🔍 **案例 2**：先将左侧的表拆分为右侧的表，再将右侧的表合并为左侧的表，如图 5-12 所示。

	ABC 123 文本内容 ▼
1	Excel-Power Query
2	Excel-Power Pivot
3	Excel-PowerView

	ABC 123 列1 ▼	ABC 123 列2 ▼
1	Excel	Power Query
2	Excel	Power Pivot
3	Excel	PowerView

图 5-12

将左侧的表拆分为右侧的表，公式如下：

```
= Table.SplitColumn(源,"文本内容",each Text.Split(_,"-"),{"列1","列
2"})
```

将右侧的表合并为左侧的表，公式如下：

```
= Table.CombineColumns(自定义1,{"列1","列2"},each Text.Combine(_,"-"),
"文本内容")    //"自定义1"为上一个应用步骤的名称
```

公式说明：Text.Split 函数和 Text.Combine 函数分别为对文本值进行拆分和合并的函数，本书将在 5.4.3.节中对这两个函数进行具体的介绍。

5.4.2 实例 2：列表的拆分与合并应用

List.Split 函数可以对列表进行拆分，而 List.Combine 函数则可以对列表进行合并。

List.Split 函数的语法格式如下：

```
//将列表拆分为指定数量的列表
List.Split(list as list,pageSize as number) as list
```

List.Combine 函数可以参照 4.2.4 节中的内容。

🔍 **案例 1**：将列表{1..5}按每两个元素拆分为一个列表，如图 5-13 所示。

```
= List.Split({1..5},2)  //结果为{{1,2},{3,4},{5}}
```

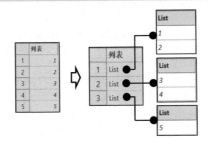

图 5-13

将图 5-13 中右侧的 List 列表合并为一个列表，公式如下：

```
= List.Combine({{1,2},{3,4},{5}})
```

如果进行合并的列表中有一个是嵌套列表，那么同样可以使用 List.Combine 函数，如图 5-14 所示。

```
//将列表{1..2,{10,11,12}}和列表{100,200}合并为一个列表
//结果为{1,2,{10,11,12},100,200}
= List.Combine({{1..2,{10,11,12}},{100,200}})
```

图 5-14

案例 2：将左侧的列表转换为右侧的表，如图 5-15 所示。

图 5-15

思路：先使用 List.Split 函数将列表按每两行拆分为一个列表后，再使用 Table.FromRows 函数或 Table.Transpose 函数将 List 列表中的每一个"List"元素转换为表，最后使用 Table.Combine 函数对表进行合并。

第 1 步：先将"源"表深化为列表，再利用 List.Split 函数对列表进行拆分，每两行拆分为一个列表，如图 5-16 所示。

```
= List.Split(源[内容],2)
```

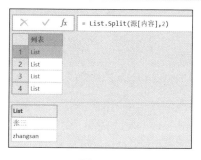

图 5-16

第 2 步：使用 List.Transform 函数和 Table.FromRows 函数将列表中的每个"List"元素转换为表，如图 5-17 所示。

```
= List.Transform(List.Split(源[内容],2),each Table.FromRows({_},{"中文名","英文名"}))
```

图 5-17

第 3 步：使用 Table.Combine 函数对表进行合并。完整的公式如下：

```
= Table.Combine(List.Transform(List.Split(源[内容],2),each
Table.FromRows({_},{"中文名","英文名"}))) 
```

当然，这个案例也可以使用 5.4.1 节中的 Table.Split 函数来解决，思路是一样的。公式如下：

```
= Table.Combine(List.Transform(Table.Split(源,2),each
Table.Transpose(_,{"中文名","英文名"}))) 
```

5.4.3 实例 3：拆分和提取文本值中的数值并求和

可以对文本值进行拆分的函数有 Text.Split 函数和 Text.SplitAny 函数。这两个函数的语法格式分别如下：

```
//将一个文本值拆分为一个列表，第一个参数是要拆分的文本值，第二个参数是分隔符
Text.Split(text as text,separator as text) as list
//将一个文本值按多个分隔符拆分为一个列表
Text.SplitAny(text as text,separator as text) as list
```

示例如下：

```
= Text.Split("A-B-C-D","-")               //结果为{"A","B","C","D"}
= Text.SplitAny("AB-C,D@EF-G",",-@")  //结果为{"AB","C","D","EF","G"}
```

需要注意的是，对于 Text.SplitAny 函数的第二个参数，多个分隔符可以写在一起，使用一对引号括起来。

Text.Combine 函数可以对多个字符进行合并，其语法格式如下：

```
//需要注意的是，第一个参数是一个列表，第二个参数可以省略，默认为空
Text.Combine(texts as list,optional separator as text) as text
```

示例如下：

```
= Text.Combine({"AB","AD"},"@")      //结果为{"AB@AD"}
```

🔍 **案例 1**：提取"内容"列中的数值后进行求和，如图 5-18 所示。

ABC123 内容	ABC123 求和
1	1,2,3@5;6-7	24
2	12@13-12	37
3	14-15-6	35
4	15-17-32	64

图 5-18

第 1 步：添加一个"求和"列，并使用 Text.SplitAny 函数将"内容"列拆分为 List 列表，如图 5-19 所示。

```
= Table.AddColumn(源,"求和",each Text.SplitAny([内容],",-@;"))
```

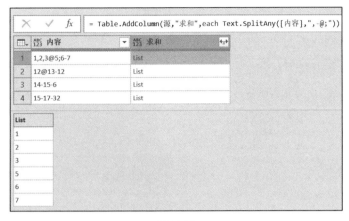

图 5-19

第 2 步：将拆分成的 List 列表的每个"List"元素中的文本类型数字转换为数值类型数字。公式如下：

```
= Table.AddColumn(源,"求和",each List.Transform(Text.SplitAny([内容],
",-@;"),Number.From))
```

第 3 步：使用 List.Sum 函数对 List 列表的每个"List"元素中的数字进行求和。公式如下：

```
= Table.AddColumn(源,"求和",each List.Sum(List.Transform(
Text.SplitAny([内容],",-@;"),Number.From)))
```

🔍 **案例 2**：提取"消费内容"列中的消费金额并求和，如图 5-20 所示。

	ABC 123 消费内容	ABC 123 消费金额
1	1月14日苹果20元，梨15.78元香蕉20.99元	56.77
2	14点58分缴纳电费50度，金额25.5元	25.5
3	2022-1-14饮料100.98元，3瓶牛奶20元	120.98
4	500元物业费，共计3个月	500
5	面粉30kg150元大米10千克60元	210
6	药品100+200.38+20=320.38元	320.38

图 5-20

思路：首先添加一个"消费金额"列，并以"元"为分隔符对"消费内容"列进行拆分，然后将拆分成的列表从右向左依次截取 1~15 位，在将拆分的结果转换为数值后，使用容错语句将错误转换为 null 值，接着选择 List 列表的每个"List"元素中最后一个不为 null 的元素，最后求和。

第 1 步：添加一个"消费金额"列，并以"元"为分隔符，使用 Text.Split 函数对"消费内容"列进行拆分，如图 5-21 所示。

```
= Table.AddColumn(源,"消费金额",each Text.Split([消费内容],"元"))
```

图 5-21

第 2 步：对每一行的"List"元素中的每一个元素，从右至左依次分别截取 1～15 位，如图 5-22 所示。

```
= Table.AddColumn(源,"消费金额",each List.Transform(Text.Split([消费内容],"元"),(x)=>List.Transform({1..15},(y)=>Text.End(x,y))))
```

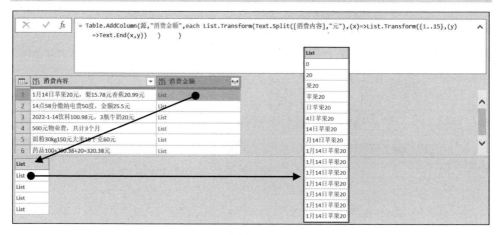

图 5-22

公式说明：图 5-22 中的第一行以"元"为分隔符被拆分成了一个含有 4 个"List"元素的列表，这个列表中的第一个"List"元素又是一个列表，其含有 15 个元素，这就是使用 Text.End 函数从右至左依次累计拆分的结果。

第 3 步：使用 Number.From 函数将拆分的结果转换为数值，非文本类型数字进行转换会发生错误，此时可以先使用容错语句将错误转换为 null 值，再删除 null

值，如图 5-23 所示。

```
= Table.AddColumn(源,"消费金额",each List.Transform(Text.Split([消费内容],
"元"),(x)=>List.Transform({1..15},(y)=>try Number.From(Text.End(x,y))
otherwise null)))
```

图 5-23

第 4 步：先使用 List.RemoveNulls 函数删除 null 值，再使用 List.Last 函数提取最后一个元素，如图 5-24 所示。

```
= Table.AddColumn(源,"消费金额",each List.Transform(Text.Split([消费内
容],"元"),(x)=>List.Last(List.RemoveNulls(List.Transform({1..15},(y)=>try
Number.From(Text.End(x,y)) otherwise null)))))
```

图 5-24

需要说明的是，图 5-24 中的第一行的"List"元素里的 null 值是对空列表提取最后一个元素时产生的。

第 5 步：使用 List.Sum 函数对每一个"List"元素中的数值进行求和。完整的公式如下：

```
= Table.AddColumn(源,"消费金额",each List.Sum(List.Transform(
Text.Split([消费内容],"元"),(x)=>List.Last(List.RemoveNulls(
List.Transform({1..15},(y)=>try Number.From(Text.End(x,y)) otherwise
null))))))
```

除此之外，不得不说的一个函数是 Text.ToList 函数，该函数的语法格式如下：

```
//该函数用于将一个文本值拆分为一个列表，文本值的每一位分别为列表的一个元素
Text.ToList(text as text) as list
```

示例如下：

```
Text.ToList("ABC")   //结果为{"A","B","C"}
```

5.4.4 对文本值进行截取的函数

可以对文本值进行截取的函数分为两类：第一类按长度来截取，主要的函数有 Text.Start、Text.Middle 和 Text.End；第二类按分隔符来截取，主要的函数有 Text.AfterDelimiter、Text.BetweenDelimiters 和 Text.BeforeDelimiter。

第一类函数的功能与 Excel 中工作表函数的功能相同，都是截取文本值。这 3 个函数也相对比较简单，分别介绍如下。

（1）当从左向右截取文本值时使用 Text.Start 函数，该函数的语法格式如下：

```
Text.Start(text as text,count as number) as text
```

示例如下：

```
=Text.Start("ABCDE",3)           //结果为"ABC"
```

（2）当从中间指定的位置开始截取指定数量的字符时使用 Text.Middle 函数，该函数的语法格式如下：

```
Text.Middle(text as nullable text,start as number,optional count as
nullable number) as nullable text   //该函数支持第三个参数的值大于字符总数
```

示例如下：

```
= Text.Middle("ABCDE",2,3)        //结果为"CDE"
= Text.Middle("ABCDE",6,0)        //结果为空
```

（3）当从右向左截取文本值时使用 Text.End 函数，该函数的语法格式如下：

```
Text.End(text as text,count as number) as text
```

示例如下：

```
=Text.End("ABCDE",3)             //结果为"CDE"
```

第二类函数是与 3.6.2 节中提取文本值中指定字符操作里的"分隔符之前的文本"操作、"分隔符之间的文本"操作和"分隔符之后的文本"操作对应的 3 个函数，这 3 个函数在 M 公式中有更强大的函数来替代。读者可以参照 3.6.2 节中的内容练习函数的使用，了解基本的语法和参数即可。

5.4.5 实例 4：批量替换和有条件地批量替换文本值

本节主要介绍 3 个函数，即文本值替换函数 Text.Replace、列表替换函数 List.ReplaceMatchingItems 和表替换函数 Table.ReplaceValue。

1）Text.Replace 函数

Text.Replace 函数主要用于对文本值中的内容进行替换，该函数的语法格式如下：

```
Text.Replace(text as text,old as text,new as text) as nullable text
```

示例如下：

```
= Text.Replace("ABCDE","B","X")     //结果为"AXCDE"
```

案例 1：将表中"兴趣"列中的"阅读"替换为"读书"，将"学历"列中的"研究生"替换为"硕士研究生"，如图 5-25 所示。

ABC 123 姓名	ABC 123 兴趣	ABC 123 学历
1 张三	阅读	本科
2 李四	音乐	研究生
3 王五	篮球	博士

ABC 123 姓名	ABC 123 兴趣	ABC 123 学历
1 张三	读书	本科
2 李四	音乐	硕士研究生
3 王五	篮球	博士

图 5-25

公式如下：

```
= Table.TransformColumns(源,{{"兴趣",each Text.Replace(_,"阅读","读书")},{"学历",each Text.Replace(_,"研究生","硕士研究生")}})
```

公式说明：使用 Table.TransformColumns 函数和 Text.Replace 函数可以一次性完成多列的替换。

2）List.ReplaceMatchingItems 函数

List.ReplaceMatchingItems 函数主要用于对列表中指定的元素进行替换，该函数的语法格式如下：

```
//第一个参数是列表，第二个参数是由新旧值列表组成的列表，第三个是可选的替换条件
List.ReplaceMatchingItems(list as list,replacements as list,optional
equationCriteria as any) as list
```

示例如下：

```
//将列表中的 5 替换成-5，1 替换成-1，结果为{-1,2,3,4,-5}
= List.ReplaceMatchingItems({1, 2, 3, 4, 5}, {{5, -5}, {1, -1}})
```

🔍 **案例 2**：将"源表"中的"组长 ID"列和"组员 ID"列中的编号替换为"人员表"中对应的"人员姓名"，如图 5-26 所示。

图 5-26

思路：先使用 Table.ToList 函数将"源表"转换为 List 列表，以使用 Table.ToRows 函数将"人员表"转换为 List 列表后的结果作为分隔符，然后使用 List.ReplaceMatchingItems 函数进行匹配替换，最后使用 Table.FromRows 函数将 List 列表转换为表。

第 1 步：分别将"源表"和"人员表"导入同一个查询中，建立两个应用步骤，名称分别为"源表"和"人员表"，如图 5-27 所示。

图 5-27

第 2 步：使用 Table.ToList 函数将"源表"转换为 List 列表，以使用 Table.ToRows 函数将"人员表"转换为 List 列表后的结果作为分隔符。以转换后的 List 列表中的第一个元素为例，看一下具体的数据结构，如图 5-28 所示。

```
= Table.ToList(源表,each Table.ToRows(人员表))
```

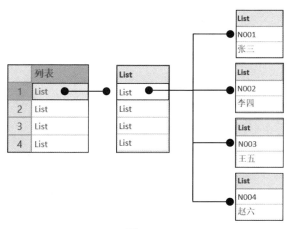

图 5-28

第 3 步：使用 List.ReplaceMatchingItems 函数进行匹配替换，如图 5-29 所示。

```
= Table.ToList(源表,each List.ReplaceMatchingItems(_,Table.ToRows(人员表)))
```

图 5-29

第 4 步：使用 Table.FromRows 函数将 List 列表转换为表，如图 5-30 所示。

```
= Table.FromRows(Table.ToList(源表,each List.ReplaceMatchingItems(_,
Table.ToRows(人员表))),{"组长","组员"})
```

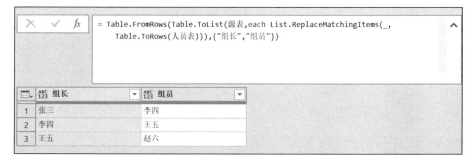

图 5-30

第 5 步：将结果上载至工作表中即可。

3）Table.ReplaceValue 函数

Table.ReplaceValue 函数主要用于对表中的值进行替换，该函数的语法格式如下：

```
/*需要强调的是，第二个参数和第三个参数的类型是 any，即表示任意类型，意味着这两个
参数可以进行任意扩展；第四个参数是 function 类型，通常为一个替换器；如果是对多列或全表
进行替换，则可以指定最后一个参数*/
Table.ReplaceValue(table as table,oldValue as any,newValue as any,
replacer as function,columnsToSearch as list) as table
```

案例 3：以案例 2 为例，使用 Table.ReplaceValue 函数进行替换。

第 1 步：分别将"源表"和"人员表"导入同一个查询中，建立两个应用步骤，名称分别为"源表"和"人员表"（见图 5-27）。

第 2 步：Table.ReplaceValue 函数的第二个参数可以构建一个"人员表"的环境，第三个参数暂时设定为 null 值，第四个参数可以构建一个函数来对"人员表"进行筛选，对全表进行替换。所以，Table.ReplaceValue 函数的最后一个参数可以使用 Table.ColumnNames 函数获取标题列表。以第 1 行的两个"Table"元素为例，看一下具体的数据结构，如图 5-31 所示。

```
= Table.ReplaceValue(源表,each 人员表,null,(x,y,z)=>y,
Table.ColumnNames(源表))
```

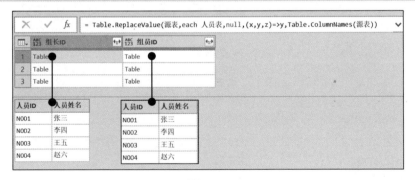

图 5-31

第 3 步：使用 Table.SelectRows 函数对参数 y 传递的"人员表"进行筛选，条件是 y 中的"人员 ID"等于当前"源表"中的"组长 ID"或"组员 ID"。以第 1 行的两个"Table"元素为列，看一下具体的数据结构，如图 5-32 所示。

```
= Table.ReplaceValue(源表,each 人员表,null,(x,y,z)=>Table.SelectRows(
y,each x=[人员 ID]),Table.ColumnNames(源表))
```

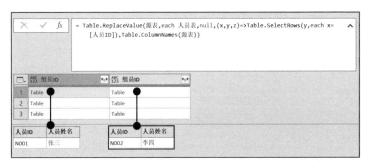

图 5-32

第 4 步：将第四个参数中要替换的"人员姓名"字段进行深化即可。

```
= Table.ReplaceValue(源表,each 人员表,null,(x,y,z)=>Table.SelectRows(
y,each x=[人员 ID])[人员姓名]{0},Table.ColumnNames(源表))
```

第 5 步：将结果上载至工作表中完成数据替换。

5.4.6　实例 5：使用 List.Zip 函数批量更换标题及制作工资条

List.Zip 函数之所以被称为"拉链函数"，是因为该函数可以将多个列表按同一位置的元素进行压缩，然后返回一个新的列表。该函数的语法格式如下：

```
List.Zip(lists as list) as list
```

例如，将两个列表进行压缩，如图 5-33 所示。

```
= List.Zip({{"1".."5"},{"A".."E"}})
//结果为{{"1","A"},{"2","B"},{"3","C"},{"4","D"},{"5","E"}}
```

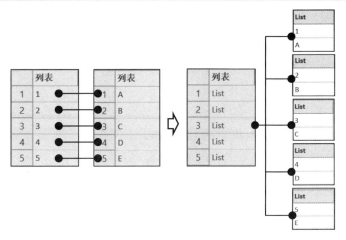

图 5-33

即使各个列表中的元素的数量不相等，也能进行压缩，结果缺失的元素以 null 值代替。示例如下：

```
= List.Zip({{"1".."3"},{"1".."2"},{"A","B"}})
//结果为{{"1","1","A"},{"2","2","B"},{"3",null,null}}
```

🔍 **案例 1**：批量更换标题，如图 5-34 所示。

	人名	男女	年岁	在职年数
1	张三	男	22	1
2	李四	女	24	2
3	王五	男	26	3
4	赵六	女	28	4

	姓名	性别	年龄	司龄
1	张三	男	22	1
2	李四	女	24	2
3	王五	男	26	3
4	赵六	女	28	4

图 5-34

公式如下：

```
= Table.RenameColumns(源,List.Zip({Table.ColumnNames(源),{"姓名","性别","年龄","司龄"}}))
```

Table.RenameColumns 函数可以修改表的标题，其第二个参数的格式如下：

```
{{旧名称1,新名称1},{旧名称2,新名称2},…}
```

🔍 **案例 2**：制作工资条，如图 5-35 所示。

	Column1	Column2	Column3	Column4	Column5	Column6
1	姓名	基本工资	奖金	其他补贴	其他扣除	实发工资
2	张三	3000	1200	0	890	3310
3	null	null	null	null	null	null
4	姓名	基本工资	奖金	其他补贴	其他扣除	实发工资
5	李四	3200	1500	100	600	4200
6	null	null	null	null	null	null
7	姓名	基本工资	奖金	其他补贴	其他扣除	实发工资
8	王五	3400	1500	150	450	4600
9	null	null	null	null	null	null
10	姓名	基本工资	奖金	其他补贴	其他扣除	实发工资
11	赵六	2800	2200	40	520	4520
12	null	null	null	null	null	null

图 5-35

思路：先将源表转换为 List 列表，再构造空行和每一行记录对应的标题行，最后使用 List.Zip 函数进行压缩后将 List 列表转换为表。

第 1 步：使用 Table.ToRows 函数将源表转换为 List 列表，如图 5-36 所示。

```
= Table.ToRows(源)
```

図 5-36

第 2 步：开始构造每一行记录对应的标题行，以及对应的空行。因为要使用列表重复函数 List.Repeat 来复制指定数量的标题列表和空行列表，会重复调用一些语句，所以使用 Record 数据结构来简化公式，如图 5-37 所示。

```
= [
a=Table.ToRows(源),
b=List.Repeat({Table.ColumnNames(源)},List.Count(a)),
c=List.Repeat({List.Repeat({null},List.Count(Table.ColumnNames(源)))
},List.Count(a)),
d=List.Combine(List.Zip({b,a,c}))][d]
```

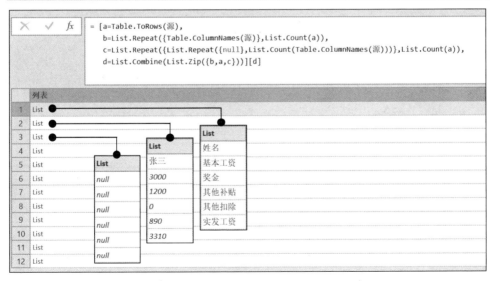

図 5-37

第 3 步：使用 Table.FromRows 函数将 List 列表转换为表即可。完整公式如下：

```
= Table.FromRows([a=Table.ToRows(源),
    b=List.Repeat({Table.ColumnNames(源)},List.Count(a)),

c=List.Repeat({List.Repeat({null},List.Count(Table.ColumnNames(源)))
},List.Count(a)),
    d=List.Combine(List.Zip({b,a,c}))][d])
```

需要说明的是，本案例中使用的 Record 数据结构的嵌套也可以用 let…in…语句进行代替，即先在一个应用步骤中嵌套一个查询，再将这个查询应用于当前的步骤，如图 5-38 所示。

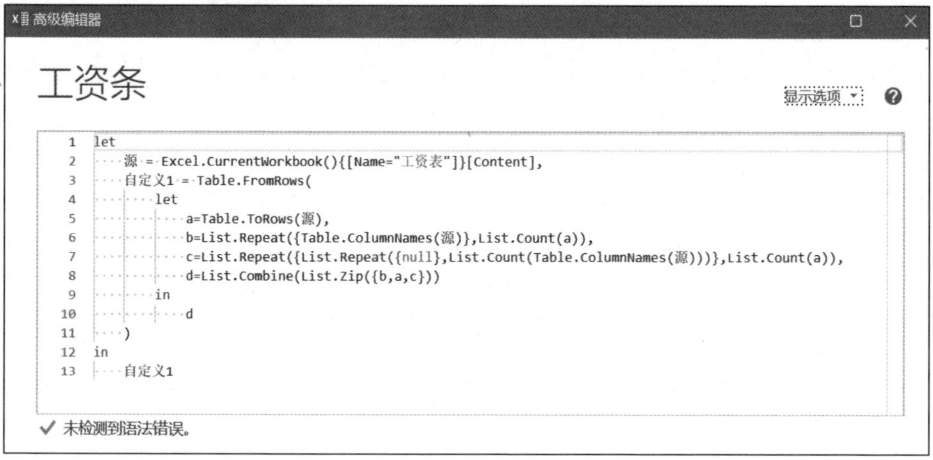

```
let
    源 = Excel.CurrentWorkbook(){[Name="工资表"]}[Content],
    自定义1 = Table.FromRows(
        let
            a=Table.ToRows(源),
            b=List.Repeat({Table.ColumnNames(源)},List.Count(a)),
            c=List.Repeat({List.Repeat({null},List.Count(Table.ColumnNames(源)))},List.Count(a)),
            d=List.Combine(List.Zip({b,a,c}))
        in
            d
    )
in
    自定义1
```

✓ 未检测到语法错误。

图 5-38

5.5 判断文本值和列表中是否包含指定的内容

包含函数主要用于判断文本值、列表或表中是否包含指定的文本字符或元素。

5.5.1 实例1：对任意组合的条件值求和

用于判断文本值中是否包含指定内容的函数是 Text.Contains，该函数的语法格式如下：

```
/*第一个参数是文本值，第二个参数是要判断是否被包含的文本值，第三个参数是用来指定
判断的条件。该函数最终返回一个逻辑值 TRUE 或 FALSE*/
```

```
Text.Contains(text as nullable text, substring as text, optional
comparer as nullable function) as nullable logical
```

例如，判断"Excel Power Query"中是否包含"Excel"，公式如下：

```
= Text.Contains("Excel Power Query","Excel")    //结果为 TRUE
```

案例：计算组合的城市的总销售数量和总销售金额，如图 5-39 所示。

图 5-39

思路：先判断"业绩表"中的城市里面是否包含"城市表"中的城市，然后对"业绩表"进行筛选，筛选后计算对应的值。具体的操作步骤如下所述。

第 1 步：将"业绩表"和"城市表"导入 Power Query 中，并将查询的名称分别命名为"业绩表"和"城市表"。

第 2 步：建立筛选的环境，在"城市表"中新增一个名称为"计算"的列，引用"业绩表"，如图 5-40 所示。

```
= Table.AddColumn(城市表,"计算",each 业绩表)
```

图 5-40

第 3 步：首先确定筛选条件是在"业绩表"中是否包含当前行中的城市名称，然后使用 Table.SelectRows 函数进行筛选，如图 5-41 所示。

```
= Table.AddColumn(城市表,"计算",each Table.SelectRows(业绩表,(x)=>
Text.Contains(_[城市],x[城市])))
```

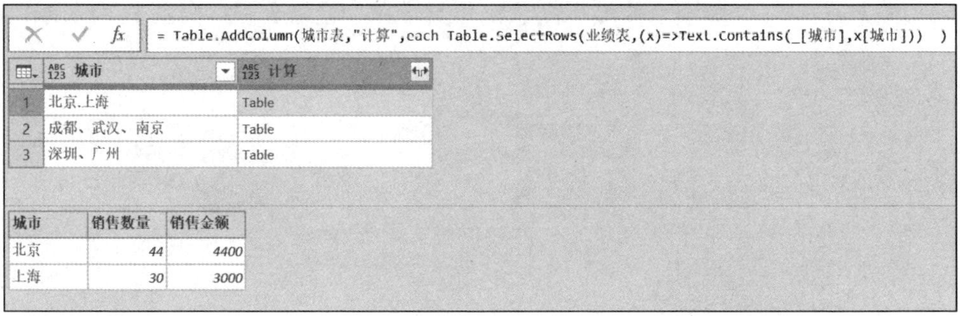

图 5-41

第 4 步：使用 List.Sum 函数分别计算总销售数量和总销售金额。这里构建一个 Record 数据结构，方便将最终的结果直接展开，如图 5-42 所示。

```
= Table.AddColumn(城市表,"计算",each
[a=Table.SelectRows(业绩表,(x)=>Text.Contains(_[城市],x[城市])),
b=[总销售数量=List.Sum(a[销售数量]),总销售金额=List.Sum(a[销售金额])]
][b])
```

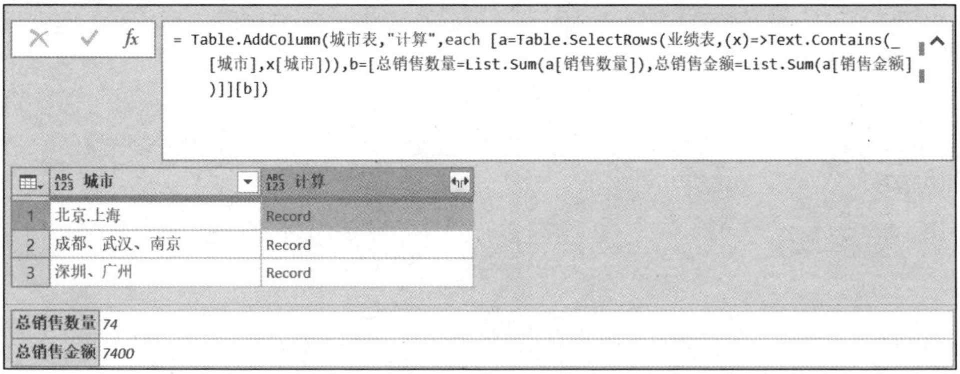

图 5-42

第 5 步：单击图 5-42 中"计算"列标题右侧的扩展按钮，将"计算"列扩展为两列，并将结果上载至工作表中。

在本案例中，也可以使用 let...in...语句，能够得到同样的结果，如图 5-43 所示。

图 5-43

5.5.2　实例 2：根据标准答案计算多选题的得分

List 类包含函数分别为 List.Contains、List.ContainsAll 和 List.ContainsAny。

List.Contains 函数的语法格式如下：

```
//判断列表中是否包含指定的值，第三个参数可以省略。结果返回逻辑值 TRUE 或 FALSE
List.Contains(list as list,value as any,optional equationCriteria as
any) as logical
```

示例如下：

```
= List.Contains({"1".."5"},"5")    //结果为 TRUE
```

List.ContainsAll 函数的语法格式如下：

```
//判断一个列表中是否包含另外一个列表中的所有值，结果返回 TRUE 或 FALSE
List.ContainsAll(list as list,value as list,optional equationCriteria
as any) as logical
```

示例如下：

```
= List.ContainsAll({1..5},{1..2})    //结果返回 TRUE
```

List.ContainsAny 函数的语法格式如下：

```
//判断一个列表中是否包含另外一个列表中的任意值，结果返回 TRUE 或 FALSE
List.ContainsAny(list as list,value as list,optional equationCriteria
as any) as logical
```

示例如下：

```
= List.ContainsAny({1..5},{1..2})    //结果返回 TRUE
```

🔍　**案例**：计算每道题目的得分。要求：答案完全一致得 2 分，多选或错选均不得分，每少选一个选项扣 0.5 分，如图 5-44 所示。

	ABC 123 题号	ABC 123 标准答案	ABC 123 学生答案	ABC 123 得分
1	1	ABCD	ACD	1.5
2	2	ABC	ABC	2
3	3	AB	A	1.5
4	4	B	C	0
5	5	BCD	BD	1.5

图 5-44

思路：首先将每一行中的"标准答案"和"学生答案"分别拆分为列表，然后进行比对。如果答案一致，则得 2 分；如果答案不一致，则从满分里面减去不一致的选项数量对应的扣减分数。具体的操作步骤如下所述。

第 1 步：首先添加一个"得分"列，并将"标准答案"和"学生答案"分别拆分为列表，然后构造一个 Record 数据结构进行存放，方便后期调用，如图 5-45 所示。

```
= Table.AddColumn(源,"得分",each [标准=Text.ToList([标准答案]),学生
=Text.ToList([学生答案])])
```

图 5-45

第 2 步：在 Record 数据结构中再添加一个"得分"的计算项，使用分支语句进行判断。如果"标准"列表内不包含所有的"学生"列表中的元素，则为 0，否则先计算两个列表的差异，再从满分里面减去对应要扣减的分数，如图 5-46 所示。

```
= Table.AddColumn(源,"得分",each [标准=Text.ToList([标准答案]),学生=
Text.ToList([学生答案]),得分=if not List.ContainsAll(标准,学生) then 0 else
2- List.Count(List.Difference(标准,学生))*0.5])
```

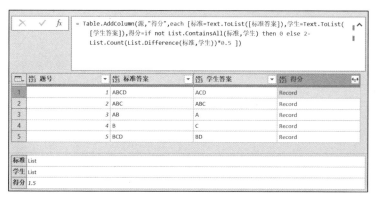

图 5-46

公式说明：List.Difference 函数可以用于对比两个 List 列表中的元素，返回的结果是差异元素的列表。

第 3 步：将"得分"深化出来即可完成计算，并将结果上载至工作表中。完整的公式如下：

```
= Table.AddColumn(源,"得分",each [标准=Text.ToList([标准答案]),学生=
Text.ToList([学生答案]),得分=if not List.ContainsAll(标准,学生) then 0 else
2- List.Count(List.Difference(标准,学生))*0.5][得分])
```

同样地，还有 Table.Contains、Table.ContainsAll 和 Table.ContainsAny 函数。但是 Table 类型的包含函数在实际的应用中并不常用，有兴趣的读者可以参照函数帮助学习。

5.6　分组函数 Table.Group 及其应用

Table.Group 函数是 M 函数中功能非常强大的函数之一，也是应用场景非常丰富的一个函数。本节将对该函数的常规分组计算功能和条件分组计算功能分别进行介绍。

5.6.1　Table.Group 函数和常规分组计算

Table.Group 函数主要用于对表中数据按分组的依据进行分组后做一些系列的聚合运算或其他扩展操作等，该函数的语法格式如下：

```
Table.Group(table as table, key as any, aggregatedColumns as list,
optional groupKind as nullable number, optional comparer as nullable
```

```
function) as table
```

该函数的语法可以简单地理解为：

```
//“分组的依据列”可以是单列，也可以是多列的列表
//“指定的聚合列”是新建一个或多个聚合列，分别对应聚合的结果,是列表类型
//“分组类型”分为全局分组和局部分组，对应的参数是 1 和 0，可选
//最后一个参数是对分组依据的判断，可选
Table.Group(表,分组的依据列,指定的聚合列,分组类型,分组依据的判断函数)
```

该函数对应的基本操作是“分组依据”，具体可以参考 3.7.3 节中的内容。本节主要讲解常规的分组，即全局分组。

案例 1：计算每个区域的每个城市公司的总销售金额和月均销售金额，如图 5-47 所示。

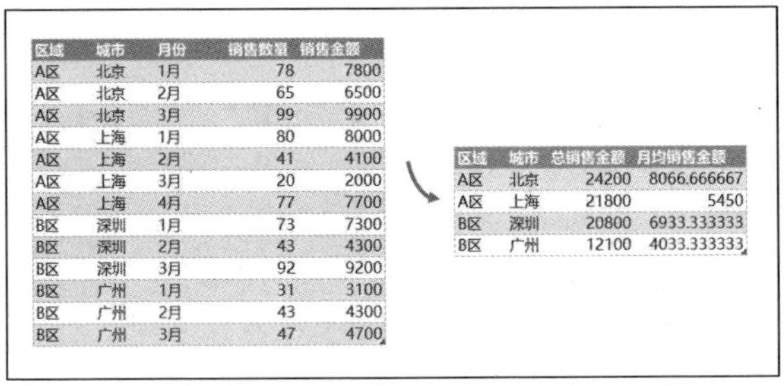

区域	城市	月份	销售数量	销售金额
A区	北京	1月	78	7800
A区	北京	2月	65	6500
A区	北京	3月	99	9900
A区	上海	1月	80	8000
A区	上海	2月	41	4100
A区	上海	3月	20	2000
A区	上海	4月	77	7700
B区	深圳	1月	73	7300
B区	深圳	2月	43	4300
B区	深圳	3月	92	9200
B区	广州	1月	31	3100
B区	广州	2月	43	4300
B区	广州	3月	47	4700

区域	城市	总销售金额	月均销售金额
A区	北京	24200	8066.666667
A区	上海	21800	5450
B区	深圳	20800	6933.333333
B区	广州	12100	4033.333333

图 5-47

第 1 步：首先确定对应的分组依据为“区域”列和“城市”列，然后指定对应的聚合列表，即“总销售金额”列和“月均销售金额”列。指定的聚合列中的每个元素都是一个“Table”，每个“Table”中都是当前的分组依据对应的表，如图 5-48 所示。

```
= Table.Group(源,{"区域","城市"},{{"总销售金额",each _},{"月均销售金额",
each _}})
```

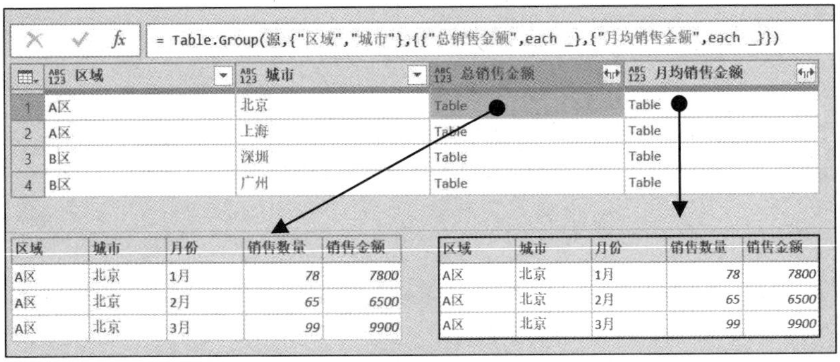

	区域	城市	总销售金额	月均销售金额
1	A区	北京	Table	Table
2	A区	上海	Table	Table
3	B区	深圳	Table	Table
4	B区	广州	Table	Table

区域	城市	月份	销售数量	销售金额
A区	北京	1月	78	7800
A区	北京	2月	65	6500
A区	北京	3月	99	9900

区域	城市	月份	销售数量	销售金额
A区	北京	1月	78	7800
A区	北京	2月	65	6500
A区	北京	3月	99	9900

图 5-48

第 2 步：对指定的聚合列进行聚合运算，"总销售金额"可以使用 List.Sum 函数对"销售金额"列进行求和，"月均销售金额"可以使用 List.Average 函数对"销售金额"列进行求均值，如图 5-49 所示。

```
= Table.Group(源,{"区域","城市"},{{"总销售金额",each List.Sum(_[销售金额])},{"月均销售金额",each List.Average(_[销售金额])}})
```

图 5-49

第 3 步：将数据上载至工作表中即可。

如果只对"城市"列进行聚合运算，则公式如下：

```
//当分组依据只有一列时，可以直接写为文本值，省略大括号
= Table.Group(源,"城市",{{"总销售金额",each List.Sum(_[销售金额])},{"月均销售金额",each List.Average(_[销售金额])}})
```

案例 2：计算每门课程报名的人员是哪些人和报名的人数是多少，如图 5-50 所示。

图 5-50

第 1 步：首先确定分组依据为"报名课程"列，然后指定对应的聚合列表，即"报名人员"列和"报名人数"列。指定的聚合列中的每个元素都是一个"Table"，每个"Table"中都是当前的分组依据对应的表，如图 5-51 所示。

```
= Table.Group(源,"报名课程",{{"报名人员",each _},{"报名人数",each _}})
```

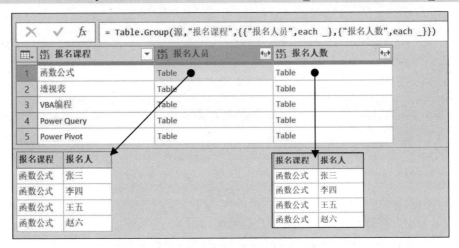

图 5-51

第 2 步：使用 Text.Combine 函数对"报名人员"列中的"报名人"进行连接，使用 Table.RowCount 函数对"报名人数"列内"Table"对应的表中的行进行计数，如图 5-52 所示。

```
= Table.Group(源,"报名课程",{{"报名人员",each Text.Combine(_[报名人],"、
")},{"报名人数",each Table.RowCount(_)}})
```

报名课程	报名人员	报名人数
1 函数公式	张三、李四、王五、赵六	4
2 透视表	张三、陈明、王英	3
3 VBA编程	刘能、大拿	2
4 Power Query	张三、李四、王五、杨柳、…	5
5 Power Pivot	李四、赵六、张顺、冯刚	4

图 5-52

第 3 步：将结果上载至工作表中即可。

5.6.2 实例：条件分组计算和数据清洗整理获奖数据

Table.Group 函数的第四个参数可以分为全局分组和局部分组。1 为全局分组，即按同一类型进行分组；0 为局部分组，即按连续的同一类型进行分组，不连续的单独分组，如图 5-53 所示。

```
= Table.Group(源,"区域",{"最大销售金额",each List.Max([销售金额]) },0)
```

区域	城市	月份	销售金额
B区	广州	1月	3100
B区	深圳	1月	7300
A区	北京	1月	7800
A区	上海	1月	8000
A区	上海	2月	4100
B区	深圳	2月	4300
B区	广州	2月	4300
A区	北京	2月	6500
A区	上海	3月	2000
B区	广州	3月	4700
B区	深圳	3月	9200
A区	北京	3月	9900
A区	上海	4月	7700

区域	最大销售金额
B区	7300
A区	8000
B区	4300
A区	6500
B区	9200
A区	9900

图 5-53

Table.Group 函数的第五个参数可以针对分组依据进行条件判断，这样可以处理一些不是同一分组依据的分组问题。

🔍 **案例**：将左侧的数据转换为右侧的数据，如图 5-54 所示。

思路：先使用 Table.Group 函数的第五个参数的功能，按"序号"列进行判断（是否为文本值）并分组，即将每个奖项的数量和对应的明细分为一组，然后进行转换即可。具体的操作步骤如下所述。

第 1 步：使用 Table.Group 函数创建分组，如图 5-55 所示。

```
= Table.Group(源,"序号",{"n",each _},0,(x,y)=>Number.From(y is text))
```

公式说明："(x,y)=>Number.From(y is text)"用于对第二个参数"序号"列进行判断，判断"序号"列中的每一行是否为一个文本值。如果是文本值，就会将当前的文本值与后面行的非文本值分为一组，直到碰到一个文本值的分组依据为止。"y is text"返回逻辑值 TRUE 或 FALSE，而使用 Number.From 函数可以将逻辑值转换为 0 或 1。指定聚合列的名称为"n"或其他均可，因为后面会展开这一列，该列的名称会被覆盖。

	A	B	C	D		F	G	H	I
1	序号	获奖号码	获奖人	奖品		奖项	获奖号码	获取人	奖品
2	特等奖（2名）					特等奖	970054	彭*明	苹果手机
3	1	970054	彭*明	苹果手机		特等奖	335011	董*苗	苹果手机
4	2	335011	董*苗	苹果手机		一等奖	717749	段*宝	苹果手表
5	一等奖（3名）					一等奖	471927	张*豪	苹果手表
6	1	717749	段*宝	苹果手表		一等奖	730139	李*	苹果手表
7	2	471927	张*豪	苹果手表		二等奖	804050	武*芹	加湿器
8	3	730139	李*	苹果手表		二等奖	651914	欧*春荣	加湿器
9	二等奖（5名）					二等奖	791182	孙*妍	加湿器
10	1	804050	武*芹	加湿器		二等奖	936426	张*付	加湿器
11	2	651914	欧*春荣	加湿器		二等奖	323641	李*培	加湿器
12	3	791182	孙*妍	加湿器		三等奖	295033	赵*远	运动耳机
13	4	936426	张*付	加湿器		三等奖	739914	谢*豪	运动耳机
14	5	323641	李*培	加湿器		三等奖	590376	田*霜	运动耳机
15	三等奖（10名）					三等奖	369095	方*龙	运动耳机
16	1	295033	赵*远	运动耳机		三等奖	406344	谭*先	运动耳机
17	2	739914	谢*豪	运动耳机		三等奖	992723	常*	运动耳机
18	3	590376	田*霜	运动耳机		三等奖	106287	叶*辉	运动耳机
19	4	369095	方*龙	运动耳机		三等奖	608284	岳*	运动耳机
20	5	406344	谭*先	运动耳机		三等奖	770749	杨*	运动耳机
21	6	992723	常*	运动耳机		三等奖	451759	曾*	运动耳机
22	7	106287	叶*辉	运动耳机		鼓励奖	221266	张*文	食用油
23	8	608284	岳*	运动耳机		鼓励奖	131809	许*国	食用油
24	9	770749	杨*	运动耳机		鼓励奖	311680	李*	食用油
25	10	451759	曾*	运动耳机		鼓励奖	873707	陶*	食用油
26	鼓励奖（20名）					鼓励奖	511647	周*	食用油
27	1	221266	张*文	食用油		鼓励奖	745866	方*	食用油
28	2	131809	许*国	食用油		鼓励奖	604747	王*	食用油
29	3	311680	李*	食用油		鼓励奖	896007	刘*建	食用油
30	4	873707	陶*	食用油		鼓励奖	503649	张*启	食用油
31	5	511647	周*	食用油		鼓励奖	209114	刘*赫	食用油
32	6	745866	方*	食用油		鼓励奖	336306	朝*	食用油
33	7	604747	王*	食用油		鼓励奖	654820	袁*博	食用油
34	8	896007	刘*建	食用油		鼓励奖	495885	张*红	食用油
35	9	503649	张*启	食用油		鼓励奖	737409	陈*	食用油
36	10	209114	刘*赫	食用油		鼓励奖	879486	胡*华	食用油
37	11	336306	朝*	食用油		鼓励奖	514959	蔡*强	食用油
38	12	654820	袁*博	食用油		鼓励奖	384584	胡*	食用油
39	13	495885	张*红	食用油		鼓励奖	989292	周*文	食用油
40	14	737409	陈*	食用油		鼓励奖	488454	陈*云	食用油
41	15	879486	胡*华	食用油		鼓励奖	184142	匡*	食用油
42	16	514959	蔡*强	食用油					
43	17	384584	胡*	食用油					
44	18	989292	周*文	食用油					
45	19	488454	陈*云	食用油					
46	20	184142	匡*	食用油					
47									

图 5-54

fx `= Table.Group(源,"序号",{"n",each _ },0,(x,y)=>Number.From(y is text))`

	序号	n
1	特等奖（2名）	Table
2	一等奖（3名）	Table
3	二等奖（5名）	Table
4	三等奖（10名）	Table
5	鼓励奖（20名）	Table

序号	获奖号码	获奖人	奖品
特等奖（2名）	*null*	*null*	*null*
1	*970054*	彭*明	苹果手机
2	*335011*	董*苗	苹果手机

图 5-55

第 2 步：使用 Table.Skip 函数将每一个"Table"中的第一行记录删除，如图 5-56 所示。

```
= Table.Group(源,"序号",{"n",each Table.Skip(_)},0,(x,y)=>
Number.From(y is text))
```

图 5-56

第 3 步：单击"n"列标题右侧的扩展按钮，将"Table"中的数据进行扩展，扩展时不勾选"序号"复选框和"使用原始列名作为前缀"复选框，如图 5-57 所示。

图 5-57

第 4 步：将"序号"列的标题修改为"奖项"，使用 Table.TransformColumns 函数和 Text.BeforeDelimiter 函数转换"奖项"列，提取需要的文本值，如图 5-58 所示。

```
= Table.TransformColumns(重命名的列,{"奖项",each Text.BeforeDelimiter(
_," (")})
```

第 5 步：将数据上载至工作表中即可。

Table.Group 函数的第五个参数虽然确实不好理解，但是在实际应用中非常有

131

用，许多复杂的问题通常都会用到该参数的功能。

fx	= Table.TransformColumns(重命名的列,{"奖项",each Text.BeforeDelimiter(_," (")})		
ABC 123 奖项	**ABC 123 获奖号码**	**ABC 123 获奖人**	**ABC 123 奖品**
1 特等奖	970054	彭*明	苹果手机
2 特等奖	335011	董*苗	苹果手机
3 一等奖	717749	段*宝	苹果手表
4 一等奖	471927	张*豪	苹果手表
5 一等奖	730139	李*	苹果手表
6 二等奖	804050	武*芹	加湿器
7 二等奖	651914	欧*春荣	加湿器

图 5-58

5.7 参数与自定义函数

本节主要讲解在 Power Query 中如何给 M 公式设置参数，以及如何创建自定义函数。

5.7.1 参数的设置方法

如果 M 公式比较复杂，那么修改参数时就会很麻烦，而设置自定义参数可以很容易地解决这一个问题。

例如，指定任意的半径 R，计算圆的面积 S 和周长 C，公式如下：

面积 S=π*R^2，
周长 C=2πR

根据给定的任意半径 R，使用 M 公式计算圆的面积和周长，然后生成一个表，如图 5-59 所示。

```
= Table.FromRecords({[半径 R=4,
面积 S=Number.Round(Number.PI*Number.Power(4,2),2),
周长 C= Number.Round(Number.PI*2*4,2)]})
```

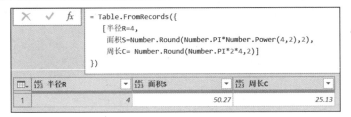

图 5-59

公式说明："Number.PI"表示圆周率 π 的值。

如果想要将半径 R 修改为 5 或其他的数值，直接修改公式会有些麻烦。可以给公式设置一个参数，在需要时只要修改这个参数即可，这样会比较方便。

设置方法为：首先依次选择"主页"→"管理参数"→"新建参数"选项，然后在弹出的"管理参数"对话框中设置对应的参数名称为"半径"，勾选"必需"复选框，在"类型"下拉列表中选择"小数"选项，在"建议的值"下拉列表中选择"任何值"选项，在"当前值"文本框中输入"4"，最后单击"确定"按钮，如图 5-60 所示。

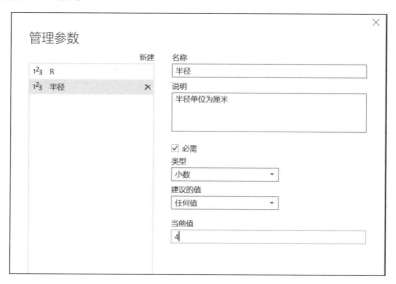

图 5-60

设置好的参数会在"查询"区中显示，在参数的"当前值"文本框中，可以直接修改半径 R 的值，如图 5-61 所示。

图 5-61

接下来，只需要将上述公式中的半径 R 的常量数值全部替换为参数的名称，就可以自动引用参数对应的值了，如图 5-62 所示。

```
= Table.FromRecords({
[半径 R=半径,
面积 S=Number.Round(Number.PI*Number.Power(半径,2),2),
周长 C= Number.PI*2*半径]})
```

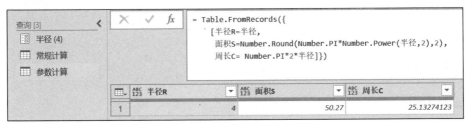

图 5-62

如果使用 Power Query 获取的数据源的位置经常发生变化，那么可以设置一个参数来快速地更改。当然，参数的作用不只包括上述这些，使用参数还可以自定义函数。

5.7.2　实例：创建和调用自定义函数将一列拆分为多列

上一节讲述了如何设置参数，而参数是函数的一部分，因此我们可以结合参数和公式来创建自定义函数。虽然 M 函数有 800 个左右，但是有时候也会根据实际场景自定义函数来解决具体问题。

以 5.7.1 节中圆的面积的计算为例，创建一个计算圆的面积的自定义函数，具体的操作步骤如下所述。

第 1 步：设置一个"半径"参数，使用参数创建一个计算圆的面积的查询——"圆面积"，如图 5-63 所示。

图 5-63

第 2 步：首先选中"圆面积"查询并右击，然后在弹出的快捷菜单中选择"创建函数"命令，在弹出的"创建函数"对话框的"函数名称"文本框中输入函数的名称（如"S 圆"），最后单击"确定"按钮，如图 5-64 所示。

图 5-64

函数创建完成后，软件会自动把设置的参数、创建的函数和创建的查询放在一个组中，如图 5-65 所示。

图 5-65

可以直接在新的查询中使用自定义函数，如图 5-66 所示。

图 5-66

除此之外，还可以在表中调用自定义函数，或者直接在公式编辑栏中使用。

以调用自定义函数为例，批量计算指定半径的圆的面积。具体的操作步骤为：
首先单击"添加列"→"调用自定义函数"按钮，然后在弹出的"调用自定义
函数"对话框的"新列名"文本框中输入"圆面积"，在"功能查询"下拉列
表中选择已经自定义的函数"S 圆"，在"半径（可选）"下拉列表中选择表的
列名"圆半径"，最后单击"确定"按钮，如图 5-67 所示。最终结果如图 5-68
所示。

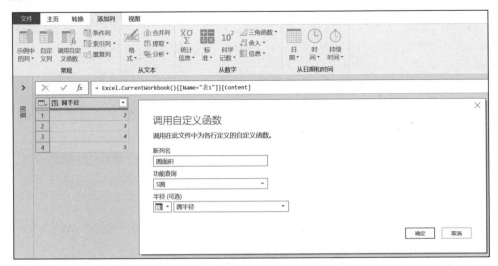

图 5-67

图 5-68

通过上述的自定义函数的创建方法可以知道，自定义函数都是在公式已经写
好的基础上，将公式设置成一个可以被灵活调用的函数。

案例：创建一个自定义函数，将一列转换为多列，如图 5-69 所示。

思路：首先指定要转换成的列数（如 4），然后写出转换的公式，最后将公式
修改为自定义函数。具体的操作步骤如下所述。

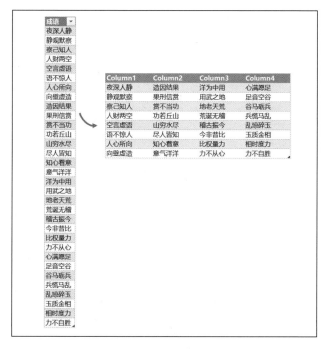

图 5-69

第 1 步：例如，将 1 列转换为 4 列，如图 5-70 所示。

```
=Table.FromColumns(List.Split(Table.ToList(源),Number.RoundUp
(Table.RowCount(源)/4)))
```

fx = Table.FromColumns(List.Split(Table.ToList(源),Number.RoundUp(Table.RowCount(源)/4)))

	Column1	Column2	Column3	Column4
1	夜深人静	造因结果	洋为中用	心满愿足
2	静观默察	果刑信赏	用武之地	足音空谷
3	察己知人	赏不当功	地老天荒	谷马砺兵
4	人财两空	功若丘山	荒诞无稽	兵慌马乱
5	空言虚语	山穷水尽	稽古振今	乱琼碎玉
6	语不惊人	尽人皆知	今非昔比	玉质金相
7	人心所向	知心着意	比权量力	相时度力
8	向壁虚造	意气洋洋	力不从心	力不自胜

图 5-70

公式说明：首先使用 "Number.RoundUp(Table.RowCount(源)/4)" 计算将 1 列拆分为 4 列时每列的行数，然后使用 List.Split 函数进行拆分，就可以拆分为 4 列了。

第 2 步：例如，当前查询的名称为 "TRC"，可以直接在"高级编辑器"窗口中修改公式，创建自定义函数，如图 5-71 所示。

```
(x as table,y as number) as table =>
    let
        自定义 1 = Table.FromColumns(List.Split(Table.ToList(x),
Number.RoundUp(Table.RowCount(x)/y)))
    in
        自定义 1
```

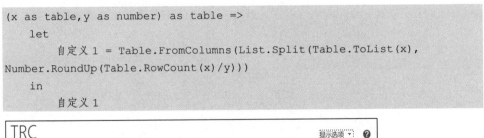

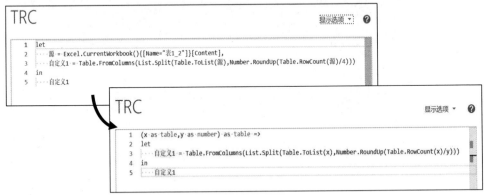

图 5-71

公式说明："(x as table,y as number) as table =>"用于声明自定义函数的语法和对应参数的数据类型。

修改后，当前查询就会变成一个自定义函数，如图 5-72 所示。

图 5-72

第 3 步：在图 5-72 中的"输入参数"区域中，选择要转换的表和输入要转换成的列数。例如，在要转换的表"x"下拉列表中选择"成语表"选项，在要转换成的列数"y"文本框中输入"3"，单击"调用"按钮后就会生成一个新的查询，结果如图 5-73 所示。

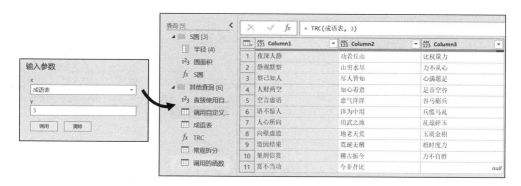

图 5-73

自定义函数可以简化数据转换的操作步骤、减少冗余和降低复杂性，在 M 公式中的应用比较广泛。

Power Query 综合实战

本章主要以 Power Query 的综合案例为载体，全面介绍 M 公式在数据获取和数据转换方面的应用。

6.1 数据获取综合实战

Power Query 中提供了丰富的获取数据的功能，如从 Excel 工作簿中获取、从文件夹中获取、从网页中获取和从数据库中获取等。本节主要介绍如何从 Excel 工作簿、文件夹、网页、TXT 和 CSV 文件中获取数据。

6.1.1 实例 1：获取并合并 Excel 工作簿中的多个工作表的数据

本节主要介绍如何将一个 Excel 工作簿中的多个结构基本相同的工作表的数据汇总到一个新的 Excel 工作簿中。

数据如图 6-1 所示，一个 Excel 工作簿中有 3 个工作表，这 3 个工作表除了表头的备注内容不一样，其他的标题行的结构都是一样的。将这个 Excel 工作簿中的 3 个工作表的数据汇总到一个新的 Excel 工作簿中。

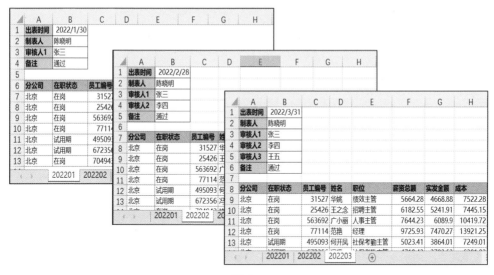

图 6-1

具体的操作步骤如下所述。

第 1 步：新建一个 Excel 工作簿，将其打开后依次选择"数据"→"获取数据"→"来自文件"→"从工作簿"选项，如图 6-2 所示。

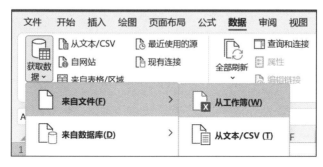

图 6-2

第 2 步：在弹出的对话框中选择要转换的 Excel 工作簿，导入数据。

第 3 步：在弹出的"导航器"对话框的左侧直接选择文件夹"6.1.1 数据源.xlsx"，然后单击"转换数据"按钮，如图 6-3 所示。

接着会进入 Power Query 编辑器界面，每个工作表都是一行数据，单击"Data"列中的"Table"元素可以预览相关的数据，如图 6-4 所示。

图 6-3

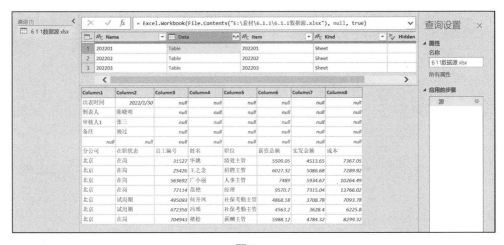

图 6-4

第 4 步：每个工作表中表头的备注内容都不一样，行数也不相同，所以不能直接展开。如果想要处理每个"Table"中表头的多余部分，则可以使用 Table.TransformColumns 函数和 Table.Skip 函数有条件地进行删除，如图 6-5 所示。

```
= Table.TransformColumns(源,{"Data",each Table.Skip(_,(x)=>x[Column1]
<>"分公司")})
```

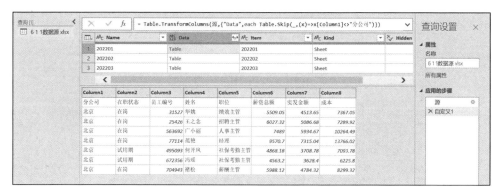

图 6-5

第 5 步：转换后会发现每个"Table"中的标题还在第一行，此时可以使用 Table.PromoteHeaders 函数将第一行提升为标题，如图 6-6 所示。

```
= Table.TransformColumns(源,{"Data",each Table.PromoteHeaders(
Table.Skip(_,(x)=>x[Column1]<>"分公司"))})
```

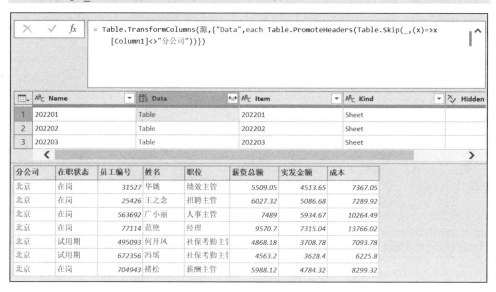

图 6-6

第 6 步：首先保留"Name"列和"Data"列，删除其他列，然后将"Data"列展开即可，结果如图 6-7 所示。

第 7 步：将结果上载至 Excel 工作表中，即可完成数据的合并汇总。

图 6-7

6.1.2 实例 2:获取并合并多个文件夹下的 Excel 工作簿中的数据

Power Query 还有一个非常强大的数据获取能力,那就是可以获取多层文件夹下面各种支持的数据源。

使用 Power Query 获取并合并"各区域各城市工资表明细"文件夹下的 3 个区域文件夹中对应的 Excel 工作簿中的数据,如图 6-8 所示。

图 6-8

具体的操作步骤如下所述。

第 1 步:首先新建一个 Excel 工作簿,将其打开后依次选择"数据"→"获取数据"→"来自文件"→"从文件夹"选项,然后在弹出的对话框中选择要合并的文件夹。可以参照 6.1.1 节中第 1 步的内容。

第 2 步:在弹出的对话框中单击"转换数据"按钮,如图 6-9 所示。

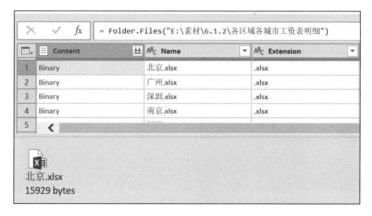

图 6-9

接着会进入 Power Query 编辑器界面，当预览"Content"列中的"Binary"元素时会发现，其是一个二进制的 Excel 文件，如图 6-10 所示。

图 6-10

第 3 步：对每行中的第一个"Binary"进行解析，可以对二进制的 Excel 文件进行解析的函数是 Excel.Workbook 函数。该函数可以配合 Table.TransformColumns 函数直接进行转换，也可以单独添加一个列进行转换，转换后会发现每一个"Table"中的每一行分别是每个 Excel 工作簿里的工作表，并且数据在"Data"列的"Table"元素中，如图 6-11 所示。

```
= Table.TransformColumns(源,{"Content",each Excel.Workbook(_,true)})
```

公式说明：Excel.Workbook 函数可以对二进制的 Excel 文件进行解析。该函数的第一个参数是二进制文件；第二个参数是可选参数，如果写为 true，则可以将第一行提升为标题。

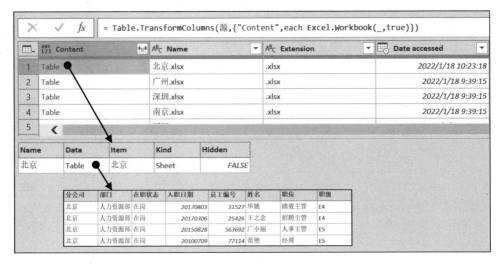

图 6-11

第 4 步：将"Content"列中"Table"的"Data"列里的"Table"元素深化出来，如图 6-12 所示。

```
= Table.TransformColumns(源,{"Content",each Excel.Workbook(_,true)
[Data]{0}})
```

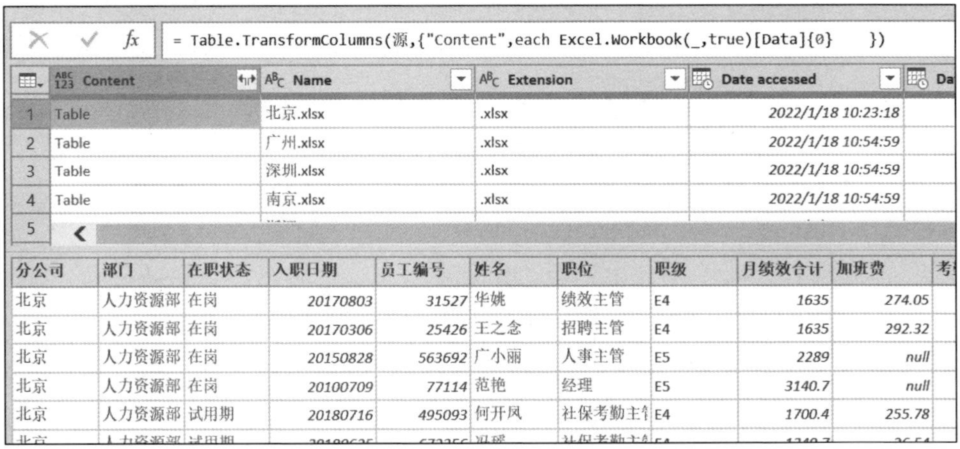

图 6-12

第 5 步：首先删除除"Content"列之外的其他列，然后将"Content"列展开，或者可以直接将"Content"列深化出来，最后使用 Table.Combine 函数合并所有的数据，如图 6-13 所示。

```
= Table.Combine(Table.TransformColumns(源,{"Content",each
Excel.Workbook(_,true)[Data]{0}})[Content])
```

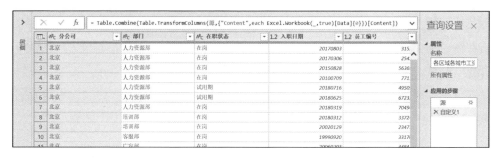

图 6-13

第 6 步：将结果上载至 Excel 工作表中，即可完成数据的合并汇总。

6.1.3 实例 3：获取网页中的表格数据

使用 Power Query 不仅可以获取本地的 Excel 文件数据，还可以获取网页数据。

本节介绍如何使用 Power Query 获取新浪网新浪体育频道的新浪直播室网页中的足球排行榜数据，主要获取列表中的全部赛季的球队数据，赛事主要获取前 5 项数据（前 5 项赛事的数据结构是相同的），如图 6-14 所示。

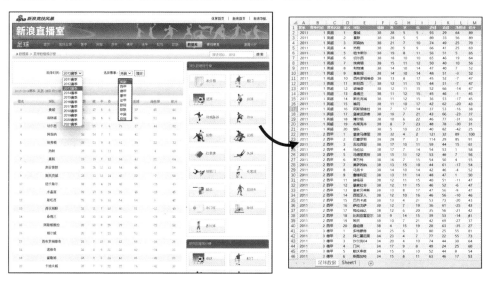

图 6-14

默认打开网页时网址中有一部分为 "year=2013&lid=1"；当 "选择日期" 为 "2015 赛季"、"选择赛事" 为 "德甲" 时，网址中的这部分变为 "year=2015&lid=3"。

对比网址中的这两部分不难发现，其中"year=2013"和"year=2015"部分表示赛事日期，而"lid=1"和"lid=3"部分分别表示赛事的名称，对应赛事列表中的赛事名称，而其他部分完全不变。

通过以上的发现，就可以将这两个参数构造为变量，创建自定义函数来依次获取网页中的数据。

具体的操作步骤如下所述。

第 1 步：复制目标网页中的网址。首先新建一个 Excel 工作簿，将其打开后依次选择"数据"→"获取数据"→"来自其他源"→"自网站"选项，然后在弹出的"从 Web"对话框中选中"高级"单选按钮，接着将网址按参数进行拆分，并分别填写至"URL 部分"区域的各个对应的文本框中，最后单击"确定"按钮，如图 6-15 所示。

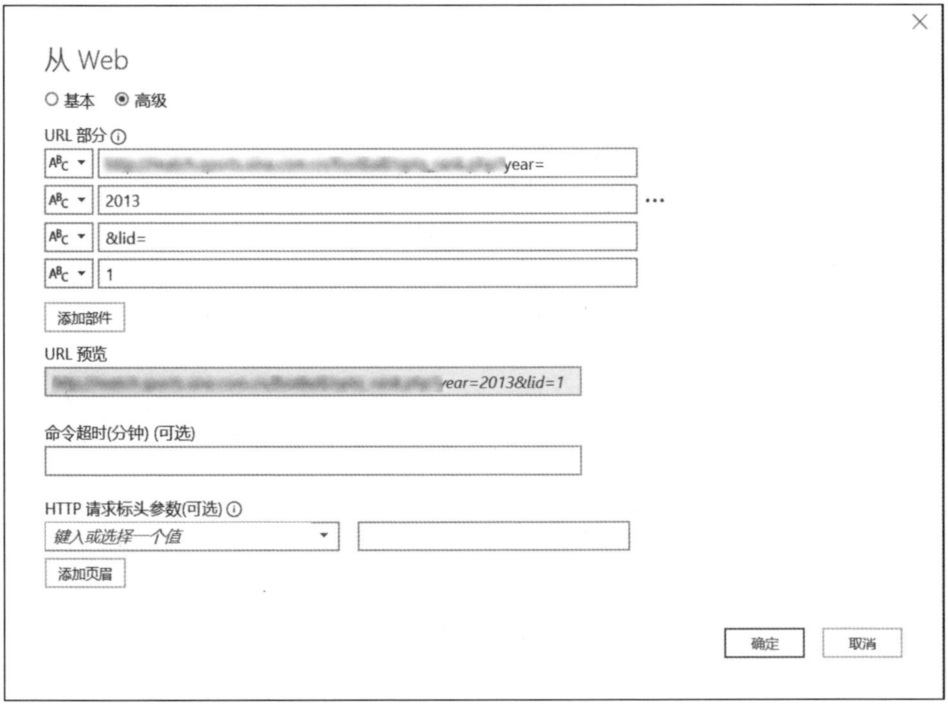

图 6-15

第 2 步：在弹出的"导航器"对话框的左侧选择"Table 0"选项，就可以在右侧看到当前网址对应的表格数据，然后单击"转换数据"按钮，如图 6-16 所示。

图 6-16

第 3 步：在 Power Query 中创建自定义函数。选择 "Table 0" 查询，打开 "高级编辑器" 窗口，将公式修改为自定义函数，自定义函数的名称为 "Sdata"，如图 6-17 所示。

```
(x as number,y as number)=>
    let
        源 = Web.Page(Web.Contents("*********************year=" &
Text.From(x) & "&lid=" & Text.From(y))), //具体的代码请查看素材文件
        Data0 = 源{0}[Data]
    in
        Data0
```

图 6-17

第 4 步：创建网址中的两个参数的列表。新建一个空查询，直接使用公式生成以下的表。也可以提前在 Excel 表中准备好，直接导入即可使用，如图 6-18 所示。

```
= Table.ExpandTableColumn(Table.AddColumn(Table.FromList({2011..2021},each {_},{"赛季"}),"赛事代码和赛事名称",each #table({"赛事代码","赛事名称"},{{1,"英超"},{2,"西甲"},{3,"德甲"},{4,"意甲"},{5,"法甲"}})),"赛事代码和赛事名称", {"赛事代码", "赛事名称"})
```

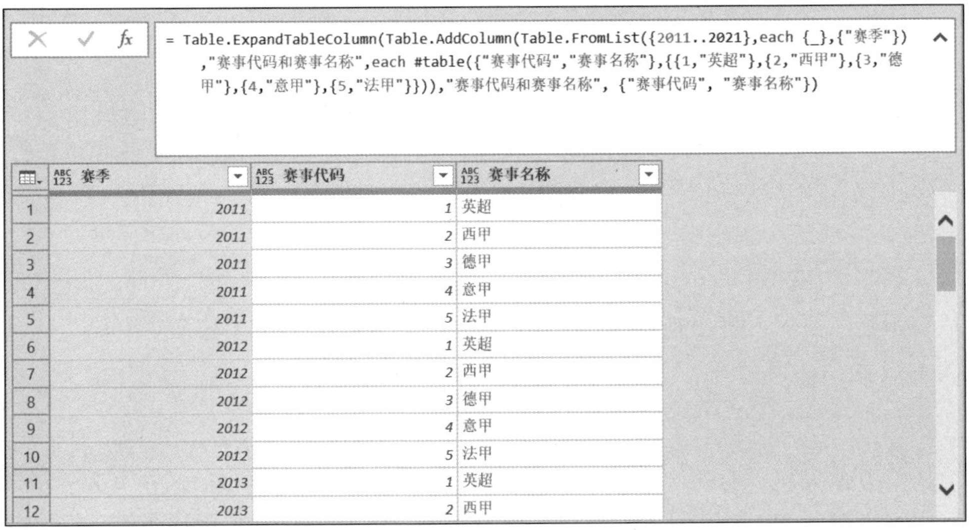

	赛季	赛事代码	赛事名称
1	2011	1	英超
2	2011	2	西甲
3	2011	3	德甲
4	2011	4	意甲
5	2011	5	法甲
6	2012	1	英超
7	2012	2	西甲
8	2012	3	德甲
9	2012	4	意甲
10	2012	5	法甲
11	2013	1	英超
12	2013	2	西甲

图 6-18

第 5 步：在第 4 步创建好的表中直接调用自定义函数。首先单击“添加列”→“调用自定义函数”按钮，然后在弹出的“调用自定义函数”对话框的“新列名”文本框中输入“Sdata”，在“功能查询”下拉列表中选择自定义的函数“Sdata”，在“x”下拉列表中选择“赛季”选项，在“y”下拉列表中选择“赛事代码”选项，最后单击“确定”按钮，如图 6-19 所示。

第 6 步：单击“Sdata”列中的“Table”元素可以预览获取的数据。将“Sdata”列展开后，将结果上载至 Excel 工作表中，即可完成数据的获取汇总，如图 6-20 所示。

需要注意的是，虽然 Excel 中的 Power Query 可以获取一些常规的比较简单的网页数据，但是其能力毕竟有限，对于复杂的数据的获取就无能为力了。

调用自定义函数

调用在此文件中为各行定义的自定义函数。

新列名

Sdata

功能查询

Sdata

x

赛季

y

赛事代码

确定　　取消

图 6-19

= Table.AddColumn(源, "Sdata", each Sdata([赛季], [赛事代码]))

	赛季	赛事代码	赛事名称	Sdata
1	2011	1	英超	Table
2	2011	2	西甲	Table
3	2011	3	德甲	Table
4	2011	4	意甲	Table
5	2011	5	法甲	Table

排名	球队	场数	胜	平	负	进球	丢球	净胜球	积分
1	曼城	38	28	5	5	93	29	64	89
2	曼联	38	28	5	5	89	33	56	89
3	阿森纳	38	21	7	10	74	49	25	70
4	热刺	38	20	9	9	66	41	25	69
5	纽卡斯尔	38	19	8	11	56	51	5	65
6	切尔西	38	18	10	10	65	46	19	64

图 6-20

6.1.4　实例 4：获取 CSV 或 TXT 文件数据

CSV 是通用的一种文件格式，这种格式的文件可以非常容易地被导入各种数据库中。CSV 文件的一行即为数据表的一行，生成的数据表字段用半角逗号隔开。用记事本和 Excel 都能打开 CSV 文件，用记事本打开 CSV 文件时会显示逗号，而用 Excel 打开 CSV 文件时则不会显示逗号，逗号都用来分列了。

在 Power Query 中，CSV 和 TXT 文件中的数据都是使用同一个获取功能来获取的。本节主要讲解如何将一个文件夹中所有结构相同的 CSV 文件的数据进行合并汇总，如图 6-21 所示。

名称 ^	修改日期	类型	大小
二年级-满意度数据.csv	2022/1/18 14:24	Microsoft Excel 逗号分隔值文件	8 KB
三年级满意度数据.csv	2022/1/18 14:23	Microsoft Excel 逗号分隔值文件	2 KB
四年级-满意度数据.csv	2022/1/18 14:23	Microsoft Excel 逗号分隔值文件	6 KB

图 6-21

具体的操作步骤如下所述。

第 1 步：参照 6.1.2 节中第 1 步和第 2 步的方法选择要合并的文件夹并导入 Power Query 编辑器中，当预览"Content"列中的"Binary"元素时会发现，其是一个二进制的 CSV 文件，如图 6-22 所示。

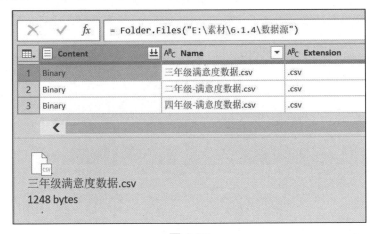

图 6-22

第 2 步：对每行中的第一个"Binary"进行解析，可以对二进制的 CSV 文件进行解析的函数是 Csv.Document 函数。该函数可以配合 Table.TransformColumns 函数直接进行转换，也可以单独添加一个列进行转换，转换后会发现每一个"Table"分别是每一个 CSV 文件的数据，如图 6-23 所示。

```
= Table.TransformColumns(源,{"Content",each Csv.Document(_) })
```

第 3 步：使用 Table.PromoteHeaders 函数将每一个"Table"中的第一行提升为标题。公式如下：

```
= Table.TransformColumns(源,{"Content",each Table.PromoteHeaders(
Csv.Document(_))})
```

fx		= Table.TransformColumns(源,{"Content",each Csv.Document(_) })						
	Content	Name	Extension	Date accessed	Date modified	Da
1	Table	三年级满意度数据.csv	.csv	2022/1/18 14:23:45	2022/1/18 14:23:44	
2	Table	二年级-满意度数据.csv	.csv	2022/1/18 14:24:36	2022/1/18 14:24:36	
3	Table	四年级-满意度数据.csv	.csv	2022/1/18 14:23:10	2022/1/18 14:23:10	

Column1	Column2	Column3	Column4	Column5	Column6	Column7	Column8	Column9	Column10
助教Uid	助教昵称	满意度	章节ID	作业提交时间	课程名称	年级	学科	学员Uid	学员昵称
2229055697	瑾夏01	满意	288010	2020/2/6 16:54	【2020寒】三年级语	三年级	语文	2403088257	黄雅欣
2228975948	金梦01	满意	288016	2020/2/6 12:53	【2020寒】三年级语	三年级	语文	2344888733	钟佩烨
2228975948	金梦01	满意	288016	2020/2/6 16:10	【2020寒】三年级语	三年级	语文	2347319928	阚晨旭
2228975948	金梦01	不满意	288016	2020/2/6 11:13	【2020寒】三年级语	三年级	语文	2397443631	郑益家
2229055697	瑾夏01	满意	288016	2020/2/6 11:17	【2020寒】三年级语	三年级	语文	2412058814	朱志博
2229222416	七辰	满意	288016	2020/2/6 11:01	【2020寒】三年级语	三年级	语文	2353027790	潘鹏宇
2229181675	暮雪01	满意	288016	2020/2/6 11:01	【2020寒】三年级语	三年级	语文	2412498245	庄玉涛
2229181675	暮雪01	满意	288016	2020/2/7 11:45	【2020寒】三年级语	三年级	语文	2417145172	苗旭灿
2229222416	七辰	满意	288016	2020/2/6 11:06	【2020寒】三年级语	三年级	语文	2417828394	杨佳澄

图 6-23

第 4 步：深化"Content"列，然后使用 Table.Combine 函数合并所有的数据。公式如下：

```
= Table.Combine(Table.TransformColumns(源,{"Content",each
Table.PromoteHeaders(Csv.Document(_))})[Content])
```

第 5 步：将结果上载至 Excel 工作表中，即可完成数据的合并汇总。

需要注意的是，如果是单个的 CSV 或 TXT 文件，则可以直接通过选择"数据"→"获取数据"→"来自文件"→"从文本/CSV"选项来获取。另外，Csv.Document 函数的语法及用法示例可以查看函数帮助，在默认状态下，解析 CSV 文件时的分隔符一般为逗号。

6.1.5　实例 5：实时获取数据库中的数据

使用 Power Pivot 不仅可以从 Excel 文件中获取数据，还可以从各类数据库中获取数据。本节将以 SQL Server 数据库为例，介绍如何使用 Power Query 从数据库中获取数据，具体的操作步骤如下所述。

第 1 步：依次选择"数据"→"获取数据"→"来自数据库"→"从 SQL Server 数据库"选项，如图 6-24 所示。

第 2 步：首先在弹出的"SQL Server 数据库"对话框的"服务器"文本框中输入 IP 地址，然后单击"确定"按钮。如果需要事先定义数据的范围，则可以在"高级选项"区域中使用 SQL 语句，如图 6-25 所示。

图 6-24

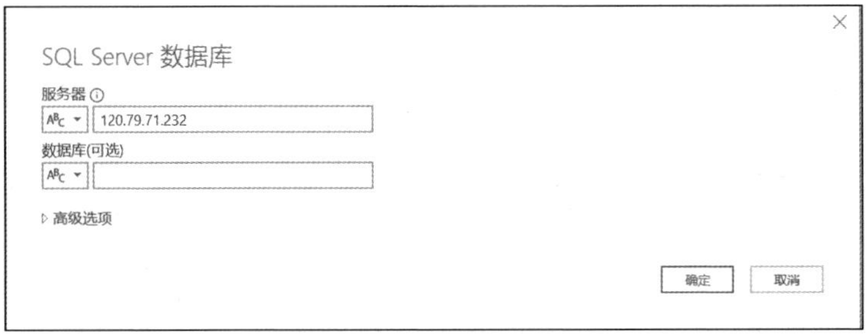

图 6-25

第 3 步：在弹出的"SQL Server 数据库"对话框左侧的导航栏中选择"数据库"标签，在右侧输入用户名和密码后，单击"确定"按钮即可，如图 6-26 所示。

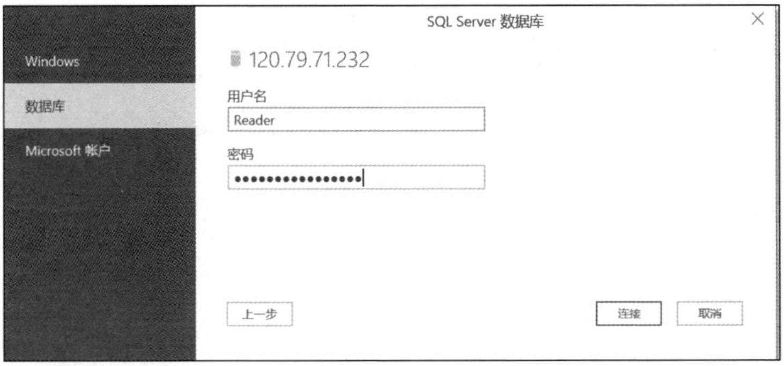

图 6-26

第 4 步：在弹出的"导航器"对话框中加载了数据库中所有的表，根据实际需要选择数据后，单击"转换数据"按钮，将数据导入 Power Query 编辑器中，如图 6-27 所示。

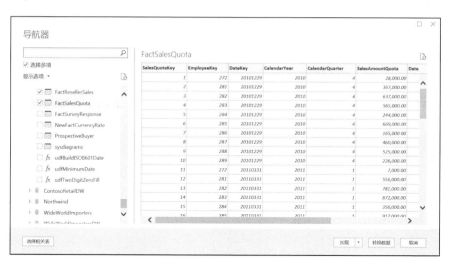

图 6-27

第 5 步：对导入的数据表的字段的数据类型进行设置后，将数据上载至 Excel 工作表中或仅上载为连接形式。

需要注意的是，在实际工作中，由于数据库存储的数据量较大，因此在导入数据前可以根据自己的需要，使用 SQL 语句来定义自己需要的字段和数据量，缓解因数据量过大带来的加载缓慢的问题。

6.2　数据转换综合实战

本节主要通过综合性的实战案例来讲解 M 公式强大的数据清洗和转换功能。对于同一个问题，往往有多个 M 公式可以解决。所以，M 公式是功能非常强大的用于数据获取和转换的语言。

6.2.1　实例 1：将复杂的二维调薪表转换为一维明细表

在 3.5.3 节中曾介绍过，使用"逆透视列"功能可以将二维表转换为一维表。但是如果想要将一些复杂的二维表转换为一维表，则需要使用强大的 M 公式来完成。如图 6-28 所示，将上面部分的数据转换为下面部分的数据。

思路：先将源表中的每一行转换为列表，然后遍历 List 列表，将"姓名"和"部门"提取为一个 List 列表，接着将其与"调薪日期"和"调薪幅度"组成的 List 列表进行合并后转换为 Table，最后整体进行合并。

姓名	部门	第1次调整薪	第1次调薪幅度	第2次调整薪	第2次调薪幅度	第3次调整薪	第3次调薪幅度
张三	部门A	2019/1/20	6%	2020/4/2	10%		
李四	部门B	2018/7/1	10%	2019/11/11	12%	2022/1/4	10%
王五	部门C	2020/12/1	5%	2021/7/1	5%	2022/1/6	10%

姓名	部门	调薪日期	调薪幅度
张三	部门A	2019/1/20	6%
张三	部门A	2020/4/2	10%
李四	部门B	2018/7/1	10%
李四	部门B	2019/11/11	12%
李四	部门B	2022/1/4	10%
王五	部门C	2020/12/1	5%
王五	部门C	2021/7/1	5%
王五	部门C	2022/1/6	10%

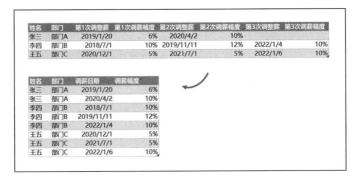

图 6-28

具体的操作步骤如下所述。

第 1 步：使用 Table.ToRows 函数将源表转换为 List 列表后，准备遍历环境（即“each _”部分），如图 6-29 所示。

```
= List.Transform(Table.ToRows(源),each _)
```

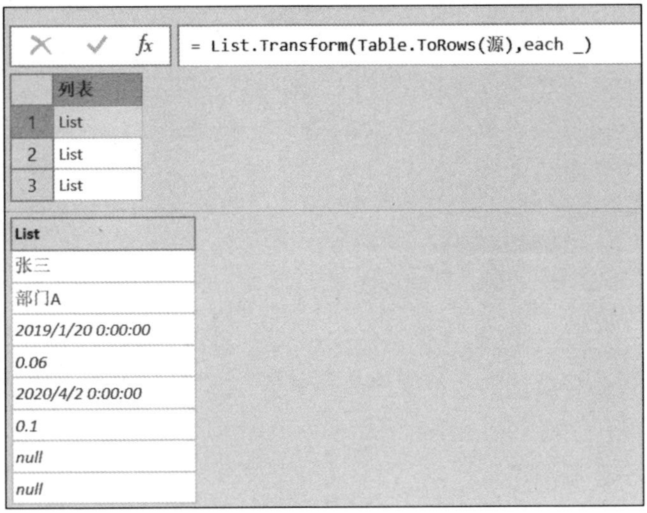

图 6-29

第 2 步：对每一个“List”再次进行遍历，将每个“List”中的前两个元素分别提取为一个 List（暂时记为 A）后，剩下的元素每两个分为一组（暂时分别记为 B 和 C），然后把列表 A 分别与列表 B、列表 C 进行连接。以第一个“List”为例，数据结构如图 6-30 所示。

```
= List.Transform(Table.ToRows(源),each List.Transform(List.Split(List.Skip(_,2),2),(x)=>List.FirstN(_,2)&x))
```

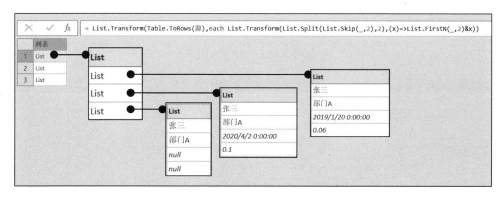

图 6-30

第 3 步：先使用 Table.FromRows 函数将每一个列表中最后一层中的 List 列表转换为 Table，列名分别为"姓名"、"部门"、"调薪日期"和"调薪幅度"，再使用 Table.Combine 函数将转换的表进行合并，如图 6-31 所示。

```
= List.Transform(Table.ToRows(源),each Table.Combine(List.Transform
(List.Split(List.Skip(_,2),2),(x)=> Table.FromRows({List.FirstN(_,2)&x},
{"姓名","部门","调薪日期","调薪幅度"})))))
```

图 6-31

第 4 步：在整个公式的最外层使用 Table.Combine 函数将所有的表合并。公式如下：

```
= Table.Combine(List.Transform(Table.ToRows(源),each Table.Combine(
List.Transform(List.Split(List.Skip(_,2),2),(x)=> Table.FromRows({
List.FirstN(_,2)&x},{"姓名","部门","调薪日期","调薪幅度"}))))))
```

第 5 步：将"调薪日期"列中的 null 值筛选掉后，将数据上载至 Excel 工作表中。

整个数据转换的过程及完整的代码如图 6-32 所示。

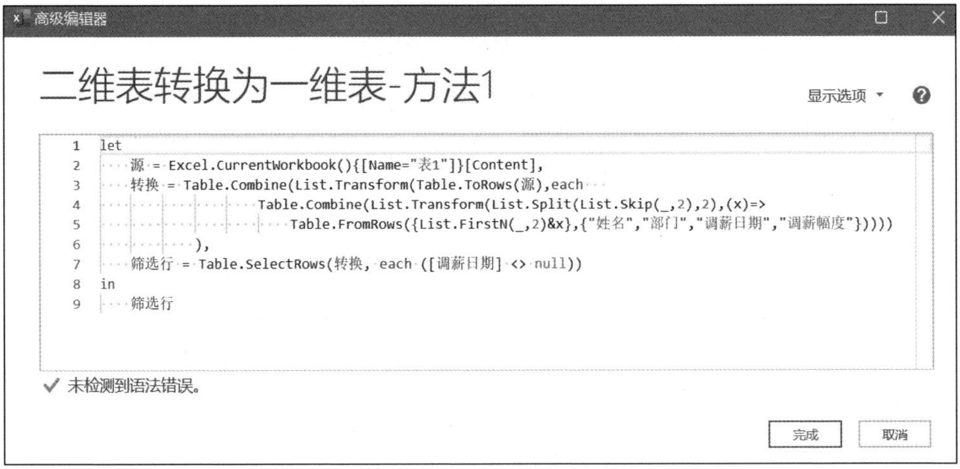

图 6-32

当然，上述实例还可以使用 Table.Group 函数来解决，读者可以根据素材中的示例自行练习。

6.2.2 实例 2：高效快速地清洗零乱的考勤数据

本节介绍一个综合性很强的关于数据清洗和转换的实例。通过对本节内容的学习，读者可以领会到 M 公式的强大和灵活。如图 6-33 所示，将左侧零乱的数据转换为右侧规范的数据。

思路：首先使用分组函数进行两次判断分组，第一次针对每个人的数据进行判断分组，第二次针对每个人的日期和星期进行判断分组，然后遍历拆分值，最后进行展开和调整。具体的操作步骤如下所述。

第 1 步：使用 Table.Group 函数进行第一次分组，分组的依据是第一列，判断条件为包含"部门"且不为 null 值，分组时指定的聚合列的名称暂为"n"，因为后面会展开这一列，该列的名称会被覆盖，如图 6-34 所示。

```
= Table.Group(源,"Column1",{"n",each _},0,(x,y)=>Number.From(
Text.Contains(y,"部门") and y<>null))
```

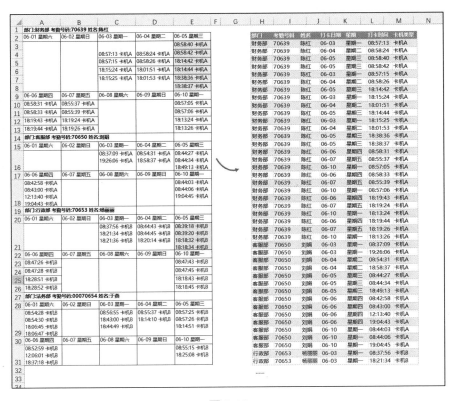

图 6-33

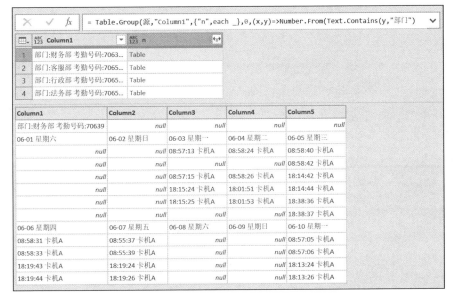

图 6-34

第 2 步：对分组的 "n" 列中的 "Table" 删除第一行后再次进行分组，分组的判断条件为第一列 "Column1" 包含 "星期" 且不为 null 值，如图 6-35 所示。

```
= Table.Group(源,"Column1",{"n",each Table.Group(Table.Skip(_),
"Column1",{"m",(z)=>z},0,(a,b)=>Number.From(Text.Contains(b,"星期")
and b<>null))},0,(x,y)=>Number.From(Text.Contains(y,"部门") and
y<>null))
```

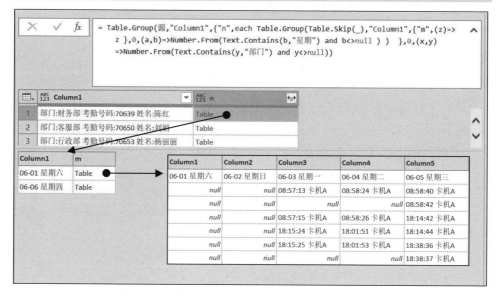

图 6-35

第 3 步：首先将 "m" 列里的每个 "Table" 中的第一行提升为标题，然后使用 "逆透视列" 功能进行转换，转换后的列名分别为 "日期和星期" 和 "打卡时间和卡机"，如图 6-36 所示。

```
= Table.Group(源,"Column1",{"n",each Table.Group(Table.Skip(_),
"Column1",{"m",(z)=>Table.UnpivotOtherColumns(Table.PromoteHeaders(z),
{},"日期和星期","打卡时间和卡机")},0,(a,b)=>Number.From(Text.Contains(b,"星
期") and b<>null))  },0,(x,y)=>Number.From(Text.Contains(y,"部门") and
y<>null))
```

公式说明：Table.UnpivotOtherColumns 函数用于逆透视其他列，当第二个参数为 "{}" 时，表示将所有列进行逆透视。

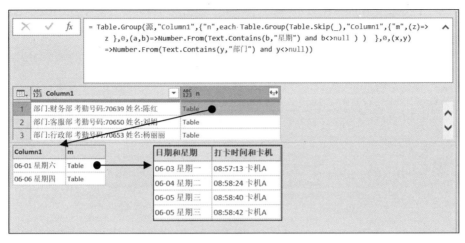

图 6-36

第 4 步：将转换后的"m"列里的每个"Table"中的"打卡时间和卡机"按换行符拆分（原因：数据源中有些数据是一个单元格中有多行数据，分隔符是换行符）为 List 列表。首先使用 Table.TransformColumns 函数和 Text.Split 函数进行拆分，然后将"m"列深化出来，如图 6-37 所示。

```
= Table.Group(源,"Column1",{"n",each Table.Group(Table.Skip(_),
"Column1",{"m",(z)=>Table.TransformColumns(Table.UnpivotOtherColumns(
Table.PromoteHeaders(z),{},"日期和星期","打卡时间和卡机"),{"打卡时间和卡机
",each Text.Split(_,"#(lf)")})}),0,(a,b)=>Number.From(Text.Contains(b,"星
期") and b<>null))[m]},0,(x,y)=>Number.From(Text.Contains(y,"部门") and
y<>null))
```

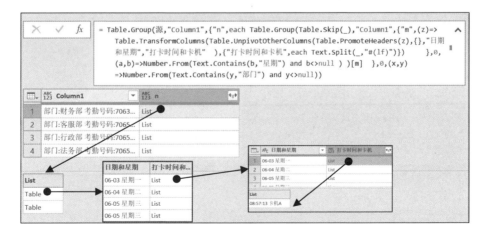

图 6-37

第 5 步：使用 Table.Combine 函数将"n"列中的"Table"进行合并，如图 6-38 所示。

```
= Table.Group(源,"Column1",{"n",each Table.Combine(Table.Group(
Table.Skip(_),"Column1",{"m",(z)=>Table.TransformColumns(
Table.UnpivotOtherColumns(Table.PromoteHeaders(z),{},"日期和星期","打卡时
间和卡机"),{"打卡时间和卡机",each Text.Split(_,"#(lf)")})},0,(a,b)=>
Number.From(Text.Contains(b,"星期") and b<>null))[m])},0,(x,y)=>
Number.From(Text.Contains(y,"部门") and y<>null))
```

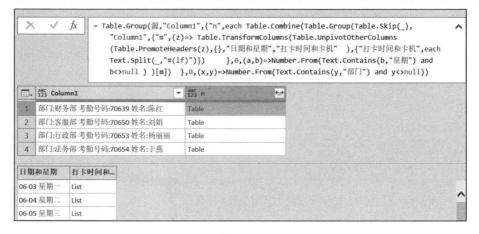

图 6-38

第 6 步：将该应用步骤命名为"转换"后，依次将"n"列和"打卡时间和卡机"列展开，并分别重命名应用步骤为"展开"和"展开 1"，如图 6-39 所示。

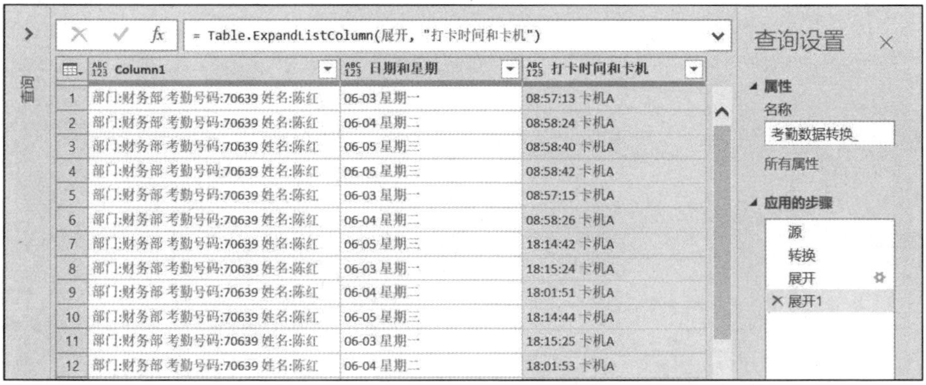

图 6-39

第 7 步：对"Column1"列进行拆分并提取"部门"、"考勤号码"和"姓名"数据，对"日期和星期"列进行拆分，对"打卡时间和卡机"进行拆分。可以使

用 Table.TransformColumns、Text.SplitAny 和 Text.Split 函数进行拆分，通过构建 Record 列表来横向展开数据，如图 6-40 所示。

```
= Table.TransformColumns(展开 1,{
{"Column1",each  [a=Text.SplitAny(_,": "),b=[部门=a{1},考勤号码=a{3},姓名
=a{5}]][b]},
{"日期和星期",each [打卡日期=Text.Split(_," "){0},星期=Text.Split(_," "){1}]},
{"打卡时间和卡机",each [打卡时间=Text.Split(_," "){0},卡机类型=Text.Split(
_," "){1}]}})
```

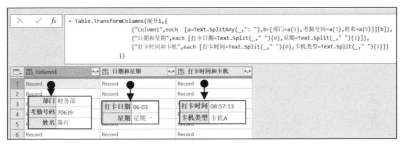

图 6-40

第 8 步：分别将"Column1"列、"日期和星期"列和"打卡时间和卡机"列展开后，将结果上载至 Excel 工作表中，即可完成数据清洗。完整的公式如图 6-41 所示。

```
高级编辑器                                                        □  ×

考勤数据转换                                              显示选项 ▾  ❓

1   let
2       源 = Excel.Workbook(File.Contents("E:\素材\6.2.2 案例：清洗零乱的考勤数据.xlsx"), null, true){[Name = "数据源"]}[Data],
3       转换 = Table.Group(源,"Column1",
4           {"n",each
5           Table.Combine(
6               Table.Group(Table.Skip(_,1),"Column1",
7                   {"m",each
8                   Table.TransformColumns(
9                       Table.UnpivotOtherColumns(Table.PromoteHeaders(_),
10                      {},"日期和星期","打卡时间和卡机"),{"打卡时间和卡机",each Text.Split(_,"#(lf)")})},
11                  0,
12                  (a,b)=>Number.From(Text.Contains(b,"星期") and b<> null)
13              )[m]}),
14              0,
15              (x,y)=> Number.From(Text.Contains(y,"部门") and y <> null )
16          ),
17      展开1 = Table.ExpandTableColumn(转换,"n", {"日期和星期", "打卡时间和卡机"}),
18      展开2 = Table.ExpandListColumn(展开1, "打卡时间和卡机"),
19      多列拆分 = Table.TransformColumns(展开2,{
20          {"Column1",each  [a=Text.SplitAny(_,": "),b=[部门=a{1},考勤号码=a{3},姓名=a{5}]][b]},
21          {"日期和星期",each [打卡日期=Text.Split(_," "){0},星期=Text.Split(_," "){1}]},
22          {"打卡时间和卡机",each [打卡时间=Text.Split(_," "){0},卡机类型=Text.Split(_," "){1}]}
23          }),
24      展开3 = Table.ExpandRecordColumn(多列拆分, "Column1", {"部门", "考勤号码", "姓名"}),
25      展开4 = Table.ExpandRecordColumn(展开3, "日期和星期", {"打卡日期", "星期"}),
26      展开5 = Table.ExpandRecordColumn(展开4, "打卡时间和卡机", {"打卡时间", "卡机类型"})
27  in
28      展开5
✓ 未检测到语法错误。
```

图 6-41

6.2.3 实例 3：同时拆分组合的供应商中文名称和英文名称

拆分功能是 Power Query 中使用非常频繁的功能之一，掌握好拆分操作和拆分函数是学好 Power Query 的重要途径之一。

数据如图 6-42 所示，将“供应商中文名称”和“供应商英文名称”拆分为行，并且一一对应起来。

供应商区域	供应商中文名称	供应商英文名称
A区	苹果/亚马逊/微软	Apple/Amazon/Microsoft
B区	丰田/安然/西门子/福特	Toyota/Enron/Siemens/Ford
C区	阿里巴巴/华为/中石化	Alibaba/Huawei/Sinopec
D区	东芝/波音	Toshiba/Boeing

供应商区域	供应商中文名称	供应商英文名称
A区	苹果	Apple
A区	亚马逊	Amazon
A区	微软	Microsoft
B区	丰田	Toyota
B区	安然	Enron
B区	西门子	Siemens
B区	福特	Ford
C区	阿里巴巴	Alibaba
C区	华为	Huawei
C区	中石化	Sinopec
D区	东芝	Toshiba
D区	波音	Boeing

图 6-42

思路：先将每一行转换为列表，然后遍历拆分要拆分的列，接着使用“拉链函数”对两组 List 列表进行组合，最后将 List 列表转换为 table 类型的表。

具体的操作步骤如下所述。

第 1 步：首先使用 Table.ToList 函数将表转换为 List 列表，然后建立环境，如图 6-43 所示。

```
= Table.ToList(源,each _)
```

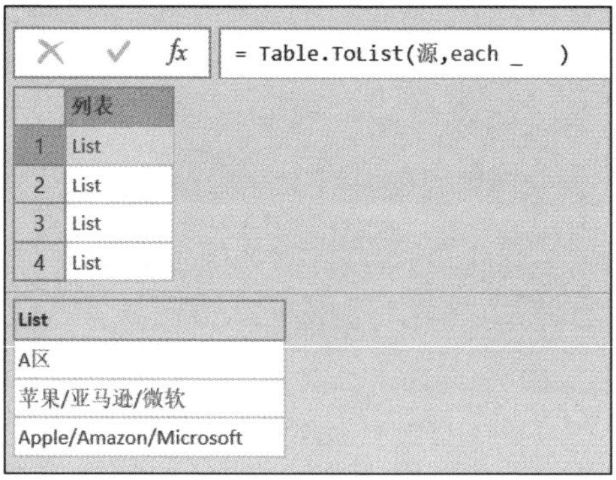

图 6-43

第 2 步：将每个 "List" 中的第 2 个元素和第 3 个元素进行拆分，拆分后使用 List.Zip 函数进行一一对应组合，如图 6-44 所示。

```
= Table.ToList(源,each List.Zip({Text.Split(_{1},"/"),Text.Split(_{
2},"/") }))
```

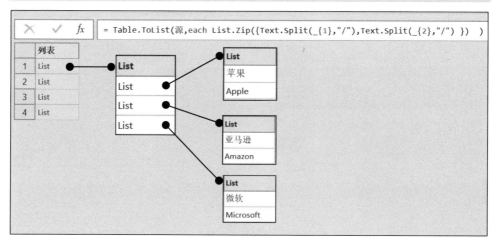

图 6-44

第 3 步：使用 List.Transform 函数建立遍历环境，给每一组中英文的供应商名称的 List 列表连接一个 "供应商区域" 的 List 列表，组成一个新的 List 列表，如图 6-45 所示。

```
= Table.ToList(源,each List.Transform(List.Zip({Text.Split(_{1},"/"),
Text.Split(_{2},"/") }),(x)=>{_{0}}&x))
```

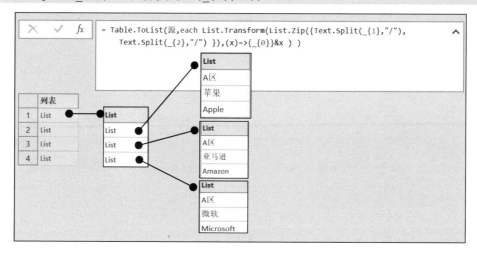

图 6-45

第 4 步： 使用 List.Combine 函数将所有的 List 列表进行合并，如图 6-46 所示。

```
= List.Combine(Table.ToList(源,each List.Transform(List.Zip({
Text.Split(_{1},"/"),Text.Split(_{2},"/")}),(x)=>{_{0}}&x)))
```

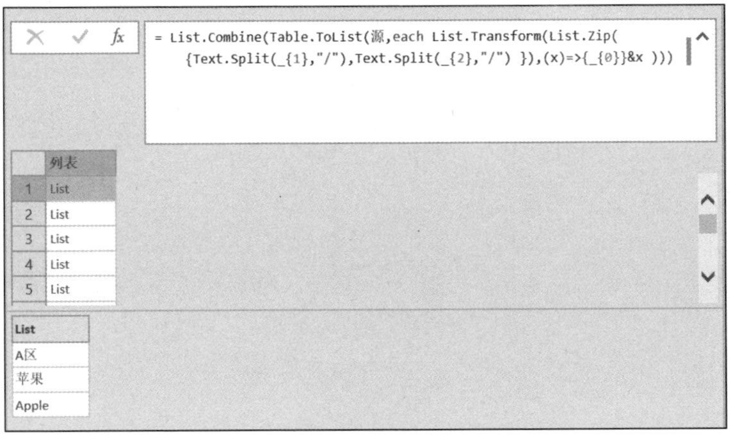

图 6-46

第 5 步： 使用 Table.FromRows 函数将每一个 List 转换为 Table，标题使用源表的标题（使用 Table.ColumnNames 函数可以获取标题），如图 6-47 所示。

```
= Table.FromRows(List.Combine(Table.ToList(源,each List.Transform(
List.Zip({Text.Split(_{1},"/"),Text.Split(_{2},"/")}),(x)=>{_{0}}&x))),
Table.ColumnNames(源))
```

图 6-47

第 6 步： 将结果上载至 Excel 工作表中，即可完成数据转换。

6.2.4 实例 4：批量提取 Excel 工作簿中不规则的防疫数据

想要提取不规则表格中的数据，可以先对要提取的内容进行定位，确定行和列的索引值，然后在表中深化索引值对应的值，最后进行转换。

数据如图 6-48 所示，一个 Excel 工作簿有多个不规则的登记表，所有表的结构和数据位置都是一样的。需要将这些表汇总得到一个规范的数据表，结果如图 6-49 所示。

	A	B	C	D	E	F	G	H	I
1					**2022年1月防疫登记卡**				
2	姓名	张三		性别	男		租户/业主	业主	
3	小区名称	东郭小区		楼号-单元号-楼层-房号	2-1-15-1501		家庭人数	3	
4	工作地所在区			东天区小花科技园区			人员类型	企业人员	
5	个人联系电话	18100001234	紧急联系人		张天春		与紧急联系人关系	儿子	紧急联系人电话 19099991234
6	最近一次核酸检测日期		2022/1/22		最近一次核酸检测结果	阴性		14天内是否去往高风险区	否

张三 李四 王五 赵六 ⊕

图 6-48

	A	B	C	D	E	F	G	H	I	J	K	L	M	N	O
1	姓名	性别	租户/业主	小区名称	楼号-单元号-楼层-房号	家庭人数	工作地所在区	人员类型	个人联系电话	紧急联系人	与紧急联系人关系	紧急联系人电话	最近一次核酸检测日期	最近一次核酸检测结果	14天内是否去往高风险区
2	张三	男	业主	东郭小区	2-1-15-1501	3	东天区小花科技园区	企业人员	18100001234	张天春	儿子	19099991234	2022/1/22	阴性	否
3	李四	女	租户	西郭小区	1-3-22-2203	5	春天区社区防护站	防疫人员	12200001234	李小春	父亲	16099591234	2022/1/25	阴性	否
4	王五	女	业主	南郭小区	12-5-25-2503	2	春秋区防疫运输队	保供人员	12588881234	王田	老公	18096581834	2022/1/24	阴性	否
5	赵六	男	业主	西郭小区	6-6-6-0602	4	东秋区东秋医院	防疫人员	16788881234	赵琪	妻子	18896595834	2022/1/24	阴性	否

图 6-49

对于图 6-48 所示的表，仅凭一般的操作和转换是不可能成功的。由于这些表的格式都是一样的，因此可以先把每一个表提取出来，再创建一个新表。下面以其中一个表为例，做一个自定义函数，具体的操作步骤如下所述。

第 1 步：参考 6.1 节中的操作步骤，将 Excel 工作簿中的数据导入 Power Query 编辑器中。删除其他列，保留"Data"列，如图 6-50 所示。

第 2 步：根据图 6-49 所示的第一个"Table"中的数据，整理要提取的标题和对应数据的行索引号与列名。因为 Power Query 中的索引都是从 0 开始的，所以每个值对应的行索引号都要减 1，如图 6-51 所示。

第 3 步：使用#table 函数构建一个自定义函数，该自定义函数的功能是将提取的指定位置的值转换为一个 Table 表。操作步骤为：新建一个空查询，并命名为"TRDATA"，输入对应的自定义函数公式，如图 6-52 所示。

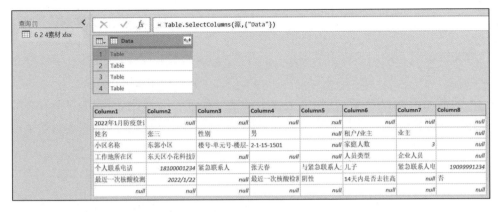

图 6-50

```
(x as table) =>
let
    trs= #table({
        x[Column1]{1},x[Column3]{1},x[Column6]{1},         //第2行标题
        x[Column1]{2},x[Column3]{2},x[Column6]{2},         //第3行标题
        x[Column1]{3},x[Column6]{3},                       //第4行标题
        x[Column1]{4},x[Column3]{4},x[Column5]{4},x[Column7]{4},//第5行标题
        x[Column1]{5},x[Column4]{5},x[Column6]{5}},         //第6行标题
    {{
        x[Column2]{1},x[Column4]{1},x[Column7]{1},         //第2行数据
        x[Column2]{2},x[Column4]{2},x[Column7]{2},         //第3行数据
        x[Column2]{3},x[Column7]{3},                       //第4行数据
        x[Column2]{4},x[Column4]{4},x[Column6]{4},x[Column8]{4},//第5行数据
        x[Column2]{5},x[Column5]{5},x[Column8]{5}          //第6行数据
    }})
in
    trs
```

第4步：切换到导入的数据表的查询中（见图6-50），直接在公式编辑栏中输入公式，调用自定义函数 TRDATA 来提取每个"Table"中的数据，如图 6-53 所示。

```
= Table.TransformColumns(删除其他列,{"Data",each TRDATA(_)})
```

标题		数据	
行号	列号	行号	列号
1	Column1	1	Column2
1	Column3	1	Column4
1	Column6	1	Column7
2	Column1	2	Column2
2	Column3	2	Column4
2	Column6	2	Column7
3	Column1	3	Column2
3	Column6	3	Column7
4	Column1	4	Column2
4	Column3	4	Column4
4	Column5	4	Column6
4	Column7	4	Column8
5	Column1	5	Column2
5	Column4	5	Column5
5	Column6	5	Column8

图 6-51

图 6-52

图 6-53

第 5 步：使用 Table.Combine 函数合并"Table"（也可以直接将"Data"列展开，但是直接展开会产生公式的冗余）后，将结果上载至 Excel 工作表中即可。转换结果如图 6-54 所示。

```
= Table.Combine(调用自定义函数[Data])
```

	姓名	性别	租户/业主	小区名称
1	张三	男	业主	东郭小区
2	李四	女	租户	西郭小区
3	王五	女	业主	南郭小区
4	赵六	男	业主	西郭小区

图 6-54

虽然 Power Query 的数据转换功能非常强大，但是在数据整理和生产过程中尽可能地规范数据结构，提高数据质量，不仅可以极大地减轻数据清洗和转换的负担，也有利于后期使用 Power Pivot 来建立数据模型，快速高效地分析数据。

第 7 章

认识 Power Pivot 与 DAX

前面章节介绍了如何使用 Power Query 完成数据获取、数据清洗和转换、数据上载，而这些内容都是用于数据建模和分析的准备工作。从本章开始，将介绍一款全新的用于数据建模和分析的工具——Power Pivot。

7.1 Power Pivot 介绍

7.1.1 认识 Power Pivot

如 1.1 节所述，Power Pivot 是 Excel 中可以用于创建复杂的数据模型和执行强大的数据分析的一个内置组件。该组件经过微软公司不断地更新，其功能已经非常强大、高效。

Power Query 从多种渠道获取数据并进行数据清洗、转换和合并后，将数据提供给 Power Pivot 进行数据建模和分析。Power Pivot 可以让更多的 Excel 用户完成以前只有 IT 工程师才能完成的多维整合分析，并且还不需要离开 Excel 环境，这是无法想象的。因此，更多的人认为 Power Pivot 不仅是 Excel 功能上的一次提升，也让智能分析不再是一部分人的"狂欢"。

Power Pivot 是 Excel 的一个重大的革命性的功能，在一定程度上补足了原始的数据透视表的诸多限制。无论是单表独立分析、多表关联分析，还是复杂的多维计算，抑或是处理数据的容量等，都是传统的数据透视表所不能比拟的。

Power Pivot 中采用了全新的数据模型的概念，因此，使用 Power Pivot 可以认为是在使用一个列式的小型数据库。而撑起整个 Power Pivot 数据模型的核心正是 DAX 语言，这是一种强大的函数式编程语言，可以通过一些简单的表达式来完成一些复杂的工作。

7.1.2 从数据透视表的不重复计算说起

在 7.1.1 节中介绍了 Power Pivot 是什么，那 Power Pivot 到底在 Excel 的什么位置呢？下面从一个简单的数据透视表的计算问题说起，介绍如何对字段进行不重复计数。

使用过 Excel 数据透视表的用户都知道，在数据透视表中是无法进行不重复计数的。但是在 Excel 2013 及以后的版本中，当插入数据透视表时，多了一个"将此数据添加到数据模型"复选框，如图 7-1 所示。

图 7-1

可能很多人会问：这个数据模型在哪里呢？为什么要将数据添加到数据模型中呢？勾选这个复选框有什么作用呢？我们分别勾选和不勾选"将此数据添加到数据模型"复选框，来观察"数据透视表字段"窗格和"值字段设置"对话框中显示内容的变化。

当不勾选"将此数据添加到数据模型"复选框时，"数据透视表字段"窗格和"值字段设置"对话框中的显示内容如图 7-2 所示。

当勾选"将此数据添加到数据模型"复选框时，"数据透视表字段"窗格和"值字段设置"对话框中的显示内容如图 7-3 所示。

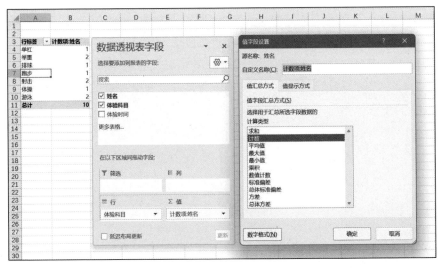

图 7-2

图 7-3

　　通过对比图 7-2 和图 7-3 中的显示内容，可以发现两方面的变化：一是"数据透视表字段"窗格的字段列表中多了一行，即"区域"；二是在"值字段设置"对话框的"计算类型"列表框中出现了"非重复计数"选项。这说明勾选"将此数据添加到数据模型"复选框后，在功能方面发生了变化，原来无法实现的计算现在可以计算了；而多出的"区域"类似于使用"Ctrl+T"组合键将数据转换为"表"的操作所生成的"表名"。

上述所谓的"数据模型"正是 Power Pivot 在起作用。那么 Power Pivot 到底在哪里呢？

7.1.3　在 Excel 中加载 Power Pivot

在介绍 Power Pivot 时，提到了 Power Pivot 是 Excel 的一款内置组件，在初次使用时，需要将该组件加载至 Excel 的选项卡中。具体的加载步骤为：首先在 Excel 中依次选择"文件"→"选项"标签，然后在弹出的"Excel 选项"对话框左侧的导航栏选择"加载项"标签，在右侧底部的"管理"下拉列表中选择"COM 加载项"选项，如图 7-4 所示。

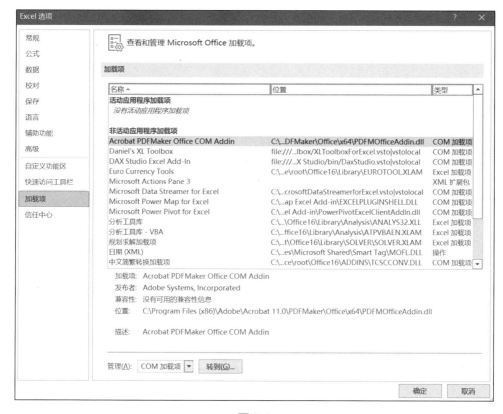

图 7-4

单击"转到"按钮，在弹出的"COM 加载项"对话框的"可用加载项"列表框中勾选"Microsoft Power Pivot for Excel"复选框，最后单击"确定"按钮，就可以将 Power Pivot 加载至 Excel 的选项卡中了，如图 7-5 所示。

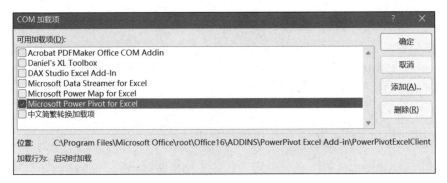

图 7-5

只有初次使用 Power Pivot 时才需要加载该功能，后期可以直接使用。需要注意的是，如果"开发工具"选项卡也没有加载，则可以先将"开发工具"选项卡设置显示出来，再加载 Power Pivot。加载完成后的"Power Pivot"选项卡如图 7-6 所示。

图 7-6

回顾 7.1.2 节中的内容，在使用数据透视表计算非重复计数时，勾选的"将此数据添加到数据模型"复选框中的"数据模型"就是这里的 Power Pivot。再看"Power Pivot"选项卡中的"添加到数据模型"按钮，正是插入数据透视表时所勾选的复选框。

7.1.4 认识 Power Pivot 的管理界面

上一节介绍了如何将 Power Pivot 加载至 Excel 的选项卡中。本节主要介绍 Power Pivot 的管理界面。

单击"Power Pivot"→"管理"按钮，即可进入 Power Pivot 的管理界面，如图 7-7 所示。

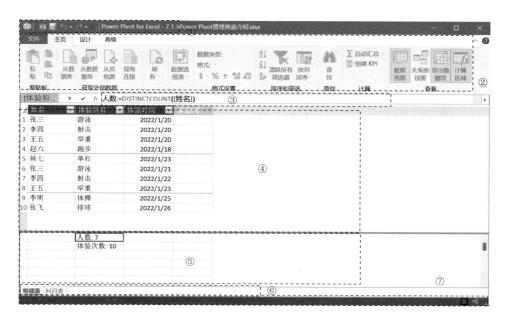

图 7-7

① 标题栏：标题栏中除了显示当前工作表的名称，最左侧还显示了一些快捷按钮。

② 功能区：功能区主要有"文件"、"主页"、"设计"和"高级"等选项卡和对应的命令按钮等。

③ 公式编辑栏：在公式编辑栏中可以编写 DAX 表达式。

④ 数据表区：数据表区是导入模型中的数据及使用 DAX 表达式新建列的区域。

⑤ DAX 表达式编辑区：主要用来存放和编辑 DAX 表达式中度量值的区域。

⑥ 数据表标签栏：单击标签可以切换多个已经被导入模型中的数据表。

⑦ 状态栏：状态栏分为左侧和右侧两部分，左侧部分用来显示当前数据表的行数等基本信息，右侧部分中的按钮可以用来在数据视图和关系图视图之间进行切换。

Power Pivot 的管理界面比较简单，通过基本的操作就能够熟练地掌握常用的一些基本功能。

7.2　Power Pivot 的数据获取方式

既然要进行数据分析，那么首先就要获取数据。Power Pivot 单独提供了一些用于获取数据的方式，但是相比于 Power Query 的数据获取能力，Power Pivot 支持的数据源的类型则比较单一。

7.2.1 从表格/区域和 Power Query 导入数据

1）从当前工作表的数据区域导入数据

首先选中当前工作表中的任意单元格（如 A1 单元格），然后单击"Power Pivot"→"添加到数据模型"按钮，可以将当前工作表中的连续数据区域添加至 Power Pivot 中，如图 7-8 所示。

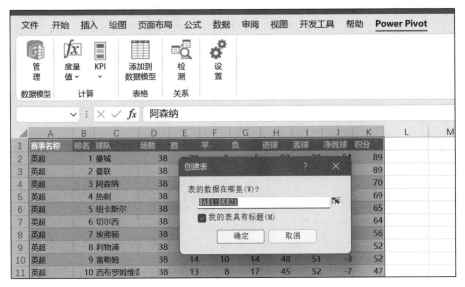

图 7-8

2）从 Power Query 导入数据

在 Power Query 编辑器的管理界面中，首先依次选择"主页"→"关闭并上载"→"关闭并上载至..."选项，然后在弹出的"导入数据"对话框中选中"仅创建连接"单选按钮，并勾选"将此数据添加到数据模型"复选框，最后单击"确定"按钮，即可将 Power Query 中的查询导入 Power Pivot 中，如图 7-9 所示。

虽然 Power Pivot 中也单独提供了用于获取数据的方式，但是 Power Pivot 支持的数据源类型较少。所以，本书建议读者在导入数据时首要考虑从 Power Query 中将查询添加至数据模型中。因为 Power Query 提供了丰富的数据清洗和转换的功能，所以经过 Power Query 处理的数据是干净整洁的，在 Power Pivot 中使用这些数据时效率会更高。

图 7-9

7.2.2　从 Excel 文件导入数据

虽然前面的章节已经介绍了在 Power Query 中如何从 Excel 文件导入数据，但是这里还是有必要再介绍一下在 Power Pivot 中如何从 Excel 文件导入数据，具体的操作步骤如下所述。

第 1 步：在 Power Pivot 中，首先单击"主页"→"从其他源"按钮，在弹出的"表导入向导"对话框中选择"Excel 文件"选项后，单击"下一步"按钮，然后选择要导入的 Excel 文件，同时勾选"使用第一行作为列标题。"复选框。需要注意的是，为了确保 Power Pivot 能够正常连接 Excel 文件，可以单击"测试连接"按钮，提示成功后可以单击"下一步"按钮来执行后面的操作，如图 7-10 所示。

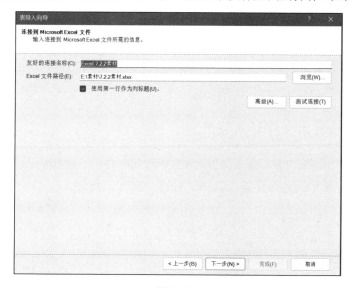

图 7-10

第 2 步：选择要导入的工作表。如果要导入的仅是工作表中的部分列和部分行数据，那么应该首先单击"预览并筛选"按钮，然后在弹出的对话框中取消勾选不需要的列，同时在不需要的字段的筛选列表中取消对应的勾选，这样就可以将不需要的记录过滤掉。这些取消勾选的列或行中的数据将不会被导入 Power Pivot 中。最后单击"完成"按钮，如图 7-11 所示。

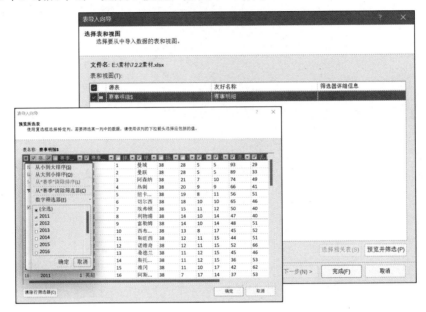

图 7-11

上述操作完成后，Power Pivot 会弹出提示告诉用户数据是否导入成功及导入的数据量。如果要导入的数据是多个 Excel 工作簿，那么可以先使用 Power Query 创建查询，再导入。

7.2.3 从文本文件导入数据

文本文件主要有 TXT 格式文件和 CSV 格式文件。下面以 CSV 格式文件为例介绍如何从文本文件导入数据，具体的操作步骤如下所述。

参照上一节中的内容，首先在弹出的"表导入向导"对话框中选择"文本文件"选项后，单击"下一步"按钮，然后选择要导入的文本文件，同时勾选"使用第一行作为列标题。"复选框，如果出现乱码，则单击"高级"按钮，将"编码"修改为"UTF-8"即可，如图 7-12 所示。

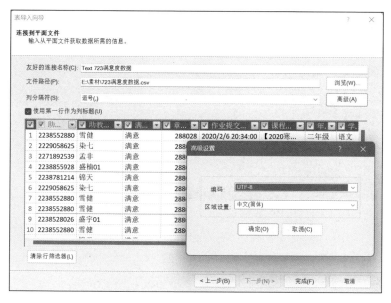

图 7-12

其他操作步骤与导入 Excel 文件中的数据时的操作步骤是一样的。

7.2.4 从剪切板导入数据

在某些情况下并不需要从其他的文件导入数据，如创建一个固定的参数表时可以选择从剪切板导入数据，方便创建一些辅助表或临时表。例如，将 PowerPoint 中的表格数据导入 Power Pivot 中，具体的操作步骤如下所述。

第 1 步：复制 PowerPoint 中的表格数据，如图 7-13 所示。

业务部5月销售明细及个人提奖				
部门	岗位	姓名	5月销售	提奖
业务1部	业务员	张三	3315	142.05
业务2部	业务员	李四	1908	59.4
业务3部	业务员	王五	839	19.17
业务1部	业务员	赵六	2867	112.02
业务2部	业务员	杨旭	1259	32.36
业务3部	业务员	马忠	2231	75.55
业务3部	业务员	赵成	1034	25.02
业务1部	业务员	罗明	470	9.4

图 7-13

第 2 步：首先在 Power Pivot 中单击"主页"→"粘贴"按钮，然后在弹出的"粘贴预览"对话框的"表名称"文本框中输入表名，并勾选"使用第一行作为列标题。"复选框，最后单击"确定"按钮，即可完成数据导入，如图 7-14 所示。

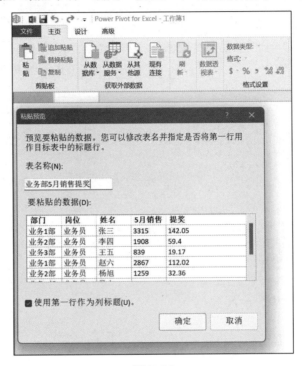

图 7-14

从剪切板导入数据时，还可以使用"替换粘贴"和"追加粘贴"，这两项设置非常灵活。但是，不建议读者使用从剪切板导入数据的功能，因为 Power Pivot 对数据的规范性要求严格，未经规范化的数据被导入 Power Pivot 中后，在分析数据时会造成很多不便。

7.2.5 从数据库导入数据

从数据库导入数据是很多分析人员频繁使用的功能。本节以 SQL Server 数据库为例，介绍在 Power Pivot 中如何从数据库导入数据，具体的操作步骤如下所述。

第 1 步：首先依次选择"主页"→"从数据库"→"SQL Server 数据库"选项，然后在弹出的"表导入向导"对话框中输入相应的数据库地址和账户信息，并在"数据库名称"下拉列表中选择需要加载的数据库，最后单击"下一步"按钮。需要注意的是，"测试连接"功能可以帮助我们检查是否连接成功，如图 7-15 所示。

图 7-15

第 2 步：根据自己的需要选择获取数据的方式。第一种方式是从表和视图的列表中进行选择，以便选择要导入的数据；第二种方式是编写用于指定要导入的数据的查询。本节以第一种方式为例，介绍如何从数据库导入数据。

第 3 步：选择要导入的表。这里需要注意两个按钮：第一个按钮是"选择相关表"，选择相关表以后，Power Pivot 可以将 SQL Server 数据库中的关系模型一并导入 Power Pivot 中；第二个按钮是"预览并筛选"，与 7.2.2 节所讲的内容一样，可以过滤多余的数据行和列字段。在本步骤中单击"选择相关表"按钮，如图 7-16 所示。

数据导入完成后，Power Pivot 会提示导入的数据表和数据的行数。

如果在第 3 步中单击"选择相关表"按钮后，在 Power Pivot 管理界面的"主页"选项卡中单击"关系图视图"按钮，则可以看到已经将 SQL Server 数据库中的关系模型与选择导入的表的相关表一并进行了导入，并且关系图视图也已建立。

图 7-16

7.3 认识数据分析表达式 DAX

7.3.1 常用的 DAX 函数类型

在 Power Pivot 中使用的 DAX 函数通常有以下几类。

- 聚合函数：这类函数通常情况下返回一个值。例如，求和、最大值、最小值、计数和平均值等，对应的常用函数为 SUM、MAX、MIN、COUNTROWS 和 AVERAGE 等函数。
- 日期和时间函数：这类函数主要用于日期和时间相关问题的计算，如 YEAR、MONTH 和 DAY 等函数。
- 逻辑函数：这类函数主要用于进行逻辑运算或条件运算，如 IF、IFERROR、AND、OR、NOT、SWITCH、TRUE 和 FALSE 等函数。

- 信息函数：这类函数主要用于判断某个值的类型，如 ISBLANK、ISERROR、ISLOGICAL、ISNUMBER 和 ISTEXT 等函数。
- 文本函数：这类函数主要用于文本的运算，如 FIND、SEARCH、CONCATENATE、LEFT、MID、RIGHT 和 REPLACE 等函数。
- 筛选器函数：这类函数主要通过使用表和关系操作上下文来进行计算，是 DAX 函数中比较复杂且功能强大的函数类型之一，如 ALL、ALLSECETED、CALCULATE、KEEPFILTERS 和 FILTER 等函数。
- 关系函数：这类函数主要用于管理和使用模型中的关系，如 RELATED、RELATEDTABLE、USERELATIONSHIP 和 CROSSFILTER 等函数。
- 表操作函数：这类函数主要用于返回一个表或操作现有的表，如 FILTER、AACOLUNNS、SELECTCOLUMNS、SUMMARIZE 和 NUION 等函数。
- 日期智能函数：这类函数通过使用日期表（包括日、月、季度和年）对数据进行操作，然后生成和比较这些时段的计算（如常用的同比、环比和累计至今等相关的时间类计算），如 DATEADD、DATESMTD、DATESQTD 和 SAMEPERIODLASTYEAR 等函数。在有些书籍和资料中，该函数通常也被叫作时间智能函数，但是严格地说，智能只用在了日期（日、月、季度和年）上，并没有相关的时间（时、分、秒）智能。

除了上述常用的一些函数类型，还有财务函数、统计函数、数学和三角函数等。

如上所述，DAX 函数中有一部分函数与 Excel 工作表函数是一模一样的。事实上，这部分函数的功能和语法基本上也与 Excel 工作表函数相似或一致。但是还有一部分是完全不一样的。有的函数是一个表函数，其返回的结果是一个表，那么对应的表达式也叫表表达式；而有些函数返回的结果是一个单值，也叫标量值，那么对应的表达式也叫标量表达式。

读者在学习 DAX 函数时，可以将 Excel 工作表函数的功能和语法等知识进行迁移。但是，请将学习 Excel 的思维方式和一切经验清除，尤其是学习 Excel 工作表函数的经验，更不能将其应用到 DAX 函数的学习中，否则，读者将在理解 DAX 表达式的过程中遇到很多困扰。

7.3.2 DAX 中的数据类型与运算符

1）DAX 中的数据类型

DAX 中的数据类型有文本、数值、日期（日期时间）、货币和 TRUE/FALSE 等类型。

每个 DAX 函数对输入和输出的数据类型都有特定的要求。如果 DAX 表达式报错，而 DAX 表达式本身没有问题，那么此时应该检查引用的字段或度量值的数据类型。

如果指定为参数的列中数据的数据类型与函数所需的数据类型不兼容，那么在许多情况下 DAX 将返回错误。但是，只要有可能，DAX 将尝试把数据的数据类型隐式地转换为所需的数据类型。例如：

- 将日期以文本字符串的形式（如"2021-1-27"）写入 DAX 表达式，DAX 将分析该字符串，并尝试将其格式转换为 Windows 日期和时间格式之一，结果可能为"2021-1-27"。
- DAX 表达式"TRUE + 1"将得到结果"2"，因为 TRUE 将被转换为数字"1"，并执行运算"1+1"。
- 如果将两列中的值相加，并且一个值表示为文本（如"12"），另一个值表示为数字（如 12），那么 DAX 会先将文本字符串转换为数字，然后对数字结果执行加法。因此，表达式"= '12' + 12"返回的结果为"24"。
- 如果尝试连接两个数字，那么 Excel 会先将它们显示为文本字符串，然后进行连接。因此，表达式"= 12 & 34"返回的结果为"1234"。

2）DAX 中的运算符

DAX 中常见的运算符如表 7-1 所示。

表 7-1

类　　型	运　算　符	含　　义	示　　例
算术运算符	+　·	加法	3+3
	−	减法或负号	3−1 或 −1
	*	乘法	3*3
	/	除法	3/3
	^	求幂	16^4

续表

类　型	运 算 符	含　义	示　例
比较运算符	=	等于	[城市] = "北京"
	==	严格等于	[城市] == "北京"
	>	大于	[销售日期] > "2021-1-27"
	<	小于	[销售日期] < "2021-1-27"
	>=	大于或等于	[金额] >= 20000
	<=	小于或等于	[单价] <= 100
	<>	不等于	[城市] <> "北京"
文本运算符	&	连接字符	[Region] & ", " & [City]
逻辑运算符	&&	与	([城市] = "北京") &&([等级] = "A"))
	||	或	([城市] = "北京") ||([等级] = "A"))
	IN	包含	'产品表'[颜色] IN { "红", "黄", "绿" }

Excel 用户都知道 AND 函数表示"与"的关系，但是该函数只能支持两个参数。示例如下：

```
AND([区域] = "A 区", [城市] = "北京")
```

上述示例也可以使用逻辑运算符，示例如下：

```
[区域] = "A 区" && [城市] = "北京"
```

如果判断的条件变成 3 个，那么使用逻辑运算符是最佳选择。示例如下：

```
[区域] = "A 区" && [城市] = "北京" && [品牌] = "EXA"
```

同样地，"或"也是一样的用法。

7.3.3　创建 DAX 表达式时表和列的引用方式

Power Pivot 类似于一个列式数据库，因此，对于 Power Pivot 中表的操作的最小单位就是列。所以，DAX 中的引用方式主要有两种：一种是列引用，另一种是表引用。例如，"产品表"中"品牌"列的引用格式为：

```
'产品表'[品牌名称]
```

单引号中的名称是表名，中括号中的名称是列名。如果表达式中的列在当前表中，那么前面的表名是可以省略的。示例如下：

```
[品牌名称]
```

在引用表时，直接将表名放在单引号中即可。

虽然 DAX 在引用表名或列名时看似复杂，但是 Power Pivot 也提供了智能感知功能。当在公式中输入一个单引号"'"时，Power Pivot 会弹出所有的表名及表名和列名；同样地，当在公式中输入一个"["时，Power Pivot 会弹出选择的表所对应的所有的列名及度量值（后面章节中会讲到度量值）。除此之外，在输入"'"或"["后，当输入对应的表名或列名的一部分时，Power Pivot 会自动弹出与当前输入对应的表名或列名，如图 7-17 所示。

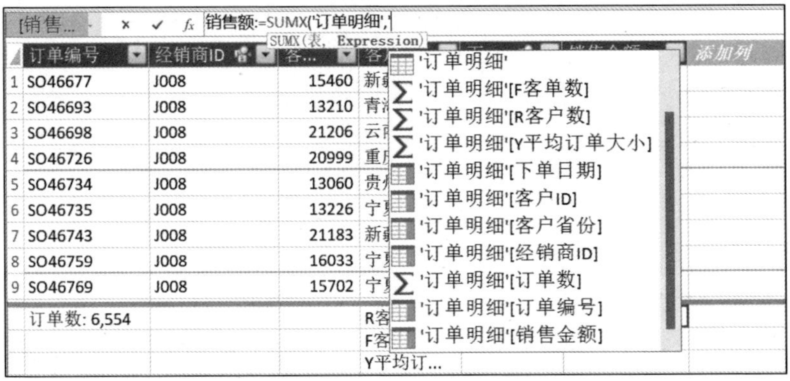

图 7-17

尽管在同一个表中引用列时可以省略表名，但是建议读者在写 DAX 表达式时将表名和列名写全，无论是在当前表还是其他表中。因为如果省略表名或列名，则可能会与后面章节中介绍的度量值的写法发生混淆。

第 8 章

Power Pivot 和 DAX 基础知识

本章主要介绍 Power Pivot 的基本操作、DAX 的基础知识、数据模型，以及 DAX 中最重要的上下文等概念。通过学习这些知识，读者将逐步领会 Power Pivot 是如何突破传统数据透视表的限制，让数据透视表更加 "Power" 的。

8.1 理解计算列与度量值

计算列和度量值是 DAX 中两个非常重要的内容。如果说 DAX 的核心是以 DAX 表达式来驱动数据模型，那么计算列和度量值就是学习 DAX 的重中之重。

8.1.1 依附于数据表的计算列

顾名思义，计算列就是在表中添加一个新列。计算列不是通过数据导入得到的，而是通过 DAX 表达式来创建的。例如，如果想要在 Power Pivot 的表中添加一个关于计算销售金额的列，则可以选择以下两种方法。

方法 1：选择要添加新列的表，单击 "设计" → "添加" 按钮，Power Pivot 会自动跳转到该表的最后一列，鼠标光标会自动移到公式编辑栏中，此时只需要输入对应的计算公式即可，如图 8-1 所示。

```
='明细'[单价]*'明细'[数量]
```

图 8-1

方法 2：参照图 8-1 所示的内容，选择要添加新列的表，在最后一列显示"添加列"的单元格或公式编辑栏中输入对应的计算公式。

方法 1 和方法 2 都可以创建同样的计算列，但是方法 2 更加便捷、高效。两种方法都生成了一个名称为"计算列 1"的列，在默认情况下，计算列的列号将以"计算列+序号"的方式显示，如果想要更改列名，那么只需双击列名即可修改。

除了在最后一列的位置添加列，通常情况下还可以在表的任意列的位置插入计算列，方法是：选择要插入计算列的位置并右击，在弹出的快捷菜单中选择"插入"命令后，开始输入对应的计算公式。

在 Power Pivot 中，计算列必须以等号"="开头，结果是当前表中的一列。计算列和表中的其他列一样，都可以在数据透视表或度量值中使用。计算列是以列为单位的计算公式，不能像 Excel 一样单独访问某一个单元格或表中的其他行，并且也不能直接引用其他表中的列。当读者学习计值上下文和表间关系的内容之后，就可以解决跨行引用的问题了。

添加的计算列只能依附于当前的表，其不像度量值那样可以放在任意表中而结果不受影响。所以，计算列只有在表刷新时进行计算，占用的是数据模型的计算时间，而不是查询的时间，计算列消耗的是计算机有限的内存。这一点对于优化我们编写的 DAX 表达式有着十分重要的作用。

8.1.2 能适应各种环境的度量值

DAX 常用的计算公式有两类：一类是依附于表的计算列（8.1.1 节中已经介绍过）；另一类就是度量值（有些版本中也叫作"计算字段"）。度量值是 DAX 中一种重要的计算公式，基本上绝大部分公式都是用度量值来编写的。

当我们逐行计算数据时，计算列会非常有效；而当我们需要将一列进行聚合计算时，则度量值将变得有效。度量值通常使用聚合函数计算生成一个标量值。

以计算平均单价为例，通常可以通过以下几种方法创建度量值。

1）使用快捷方式创建度量值

操作步骤为：首先在"单价"列下的度量值编辑区中选择一个单元格，然后依次选择"主页"→"自动汇总"→"平均值"选项，在度量值编辑区中会出现计算结果，显示为"单价的平均值:13.16"，如图 8-2 所示。

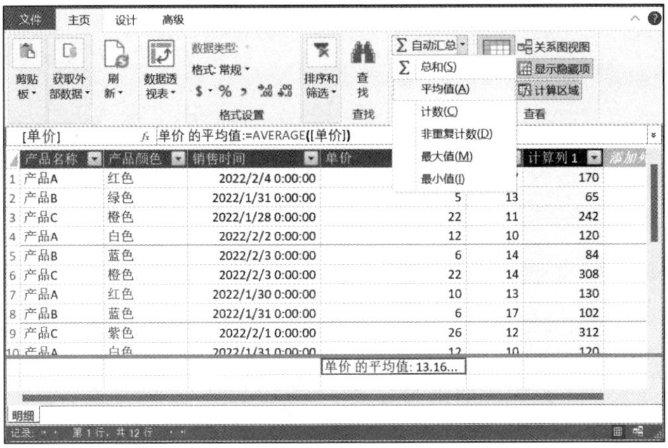

图 8-2

观察对应的公式编辑栏，生成的度量值的公式如下：

```
单价的平均值:=AVERAGE([单价])
```

综上所述，度量值的书写方式为"名称:=计算公式"。

前面讲过，度量值不受其所在位置的影响。也就是说，即使我们把这个度量值写在其他的表中，其仍然能够计算出正确的结果。所以，度量值不属于任何表。

2）直接在 Power Pivot 中编写度量值

"自动汇总"功能只能快捷地创建一些常见的聚合计算的度量值。而对于复杂的度量值，则可以直接在 Power Pivot 的公式编辑栏中或度量值编辑区中创建。

操作步骤为：首先选择度量值编辑区中的任意单元格，然后开始在公式编辑栏中输入公式，如图 8-3 所示。

```
平均单价:=AVERAGE('明细'[单价])
```

图 8-3

如果直接以等号 "=" 开头输入公式，那么 Power Pivot 会自动为度量值取一个名字 "度量值 1"，后面添加的度量值将依次进行编号。

3）在 Excel 界面中创建度量值

在 Excel 界面中，不进入 Power Pivot 的管理界面也能编写度量值。操作步骤为：首先在 Excel 中依次选择 "Power Pivot" → "度量值" → "新建度量值" 选项，然后在弹出的 "管理度量值" 对话框中单击 "新建" 按钮，在弹出的 "度量值" 对话框中选择要存放度量值的表，并输入度量值的名称，接着在 "公式" 文本框中输入公式，单击 "检查公式" 按钮，检查编写的公式是否合适，最后单击 "确定" 按钮，即可完成度量值的创建，如图 8-4 所示。

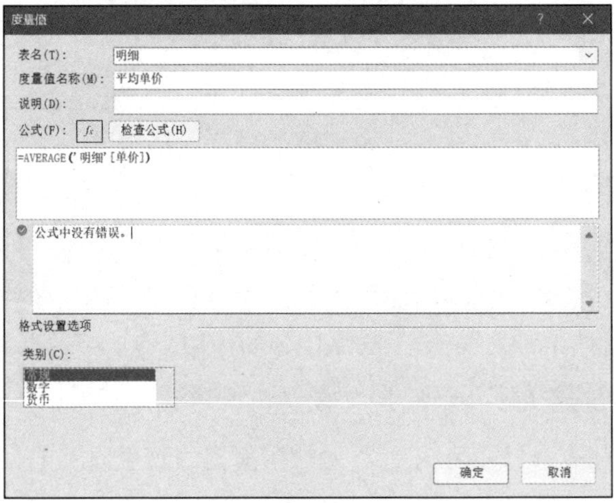

图 8-4

度量值的计算结果是一个标量值，也就是一个单值，该结果是具有数据类型和格式的。想要为度量值设置格式，可以直接在 Power Pivot 中选中对应的度量值，然后在"主页"选项卡中选择对应的格式，或者右击对应的度量值，在弹出的快捷菜单中选择"格式"命令进行设置。如果是在 Excel 界面中，则可以在创建度量值时的"度量值"对话框的"格式设置选项"区域中设置对应的格式。

既然度量值的计算结果只有一个值，那么到底怎么用呢？

8.1.3　度量值与数据透视表的计算字段

既然 Power Pivot 中度量值的计算结果是以数据透视表的方式来呈现的，那么，在数据透视表中使用度量值和数据透视表字段计算的"平均单价"有什么不同呢？

在 Power Pivot 中，依次选择"主页"→"数据透视表"→"数据透视表"选项，Power Pivot 会自动创建数据透视表，选择新建工作表。数据透视表的一个值字段使用创建的计算平均单价的度量值，另外一个值是将"明细"表中的"单价"字段拖放至数据透视表的值中，计算方式为求平均值，如图 8-5 所示。

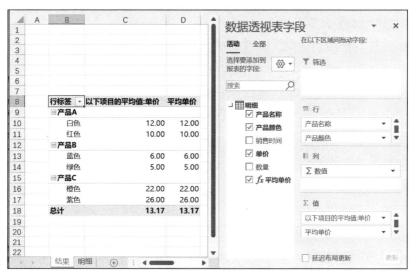

图 8-5

通过观察可以发现，这两种方式在计算结果上并没有什么不同。唯一的区别在于列标题，度量值名称是已经定义好的，而通过字段计算的列的标题还需要手动修改。

再次将界面切换至 Power Pivot 中。先单击"高级"→"显示隐式度量值"按钮，再观察度量值编辑区，会发现多出了一个度量值，在其右侧有一个双向箭头，当将鼠标指针放在该双向箭头上面时会出现提示信息，如图 8-6 所示。

图 8-6

从提示信息可以得知，通过 Power Pivot 中的数据模型创建的非度量值计算（传统数据透视表值计算方式），Power Pivot 会自动创建一个对应的度量值，该度量值的名称只能在数据透视表结果中修改，不能在 Power Pivot 或度量值中修改，这是不被允许的。所以，这一点也证明了 7.1.2 节中在创建数据透视表时勾选了"将此数据添加到数据模型"复选框后可以计算不重复计数，其原理就是数据被添加到了 Power Pivot 中，Power Pivot 为其创建了一个隐式计算不重复计数的度量值。

既然在常规的数据透视表中也能进行聚合计算，那么为什么还要使用 Power Pivot 编写度量值呢？

- 一是传统的数据透视表无法完成复杂的计算。例如，在数据透视表中无法进行条件计算等。
- 二是传统的数据透视表只能完成单表计算，无法完成多表关系计算和分析。
- 三是传统的数据透视表过分依赖于 Excel 工作表，Excel 工作表只能容纳 100 万行左右的数据，当数据量较大时，传统的数据透视表就会显得力不从心，而 Power Pivot 可以容纳更多的数据，进行更快的计算工作。

- 四是传统的数据透视表的计算字段命名只能在计算完成后进行修改，
  比较麻烦。

所以，Power Pivot 在一定程度上扩展了数据透视表自身的限制和 Excel 本身的存储限制，提供了一种高效的分析工具。

8.1.4　如何选择度量值与计算列

通过对前三节内容的学习，我们已经知道了什么是计算列和度量值，以及创建这两者的方法。既然这两者都能执行计算，那么在使用时如何选择呢？根据不同的计算需要，选择合适的计算方式。

以下几种情况建议使用计算列。

- 当对表中每一行的值分类时可以使用计算列。例如，身高分段、年龄分段计算等。
- 当计算结果是数据透视表中的行标签、列标签、筛选标签或切片器时使用计算列。
- 当定义一个与当前行严格绑定的表达式时使用计算列。例如，要计算"单价*数量"的平均值时，无法使用度量值。
- 其他需要使用计算列的情形。

当计算的值必须为数据透视表中的一个字段时，就应当使用度量值，如销售金额、平均单价等。在 8.1.1 节中介绍计算列时曾讲过，计算列是在表刷新时进行计算的，消耗的是计算机有限的内存。所以，在数据量较大的情况下，尽可能地使用度量值，这样可以提高计算的效率。当使用度量值和计算列都能解决时，请优先选择度量值。

8.1.5　管理度量值

本节主要介绍如何管理度量值。例如，如何命名度量值，如何修改度量值，如何删除度量值等。

1）命名度量值

在命名度量值时，度量值的名称可以是中文，也可以是英文，但是不能与当前数据模型中表的列名相同，也不能和已经创建的度量值的名称一样。在 Power Pivot 中这些都是不被允许的，否则 Power Pivot 会以错误信息的方式进行提示。

如果要修改已有的度量值的名称，则可以在 Power Pivot 中选择要修改的度量值，然后直接在公式编辑栏中修改，也可以切换至 Excel 界面，依次选择 "Power Pivot" → "度量值" → "新建度量值" 选项，在弹出的 "管理度量值" 对话框中单击 "编辑" 按钮来修改。

如果重命名的度量值已经被其他的计算列或度量值引用，则其他已引用该度量值的 DAX 表达式依然能够正常运行。Power Pivot 会把已重命名的度量值的新名称进行统一更新。

2）修改度量值

想要修改度量值，除了可以在 Power Pivot 的管理界面和 Excel 的 "Power Pivot" 选项卡中进行修改，还可以在 "数据透视表字段" 窗格的字段列表中找到对应的度量值并右击，在弹出的快捷菜单中选择 "编辑度量值" 命令进行修改，如图 8-7 所示。

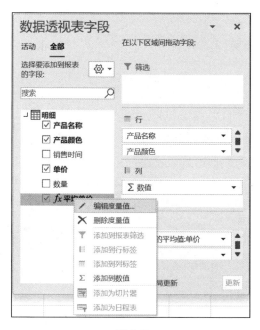

图 8-7

3）删除度量值

想要删除度量值，除了可以在 Power Pivot 的管理界面和 Excel 的 "Power Pivot" 选项卡中进行删除，还可以在 "数据透视表字段" 窗格的字段列表中找到对应的度量值并右击，在弹出的快捷菜单中选择 "删除度量值" 命令进行删除。这 3 种删除度量值的方法都会将度量值从数据模型中永久删除。

8.2 数据模型与表间关系

Power Pivot 的数据模型的优势在于多个表的关联计算，而非单个表。本节主要介绍 Power Pivot 多表关联的数据模型。

8.2.1 理解 Power Pivot 的数据模型

Excel 2013 中已经引入了数据模型的概念。那么什么是数据模型呢？我们可以将一个表或一个数据区域添加至数据模型中，虽然这个表或数据区域比较单一，但是它确实是一个数据模型。我们可以对这个数据模型进行各种维度的分析。但是这个数据模型有一个很大的缺点，即如果数据是从 Excel 文件中导入的，那么只能导入 100 多万行，并且一个工作表中的数据在通常情况下不会包含分析所需要的全部数据。在这种情况下，我们不得不寻找一种新的方法。幸运的是，Excel 的数据模型通过关系可以将多个表关联起来，这使得用户拥有创造更强大的数据模型的能力。

那么到底什么是数据模型呢？数据模型是通过关系连接起来的一组表。单表也是一种特殊的数据模型。

我们在 Power Pivot 中通过关系建立一个数据模型，如图 8-8 所示。读者暂时不用考虑这个数据模型是怎么建立的（8.2.2 节中将会详细讲解具体的建立过程和方法）。通过认识这个数据模型，读者将会对 Power Pivot 中的数据模型有更深刻的认识和理解。

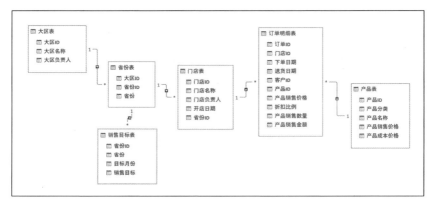

图 8-8

"大区表"中的"大区 ID"这一列,每一行都有一个唯一的标识来区别于其他行的值。同样可以区分的还有"省份表"中的"省份 ID"、"门店表"中的"门店 ID"及"产品表"中的"产品 ID"。

通过观察可以发现,"订单明细表"和"销售目标表"都是数据源表,即能表示业务实际发生状况的数据,我们可以将其称为源表或事实表,其他的表都是一些表示维度的表,我们可以将其称为维度表。

在 Excel 工作表中,如果我们想在"省份表"中将"大区表"中的"大区负责人"这一列引用过来,因为这两个表中都有"大区 ID"字段,所以使用 VLOOKUP 函数就可以完成。在 Power Pivot 中,我们可以通过关系来完成类似的查找匹配。

表之间的连接线表示两个表已经建立了关系,连接线的两端分别有一个数字(1)和符号(*)来标识关系的一端和多端。例如,"大区表"和"省份表",前者是关系的一端,后者是关系的多端;中间的箭头表示筛选器传递的方向,也就是说,"大区表"可以筛选"省份表",同时"大区表"也可以筛选"订单明细表"。不管"大区表"和"订单明细表"中间隔了多少个表,只要存在关系,就可以使用一端的表筛选多端的表。

两个表之间能建立关系的前提是两个表之间必须存在相同属性的字段。例如,"大区表"和"省份表"中都有字段"大区 ID",并且"大区表"中的"大区 ID"列里不能存在相同的值,也就是必须都是不重复的值,还需要满足"大区表"中的"大区 ID"列里的元素至少要包含"省份表"中的"大区 ID"列里的所有元素。

当然,表间关系不仅有上述的一对多的关系,还有一对一、多对多及不存在关系的情况。在本书中,我们重点讨论一对多的关系的数据模型问题。

8.2.2 多表操作时表间关系的建立和管理

上一节内容介绍了 Power Pivot 的数据模型。在一般情况下,数据模型是通过关系连接的一组表。那么如何在 Power Pivot 中建立表间关系呢?

首先需要将要建立关系的表导入 Power Pivot 中,然后切换至关系图视图下,可以单击"主页"→"关系图视图"按钮(或者在状态栏中单击"关系图"按钮)来创建关系,这只是最直接的一种方法。

1）创建表间关系

方法 1：手动创建关系。在关系图视图下，选择要建立关系的表中的字段，按住鼠标左键拖动至关联表中的对应的字段上，Power Pivot 会自动识别并建立关系，如图 8-9 所示。

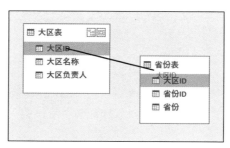

图 8-9

方法 2：使用向导创建关系。在关系图视图下，首先选择一个表并右击，然后在弹出的快捷菜单中选择"创建关系"命令（或者首先选择要创建关系的表，然后单击"设计"→"创建关系"按钮），在弹出的"创建关系"对话框中选择相互关联的表和列，最后单击"确定"按钮，如图 8-10 所示。

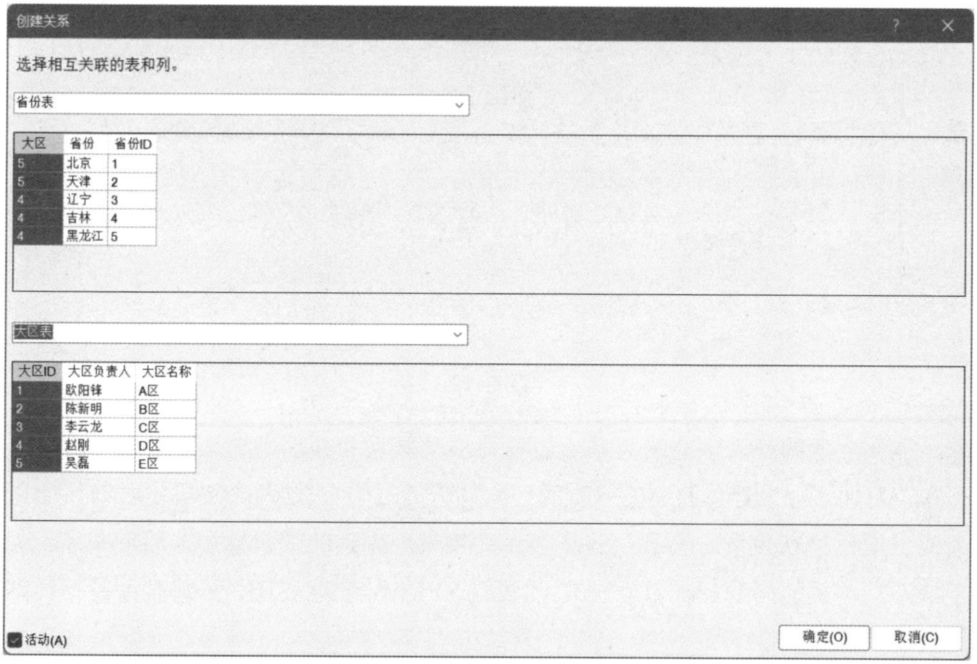

图 8-10

2）管理表间关系

方法 1：想要编辑或删除表间关系，可以在关系图视图下选择表间连接线并右击，在弹出的快捷菜单中选择"编辑关系"命令或"删除"命令来管理表间关系，如图 8-11 所示。

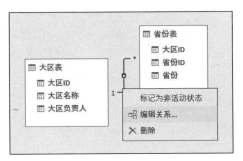

图 8-11

方法 2：单击"设计"→"管理关系"按钮，在弹出的"管理关系"对话框中，可以很清楚地看到已经建立的关系，尤其是"筛选器方向"，这将有助于新用户快速了解关系的筛选方向，如图 8-12 所示。

活动	表 1	基数	筛选器方向	表 2
是	订单明细表 [产品ID]	多对一 (*:1)	<< 对 订单明细表	产品表 [产品ID]
是	订单明细表 [门店ID]	多对一 (*:1)	<< 对 订单明细表	门店表 [门店ID]
是	门店表 [省份ID]	多对一 (*:1)	<< 对 门店表	省份表 [省份ID]
是	省份表 [大区ID]	多对一 (*:1)	<< 对 省份表	大区表 [大区ID]
是	销售目标表 [省份ID]	多对一 (*:1)	<< 对 销售目标表	省份表 [省份ID]

图 8-12

需要注意的是，创建的关系一般分为活动关系和非活动关系。对非活动关系而言，例如，一个订单有"下单时间"和"送货时间"，这两个字段同时与日期表中的日期列建立关系，Power Pivot 会自动将最后创建的关系标为非活动关系。关于非活动关系的问题，在 8.5.3 节中介绍 USERELATIONSHIP 函数时会进行详细的讲解。

8.2.3 表、列和度量值的隐藏

1）隐藏表

在建立数据模型时会引入一些辅助的表，当我们不想将这些表在数据透视表的字段列表中显示时，可以将其隐藏。操作方法为：如果在数据视图下，则选择要隐藏的表的标签并右击，在弹出的快捷菜单中选择"从客户端工具中隐藏"命令即可；如果在关系图视图下，则选择表后右击，在弹出的快捷菜单中选择"从客户端工具中隐藏"命令即可。

将表隐藏后，在数据视图下，表的标签颜色会变灰，在关系图视图下，整个表的列表框都会变灰。隐藏后的表并不影响正常的操作和运算。

2）隐藏列

除了整个表可以隐藏，单个表中的列也可以隐藏，隐藏后的列不影响正常的操作，只是无论是在数据视图下还是在关系图视图下，列的颜色都会变灰，在数据透视表的字段列表中将不再显示该列。操作方法为：如果在数据视图下，则首先选择要隐藏的列并右击，然后在弹出的快捷菜单中选择"从客户端工具中隐藏"命令即可；如果在关系图视图下，则首先选择要隐藏的列并右击，然后在弹出的快捷菜单中选择"从客户端工具中隐藏"命令即可。

3）隐藏度量值

在度量值编辑区域中选择对应的度量值后右击,在弹出的快捷菜单中选择"从客户端工具中隐藏"命令即可隐藏度量值。此时，度量值将不会出现在数据透视表的字段列表中，但是能正常参与计算。

在默认情况下，建立的度量值、KPI 和层次结构都会在关系图视图下的表中的字段列表中显示出来。在字段比较多的情况下，可以将辅助性质的度量值隐藏，不显示在关系图视图下的表中的字段列表中。操作方法为：切换至关系图视图，在状态栏中单击"显示类别"按钮，在弹出的列表中将不需要显示的类别取消勾选即可。这不影响取消显示的度量值等在数据透视表中正常显示，如图 8-13 所示。

图 8-13

8.2.4　LOOKUPVALUE 函数介绍

Excel 工作表函数中有一个函数非常重要——VLOOKUP 函数，该函数可以从另外一个表中查询匹配相关的结果。

在 Power Pivot 中，VLOOKUP 函数的功能被表间关系所代替，也就是说，多表之间以前通过 VLOOKUP 函数完成的查询匹配，现在用关系就可以完成。但不巧的是，在 Power Pivot 中也有一个同样的函数，在没有建立关系的情况下也能实现类似于 VLOOKUP 函数的功能。这个函数就是 LOOKUPVALUE 函数，该函数的语法格式如下：

```
LOOKUPVALUE(结果所在列, 结果表中的匹配列, 当前表中的匹配列, ...)
```

来看一个例子，例如，"产品表"和"订单明细表"之间没有建立关系，在"订单明细表"中查找匹配"产品表"中的"产品分类"。新建一个计算列，输入对应的公式，如图 8-14 所示。

```
= LOOKUPVALUE('产品表'[产品分类],'产品表'[产品 ID],'订单明细表'[产品 ID])
```

	产品ID	产品销售价格	折扣比例	产品销售数量	产品销售金额	产品分类	添加列
1	SKU_000...	69	1	3	207	四类	
2	SKU_000...	69	1	3	207	四类	
3	SKU_000...	69	1	3	207	四类	
4	SKU_000...	69	1	3	207	四类	
5	SKU_000...	69	1	3	207	四类	
6	SKU_000...	69	1	3	207	四类	
7	SKU_000...	69	1	3	207	四类	

产品表　大区表　门店表　销售目标表　省份表　订单明细表

图 8-14

如果未匹配到值，就会返回空值。

一般来说，数据模型之间如果存在表间关系，就可以通过表间关系方便地进行筛选和计算。类似于本节中的这种查询匹配，在已经建立表间关系的情况下使用 RELATED 函数和 RELATEDTABLE 函数来完成会更加简单、灵活。

8.2.5　RELATED 函数与 RELATEDTABLE 函数介绍

　　在存在表间关系的数据模型中，RELATED 函数用于多端表查找一端表中的数据，返回单个值；而 RELATEDTABLE 函数通常用于一端表查找多端表中的数据，返回一个表，因此无法在一个单元格中显示。所以，RELATEDTABLE 函数需要与聚合函数一起配合使用，否则会报错。这两个函数的语法格式分别如下：

```
RELATED(结果所在表的列名)
RELATEDTABLE(结果所在表的表名 )
```

　　如果未匹配到结果，就会返回空值。下面通过实际的例子来理解一下这两个函数。

　　在"订单明细表"中新建一个计算列，匹配当前的订单是哪个省份产生的，如图 8-15 所示。

```
=RELATED('省份表'[省份])
```

图 8-15

　　使用 RELATED 函数的前提是两个表之间是存在关系的，如果关系不存在了或关系被改变了，那么 RELATED 函数返回的结果也就会随之报错。

　　在"省份表"中计算每个省份的平均折扣，如图 8-16 所示。

```
=RELATEDTABLE('订单明细表')
```

　　当直接在计算列中输入上述公式时，返回结果为"错误号"，提示为"该表达式引用多列。多列不能转换为标量值。"。也就是说，计算列中的每一个单元格里的值是一个标量值，即单独一个值，而 RELATEDTABLE 函数返回的结果是

一个表，所以报错提示。

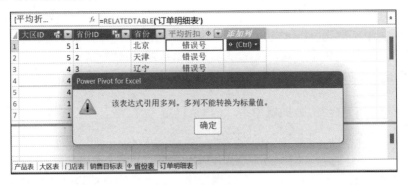

图 8-16

因为要计算平均折扣，所以，我们对返回的表的"折扣比例"求平均值即可。可以使用 AVERAGEX 函数来完成（关于这类函数，在后面的章节中会进行详细的介绍），如图 8-17 所示。

```
=AVERAGEX(RELATEDTABLE('订单明细表'),'订单明细表'[折扣比例])
```

图 8-17

通过上述示例，相信读者已经被表间关系的强大功能所震撼，"省份表"与"订单明细表"之间没有直接的关系，但是这两个表之间有一个"门店表"，所以"省份表"与"订单明细表"之间也产生了关系，即"门店表"与"订单明细表"之间有共同的关系字段"门店 ID"来连接，而"省份表"与"门店表"之间有共同的关系字段"省份 ID"来连接。关系的指向表示筛选方向，是从一端到多端，不管中间有多少个表，直到关系能指向的最后一个表，所以才能使用 RELATEDTABLE 函数在"省份表"中计算"订单明细表"中的平均折扣。

结合图 8-8 中已经建立的关系来理解 RELATED 函数和 RELATEDTABLE 函数，印象会更加深刻。

8.3 DAX 的基础函数

通过对前面章节内容的学习，相信读者已经对 DAX 的基础知识有了一个初步认识。本节主要介绍 DAX 的一些常用的基础函数，以帮助读者更好地理解和使用 DAX。

8.3.1　以 SUMX 为代表的结尾带有 X 的聚合函数

学习 SUMX 函数之前，先来看两个简单的聚合计算。例如，要计算产品销售总金额和平均折扣比例时，度量值可以分别写为：

```
产品销售总金额: = SUM('订单明细表'[产品销售金额])
平均折扣比例: = AVERAGE('订单明细表'[折扣比例])
```

这是两个简单的度量值，SUM 和 AVERAGE 函数是两个常用的聚合函数。但是如果我们要计算每个省份的产品销售折扣总金额，则度量值可以写为：

```
产品销售折扣总金额:
= SUM('订单明细表'[产品销售价格] * (1 - '订单明细表'[折扣比例]) * '订单明细表'[产品销售数量])
```

看起来，上述公式的数学计算思路是没有问题的，但是它的确是一个错误的表达式，该度量值不能正确地返回要计算的结果，会有错误提示。有两种方法可以来计算各个省份的产品销售折扣总金额。

一种方法是使用计算列。首先在"订单明细表"中新建一个计算列，计算每一行的产品销售折扣金额，公式如下：

```
= '订单明细表'[产品销售价格] * (1-'订单明细表'[折扣比例]) * '订单明细表'[产品销售数量]
```

然后我们再编写一个计算产品销售折扣总金额的度量值：

```
产品销售折扣总金额 sum: = SUM('订单明细表'[产品销售折扣金额])
```

但是有一个问题，前面在介绍计算列时讲过，计算列消耗的是计算机有限的内存，如果数据量很大，那么无疑是一个不理想的方法。

另一种方法是使用 SUMX 函数。SUMX 函数和 SUM 函数一样，都是求和函数。SUMX 函数的语法格式如下：

```
SUMX(表, 表达式)
```

该函数的第一个参数可以是一个表，也可以是一个表达式生成的表；第二个参数是要计算值的列或表达式。

对于计算单列的合计,以下两个计算产品销售总金额的度量值在结果上并没有什么区别:

```
产品销售总金额: = SUM('订单明细表'[产品销售金额])
产品销售总金额: = SUMX('订单明细表', '订单明细表'[产品销售金额])
```

而要计算产品销售折扣总金额,使用 SUMX 函数可以一次性解决。度量值如下:

```
产品销售折扣总金额 sumx: =
SUMX(
    '订单明细表',
    '订单明细表'[产品销售价格] * (1 - '订单明细表'[折扣比例]) * '订单明细表'[产品销售数量])
```

将使用这两种方法计算的结果放置于数据透视表中,会发现结果是一样的,如图 8-18 所示。

图 8-18

为什么 SUMX 函数能这样计算呢?因为 SUMX 函数首先会逐行计算折扣金额,然后将它们加起来。

通过学习 SUMX 函数的计算方法,读者可能已经理解了什么是迭代函数。迭代函数首先会迭代(也可以理解为遍历)整个表,并对表的每一行进行计算,然后聚合结果生成单个值。例如,SUMX、AVERAGEX、MAXX 和 MINX 等函数都是"聚合函数 + X"形式的迭代函数。

除此之外，FILTER 函数也是一个迭代函数，只不过该函数不同于"聚合函数 +X"形式的迭代函数。

8.3.2　筛选函数 FILTER 和逻辑运算符

"聚合函数+X"形式的迭代函数会返回一个单值，而不同于这种形式的另外一种形式的迭代函数则会返回一个表。例如，FILTER 函数就是一个返回表的迭代函数。该函数获取一个表并返回一个与原始表具有相同列的表，逐行应用筛选条件，返回满足条件的所有行。FILTER 函数的语法格式如下：

```
FILTER(表，筛选条件)
```

由于 FILTER 函数返回的结果是一个表，因此下面的例子我们结合聚合函数来介绍 FILTER 函数。

例如，分别计算订单中一类产品的销售金额和"折扣比例"大于 0.6 的产品销售金额，度量值可以分别写为：

```
一类产品销售金额：= SUMX(FILTER('订单明细表', RELATED('产品表'[产品分类])="
一类"), '订单明细表'[产品销售金额])
折扣大于0.6的产品销售金额：= SUMX(FILTER('订单明细表', '订单明细表'[折扣比
例] >= 0.6), '订单明细表'[产品销售金额])
```

在"一类产品销售金额"这个度量值中使用了 RELATED 函数。因为"产品分类"字段在"产品表"中，而"产品表"与"订单明细表"之间建立了一对多的筛选关系，所以我们在使用 FILTER 函数时需要使用 RELATED 函数来做牵引，相当于在"订单明细表"中新建了"产品分类"列。这么做是因为 FILTER 函数的第二个参数中的字段必须来源于第一个参数所获取的表。关于 RELATED 函数的用法在 8.2.5 节中有介绍。

将结果放置于数据透视表中，如图 8-19 所示。

FILTER 函数还可以嵌套另外一个 FILTER 函数。一般来说，嵌套在内层的 FILTER 函数先执行，外层的 FILTER 函数后执行。例如，计算"下单日期"在 2018 年之后且"产品分类"为"一类"的产品销售金额，度量值可以写为：

```
2018年之后一类产品销售金额(FILTER嵌套)：=
SUMX(
    FILTER(
        FILTER('订单明细表', '订单明细表'[下单日期] >= DATE(2018, 1, 1)),
        RELATED('产品表'[产品分类])= "一类"),
    '订单明细表'[产品销售金额])
```

图 8-19

首先由最内层的 FILTER 函数筛选"下单日期"在 2018 年之后的产品记录，然后由最外层的 FILTER 函数筛选"产品分类"为"一类"的产品记录，最后由 SUMX 函数再次迭代求和。

需要注意的是，在具有多个 FILLTER 函数嵌套时，将最具约束力的条件放在最内层，优先执行，可以提高运算的效率，在数据量较大的情况下公式计算会更加高效。两层 FILTER 函数的嵌套相当于一个 FILTER 函数的第二个参数为一个 AND 函数的表达式。所以，上面的度量值还可以写为：

```
2018 年之后一类产品销售金额(FILTER+AND)：=
SUMX(
    FILTER('订单明细表',
        AND('订单明细表'[下单日期] >= DATE(2018, 1, 1), RELATED('产品表'[产品分类])= "一类")),
    '订单明细表'[产品销售金额])
```

在 7.3.2 节中曾经介绍过 DAX 中的运算符，AND 函数和 OR 函数的参数只有两个，也就是只能判断两个条件，那么判断三个及以上的条件时，需要使用对应的运算符 "&&" 和 "||"。所以，上面的度量值还可以写为：

```
2018 年之后一类产品销售金额(FILTER+&&)：=
SUMX(
    FILTER('订单明细表',
        '订单明细表'[下单日期] >= DATE(2018, 1, 1)&& RELATED('产品表'[产
```

```
品分类]) = "一类"),
        '订单明细表'[产品销售金额])
```

将上述 3 个度量值放置于数据透视表中，对比后会发现结果是一样的，如图 8-20 所示。

同样能够对表进行筛选的函数还有 CALCULATETABLE 函数，CALCULATETABLE 函数的功能更加强大。读者在学习了 CALCULATE 函数后，可以对比 FILTER 函数理解学习。

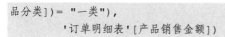

图 8-20

8.3.3　DAX 中最重要的 CALCULATE 函数

本节主要介绍 DAX 中最重要的 CALCULATE 函数的一些常规用法。至于 CALCULATE 函数的计值流和工作原理，则不是本书要讨论的重点内容。

CALULATE 函数的功能的官方解释是：在筛选器修改的上下文中对表达式进行计值。可以将该函数的功能简单理解为根据筛选条件计值。该函数的语法格式如下：

```
CALCULATE(Expression, [Filter1], [Filter2], …)
```

该函数的第一个参数是计值器参数，是不可省略的，可以是一个表达式，也可以是一个度量值；从第二个参数开始是该函数的筛选器参数，可以是布尔型（TRUE 或 FALSE）、表达式类型或一些调节器函数。本节我们只讨论第二个参数是布尔型的情况，其他两种形式在后面的章节中会进行相应的介绍。CALCULATE

函数的计算顺序是先进行筛选，再对第一个参数进行计值。所以，该函数更通俗的语法格式如下：

```
CALCULATE(计值器，筛选器)
```

例如，使用 CALCULATE 函数来计算一类产品的销售金额。先写一个计算产品销售总金额的度量值"产品销售总金额"，再使用 CALCULATE 函数来计算"产品分类"为"一类"的产品销售金额。度量值分别如下：

```
产品销售总金额：= SUM('订单明细表'[产品销售金额])
一类产品销售金额：= CALCULATE([产品销售总金额]，'产品表'[产品分类] = "一类")
```

这两个度量值也可以合起来写为：

```
一类产品销售金额：=
CALCULATE(SUM('订单明细表'[产品销售金额])，'产品表'[产品分类] = "一类")
```

上述公式使用的布尔表达式是 CALCULATE 函数语法的简写形式，也叫语法糖。完整的公式如下：

```
一类产品销售金额(完整)：=
CALCULATE(
    SUM('订单明细表'[产品销售金额])，
    FILTER(ALL('产品表'[产品分类])，'产品表'[产品分类] = "一类")
)
```

将上述两个等价的度量值放置于数据透视表中，对比后会发现结果是一样的，如图 8-21 所示。

图 8-21

对比这两个完全等价的结果，在完整的公式中，CALCULATE 函数的第二个参数是一个表，首先 FILTER 函数扫描的是"ALL('产品表'[产品分类])"，返回一个结果只有一行、值为"一类"的表，然后 CALCULATE 函数筛选整个模型，最后计算一类产品的销售金额。

ALL 函数是一个表函数，返回一个表中一列或多列的所有值。关于这个函数，本书会在后面的 8.4.2 节中进行详细的介绍。

同时，CALCULATE 函数也支持逻辑运算函数和逻辑运算符，如 AND 和"&&"、OR 和"||"等。具体可以参照 8.3.2 节中 FILTER 函数配合逻辑运算函数和逻辑运算符的示例。

8.3.4 CALCULATE 函数的筛选器的选择

通过对上一节内容的学习，我们理解了当 CALCULATE 函数的筛选器参数为布尔型时，是 CALCULATE+FILTER 的语法糖形式。但不是所有的条件计值问题都可以通过 CALCULATE 函数的布尔型结构来解决的。本节我们一起来讨论在哪些情况下适合使用 CALCULATE 函数语法的语法糖形式，在哪些情况下适合使用 CALCULATE 函数语法的完整形式。

在 8.3.3 节中，当 CALCULATE 函数的筛选器是一个固定值，如计算"产品分类"为"一类"的产品销售金额时，筛选器可以使用布尔型，也可以使用 FILTER 函数。那在什么情况下筛选器必须使用 FILTER 函数呢？让我们一起来看下面的例子。

例如，计算折扣比例大于平均折扣比例的销售金额。要写这个度量值，首先要计算折扣比例的平均值，然后将"订单明细表"中的"折扣比例"列与平均折扣比例的度量值进行比较，最后对产品销售金额进行计值，如图 8-22 所示。

```
折扣比例大于平均折扣比例的产品销售金额：=
CALCULATE(
    SUM('订单明细表'[产品销售金额]),
    FILTER('订单明细表', '订单明细表'[折扣比例] > AVERAGE('订单明细表'[折扣
比例]))
    )
```

这种情形的计算就不能再将 CALCULATE 函数的筛选器写成简易的布尔型的语法糖形式了，因为筛选器不能用作一列与一个度量值进行比较，这种筛选器只能用表筛选表达式，所以使用 FILTER 函数是合适的。

	A	B	C
1			
2		行标签 ▼	折扣大于平均折扣的产品销售金额
3		北京	6125.44
4		广东	356605.61
5		广西	265107.65
6		河南	136114.69
7		黑龙江	117817.49
8		湖北	317422.48
9		湖南	172203.2
10		吉林	128666.81
11		江苏	113816.08
12		辽宁	146767.47
13		山东	235775.69
14		陕西	65159.55
15		上海	5956.13
16		四川	166812.96
17		天津	17487.89
18		浙江	83258.86
19		重庆	14149.76
20		**总计**	**2419230.96**
21			

图 8-22

我们再来看另外一个例子。例如，计算各个大区省份的产品销售总金额大于 40000 的门店的销售金额。和上述的例子一样，这个例子也只能使用 CALCULATE 函数语法的完整形式。

```
产品销售总金额大于40000的门店的销售金额(一步)：=
CALCULATE(
    SUM('订单明细表'[产品销售金额]),
    FILTER('门店表', CALCULATE(SUM('订单明细表'[产品销售金额])) > 40000)
)
```

对于上述公式，也可以将产品销售总金额单独写为一个度量值，即：

```
产品销售总金额：= SUM('订单明细表'[产品销售金额])
产品销售总金额大于40000的门店的销售金额(一步)：=
CALCULATE([产品销售总金额], FILTER('门店表', [产品销售总金额] > 40000))
```

这两种写法都能得到正确的结果，如图 8-23 所示。

第二个例子中的计算逻辑是：计算产品销售总金额大于 40000 的门店的总产品销售金额，也就是首先需要确定哪些门店的产品销售总金额是大于 40000 的，将这些门店筛选出来，所以我们使用 FILTER 函数来迭代整个"门店表"。然后对这些门店进行计值，即计算符合条件的门店的对应省份和大区的产品销售金额。在这个例子中，迭代的表是"门店表"，计值的是"产品销售金额"，始终对度量值进行判断。

行标签	产品销售总金额	产品销售总金额大于40000的门店的销售金额(一步)	产品销售总金额大于40000的门店的销售金额(分步)
⊟A区	394294.57	189746.18	189746.18
江苏	210598.7	103776.07	103776.07
上海	10652.38		
浙江	173043.49	85970.11	85970.11
⊟B区	311214.68	141219.46	141219.46
四川	258924.07	96243.11	96243.11
重庆	52290.61	44976.35	44976.35
⊟C区	1181990.07	753625.51	753625.51
广东	524428.43	331578.66	331578.66
广西	388782.93	265162.38	265162.38
湖南	268778.71	156884.47	156884.47
⊟D区	1063994.36	485016.62	485016.62
黑龙江	183185.91	48954.85	48954.85
吉林	245989.71	135553.72	135553.72
辽宁	262159.07	117531.25	117531.25
山东	372659.67	182976.8	182976.8
⊟E区	879465.55	428574.91	428574.91
北京	10769.8		
河南	237759.22	48575.86	48575.86
湖北	489976.46	379999.05	379999.05
陕西	113385.4		
天津	27574.67		
总计	3830959.23	1998182.68	1998182.68

Sheet1　Sheet2

图 8-23

所以，根据上述的例子，我们来总结一下如何对 CALCULATE 函数的筛选器进行选择。

- 当 CALCULATE 函数的筛选条件是一个表中的某个列与固定的一个值进行比较时，使用 FILTER 函数和布尔型的条件是没有任何区别的，两者都是可以的，但是推荐使用布尔型，因为公式将更加简洁。
- 当 CALCULATE 函数的筛选条件是列和表达式、列和列、度量值和表达式、度量值和固定值、度量值和度量值等情形时，就必须使用 FILTER 函数。

8.3.5　VALUES 函数和 DISTINCT 函数

VALUES 函数和 DISTINCT 函数在使用单列时都可以返回一列中的唯一值。在表间关系完整且没有问题时，这两个函数返回的结果是一样的。例如，计算每个大区产生的订单数量，如图 8-24 所示。

```
订单数量 VALUES: = COUNTROWS(VALUES('订单明细表'[订单 ID]))
订单数量 DISTINCT: = COUNTROWS(DISTINCT('订单明细表'[订单 ID]))
```

行标签	订单数量VALUES	订单数量DISTINCT
A区	2720	2720
B区	1986	1986
C区	6602	6602
D区	6535	6535
E区	4699	4699
总计	**22542**	**22542**

图 8-24

VALUES 函数和 DISTINCT 函数只可以使用表中的单列或只有一列的单表。当使用只有一列的表作为 VALUES 函数和 DISTINCT 函数的参数时，两个函数返回的结果是不一样的，即：

- VALUES 函数会返回表的所有行，不去除重复项，同时会保留可能存在的空行。
- DISTINCT 函数会从结果中去除重复项，保留唯一项。

虽然 VALUES 函数是一个表函数，但是有时也会被当作标量值来使用。这是因为 DAX 有这样一个特性：具有单行和单列的表可以像标量值一样使用。例如，我们将每个省份只有一家门店的门店名称显示出来，如图 8-25 所示。

```
门店数量：= DISTINCTCOUNT([门店ID])
单家门店名称：= IF([门店数量] = 1, VALUES('门店表'[门店名称]))
```

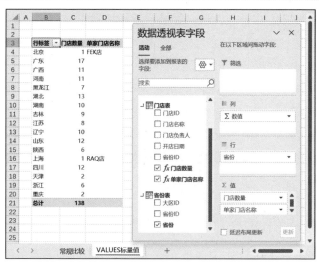

图 8-25

由于 VALUES 函数返回的标量值只能是一个单值，因此使用 IF 函数对公式进行避错处理。如果想要返回门店数量大于 1 的门店名称，则可以使用 CONCATENATEX 函数，这个函数在 9.3.1 节中会进行详细的介绍。

8.3.6 初识 ALL 函数和 ALLEXCEPT 函数

在 8.3.2 节中介绍了 FILTER 函数，在 8.3.3 节介绍了 CALCULATE 函数，通过对这两节内容的学习，我们可以很轻松地在数据透视表中进行有条件的计算。但是当我们想要按行来计算占比时，一切就又变得不一样了。

例如，我们想要计算每个省份的产品销售总金额占销售总金额的比例。此时我们就需要使用 ALL 函数。ALL 函数的作用是返回表中的所有行或所有列，同时忽略可能已经应用的筛选器，其语法格式如下：

```
ALL(表名或列名，列名 1，列名 2，…)
```

现在开始计算每个省份的产品销售总金额占销售总金额的比例。首先计算每个省份的产品销售总金额，度量值可以写为：

```
产品销售总金额：= SUM('订单明细表'[产品销售金额])
```

然后计算销售总金额，销售总金额是所有的产品销售金额的总和，而在数据透视表中，每一个省份的产品销售总金额要除以这个销售总金额，也就是说，数据透视表结果中的每一行的分母都是一样的值。此时，我们可以使用 ALL 函数配合 SUMX 函数来计算销售总金额，度量值可以写为：

```
销售总金额：= SUMX(ALL('订单明细表')，'订单明细表'[产品销售金额])
```

计算销售金额占比需要的分子和分母都有了，那么度量值可以写为：

```
销售金额占比：= DIVIDE([产品销售总金额]，[销售总金额])
```

结果如图 8-26 所示。

行标签	产品销售总金额	销售总金额	销售金额占比
北京	10769.8	3830959.23	0.28%
广东	524428.43	3830959.23	13.69%
广西	388782.93	3830959.23	10.15%
河南	237759.22	3830959.23	6.21%
黑龙江	183185.91	3830959.23	4.78%
湖北	489976.46	3830959.23	12.79%
湖南	268778.71	3830959.23	7.02%
吉林	245989.71	3830959.23	6.42%
江苏	210598.7	3830959.23	5.50%
辽宁	262159.07	3830959.23	6.84%
山东	372659.67	3830959.23	9.73%
陕西	113385.4	3830959.23	2.96%
上海	10652.38	3830959.23	0.28%
四川	258924.07	3830959.23	6.76%
天津	27574.67	3830959.23	0.72%
浙江	173043.49	3830959.23	4.52%
重庆	52290.61	3830959.23	1.36%
总计	3830959.23	3830959.23	100.00%

图 8-26

这里有必要提一下 DIVIDE 函数，该函数是一个除法函数，主要用于处理被零除的情况，一般使用这个函数可以避免除数为 0 所带来的困扰，如果除数为 0，则该函数会直接返回一个空值。所以，我们将 DIVIDE 函数表示的这种除法叫作"安全除法"。

需要注意的是，ALL 函数的参数不能是表表达式，也就是说，参数不能是由表达式生成的表，而只能是实体表的表名或列名。ALL 函数的参数还可以是一个表中的多列，此时 ALL 函数会返回这些列的所有值的组合。ALL 函数使用多列的情况经常用于 CALCULATE 函数的筛选器参数，这个知识点将会在 8.4 节中进行详细的介绍。

既然 ALL 函数的参数可以是一个表，也可以是多列，那么如果想要返回的是大多数列的现有值的组合，则可以使用另外一个函数——ALLEXCEPT 函数来完成。该函数的语法格式如下：

```
ALLEXCEPT(表名, 列名 1, 列名 2, …)
```

ALL 函数的参数如果是一个表中的多列，相当于忽略这些列上的筛选器，返回所有行。而 ALLEXCEPT 函数则相当于返回除指定的这些列之外的所有列的所有行，类似于排除指定的列。ALLEXCEPT 函数经常作为 CALCULATE 函数的筛选器使用，一般不单独使用，这个知识点将会在 8.4 节中进行详细的介绍。这里我们只需要了解一下该函数的语法格式和功能即可。

8.4 初识计值上下文

对于 Excel 用户来说，上下文绝对是一个不友好的名词。简单地说，上下文类似于"语境"。例如，"门没有锁"这句话。当有人敲门时，我们说"门没锁"，表示门是没有上锁的，锁处于开启状态；当我们在关门时，"门没有锁"是说门没有配置锁这种安全装置。这就是语境。因此，对于计值上下文，我们可以将其理解为表达式计算值的环境。

DAX 的计值上下文（也有叫计算上下文）可以分为两类：一类是筛选上下文，另外一类是行上下文。计值上下文是 DAX 的理论基础，也是 DAX 中比较难理解的概念，读者可能需要花费很多时间来反复地理解。所以，在学习计值上下文之前，请在心里默记住一句话："筛选上下文用于筛选模型，行上下文用于迭代表"。

8.4.1　初识筛选上下文

要计算产品销售总金额，仅将写好的度量值放置于数据透视表的"值"中时，结果会显示所有产品销售总金额的合计值，这完全是一个没有意义的值，如图 8-27 所示。

图 8-27

当我们将"大区表"中的"大区名称"放置于数据透视表的行标签上，将"日历"中的"年"放置于数据透视表的列标签上时，会发现每个大区的每年都计算了不同的金额，而产品销售总金额则是最后一行和最后一列交叉处的总计，如图 8-28 所示。

	A	B	C	D	E	F	G
1							
2	产品销售总金额	列标签					
3	行标签		2019年	2020年	2021年	总计	
4	A区		81179.23	120412.93	192702.41	394294.57	
5	B区		68071.07	100668.31	142475.3	311214.68	
6	C区		275207.54	396584.26	510198.27	1181990.07	
7	D区		202823.22	384348.64	476822.5	1063994.36	
8	E区		154243.39	292368.84	432853.32	879465.55	
9	总计		781524.45	1294382.98	1755051.8	3830959.23	
10							

图 8-28

接着，给数据透视表添加一个"产品表"中的"产品分类"切片器，切片同时选择"二类"和"四类"，此时每个大区的每年的产品销售总金额又不一样了，如图 8-29 所示。

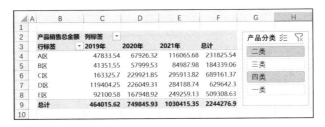

图 8-29

与此类似，我们给数据透视表中的"筛选"中添加字段，将会发现结果又有相应的变化。

上述这一系列有趣的变化，我们只使用了"产品销售总金额"这个度量值，通过给这个度量值不同的计算环境而得到了不同的值。数据透视表结果中的"行标签"、"列标签"、"切片器"和"筛选标签"就是筛选上下文，而"产品销售总金额"则可以被称为当前筛选上下文中的所有产品销售金额的合计，请注意这句话中的"当前筛选上下文"，而一旦有新的筛选上下文被添加进来，那么计算结果就又会随之发生变化。

筛选上下文总是出现在数据透视表中的某个单元格中，其主要来自数据透视表中设置的选择。在接下来的章节中，读者将学习到如何创建筛选上下文。

8.4.2　创建筛选上下文

在 8.3.4 节中，我们学习了 CALCULATE 函数，基本理解了这个函数可以用于条件求值。使用 CALCULATE 函数的布尔型结构进行了计值，即 CALCULATE 函数的第二个参数为布尔型的计值。那么这个条件在计算的过程又与筛选上下文有什么关系呢？

例如，在数据透视表中要计算每个大区的产品销售总金额，另外一个计算是一类产品销售总金额，如图 8-30 所示。

产品销售总金额：= SUM('订单明细表'[产品销售金额])
一类产品销售总金额：= CALCULATE([产品销售总金额]，'产品表'[产品分类] = "一类")

	行标签	产品销售总金额	一类产品销售总金额
A区		394294.57	61323.65
B区		311214.68	52176.28
C区		1181990.07	195167.92
D区		1063994.36	175403.41
E区		879465.55	157125.2
总计		3830959.23	641196.46

图 8-30

在上述例子中，数据透视表结果中的行标签已经创建了一个"大区名称"的筛选上下文，由于这个筛选上下文的存在，才得以计算出每个产品销售总金额。而要计算一类产品的销售总金额，需要增加一个筛选上下文来计算一类产品销售总金额。

所以，在"一类产品销售总金额"这个度量值中，计值器"[产品销售总金额]"部分会随着数据透视表中的行标签或列标签产生的筛选上下文产生不同的值，而

"'产品表'[产品分类] = "一类""这部分的筛选器,与原有的筛选上下文(数据透视表的行标签)进行合并创建新的筛选上下文,真正起作用的函数就是 CALCULATE 函数。

除此之外,我们也可以根据自己的需要来创建新的筛选上下文。例如,添加两个筛选器,可以给 CALCULATE 函数添加新的筛选器参数。例如,计算 2019 年一类产品销售总金额,如图 8-31 所示。

```
2019 年一类产品销售总金额: =
CALCULATE(
    [产品销售总金额],
    '产品表'[产品分类] = "一类",
    '订单明细表'[下单日期] >= DATE(2019, 1, 1) && '订单明细表'[下单日期]
        <= DATE(2019, 12, 31)
)
```

行标签	产品销售总金额	一类产品销售总金额	2019年一类产品销售总金额
A区	394294.57	61323.65	13599.21
B区	311214.68	52176.28	10544.6
C区	1181990.07	195167.92	41969.58
D区	1063994.36	175403.41	31180.42
E区	879465.55	157125.2	23928.28
总计	3830959.23	641196.46	121222.09

图 8-31

在上述的两个例子中,数据透视表的行标签一直是"大区名称",但是当我们使用"产品分类"字段作为数据透视表的行标签时,一切就又发生了变化,如图 8-32 所示。

行标签	产品销售总金额	一类产品销售总金额	2019年一类产品销售总金额
二类	1167875.87	641196.46	121222.09
三类	945485.87	641196.46	121222.09
四类	1076401.03	641196.46	121222.09
一类	641196.46	641196.46	121222.09
总计	3830959.23	641196.46	121222.09

图 8-32

所有涉及一类产品的计算的结果都变成了一样的值。例如,"一类产品销售总金额"列中的所有值都变成了一类产品销售总金额的值,而"2019 年一类产品销售总金额"列中的所有值都变成了 2019 年一类产品销售总金额的值。

在这个过程中我们不难发现，新创建的筛选器覆盖了同一列上已经存在的筛选器。以数据透视表中的行标签的"二类"为例，此时原有的筛选上下文为行标签"二类"，通过 CALCULATE 函数又新增了一个"产品分类"等于"一类"的筛选器，此时后者将数据透视表的行标签上的"二类"进行了覆盖。所以，D3 单元格中的金额就成了一类产品的销售总金额。那为什么"2019 年一类产品销售总金额"这个度量值还能计算 2019 年一类产品销售总金额呢？这是因为产品分类覆盖的是同一列上的筛选器，而 2019 年是"订单明细表"中的"下单日期"，所以该部分不会被覆盖。

那为什么这里会发生筛选上下文被覆盖的问题呢？我们在学习 CALCULATE 函数时知道，该函数有两种形式，上述使用的公式就是该函数的简易形式，以一类产品销售总金额的完整形式来看，在"产品表"中嵌套的是 ALL 函数，也就是说，此时 FILTER 函数和 ALL 函数配合，生成的新表只包含一类产品。所以，也就不难理解为什么图 8-32 中发生同一列上的筛选上下文被覆盖的问题了。

```
一类产品销售总金额_完整：=
CALCULATE([产品销售总金额], FILTER(ALL('产品表'), '产品表'[产品分类] = "一类"))
```

既然根源在于 ALL 函数，那么我们去掉 ALL 函数，"产品表"就可以恢复筛选器了。以一类产品销售总金额为例，如图 8-33 所示。

```
一类产品销售总金额(正常)：=
CALCULATE([产品销售总金额], FILTER('产品表', '产品表'[产品分类] = "一类"))
```

	A	B	C	D	E	F
1						
2		行标签 ▼	产品销售总金额	一级产品销售总金额_FILTER	一类产品销售额(正常)	
3		二类	1167875.87	641196.46		
4		三类	945485.87	641196.46		
5		四类	1076401.03	641196.46		
6		一类	641196.46	641196.46	641196.46	
7		总计	3830959.23	641196.46	641196.46	
8						

图 8-33

在这个过程中，我们对 CALCULATE 函数的认识进一步加深，让我们再来重新理解一下这个函数。CALCULATE 函数是唯一一个可以操作筛选上下文的函数（当然 CALCULATETABLE 函数包含在内）；CALCULATE 函数不修改原有的筛选上下文，它通过将自身的筛选器参数与原有的筛选上下文合并来创建新的筛选上下文。在 CALCULATE 函数计算结束后，用于计值的筛选上下文将会失效，而原有的筛选上下文会再次生效。

当然，这些内容需要一定的时间来理解和消化，每当计算出现莫名其妙的结果时，建议读者重新理解一下 CALCULATE 函数。

8.4.3 初识行上下文

本节主要介绍计值上下文的另外一种类型——行上下文。

与筛选上下文用于筛选表或筛选模型不同的是，行上下文只用于迭代表并计算列值。所以，Power Pivot 中的行上下文只存在于 Power Pivot 的管理界面中，而不像筛选上下文一样存在于数据透视表结果中。请时刻记住，DAX 无法直接引用数据透视表结果中的行或列。

例如，在“订单明细表”中计算折扣金额，我们可以添加一个“折扣金额“计算列，如图 8-34 所示。

```
= '订单明细表'[产品销售价格] * (1 - '订单明细表'[折扣比例]) * '订单明细表'[产品销售数量]
```

	客户ID	产品ID	产品销售价格	折扣比例	产品销售数量	产品销售金额	折扣金额
1	CC_0258...	SKU_000179	60	0.49	4	117.6	122.4
2	CC_0242...	SKU_000051	69	0.44	2	60.72	77.28
3	CC_0234...	SKU_000097	64	0.44	3	84.48	107.52
4	CC_0229...	SKU_000165	66	0.44	5	145.2	184.8
5	CC_0252...	SKU_000145	55	0.4	2	44	66
6	CC_0218...	SKU_000151	51	0.4	3	61.2	91.8
7	CC_0214...	SKU_000125	60	0.4	5	120	180
8	CC_0293...	SKU_000070	53	0.4	2	42.4	63.6
9	CC_0293...	SKU_000033	58	0.4	2	46.4	69.6
10	CC_0265...	SKU_000043	56	0.4	4	89.6	134.4

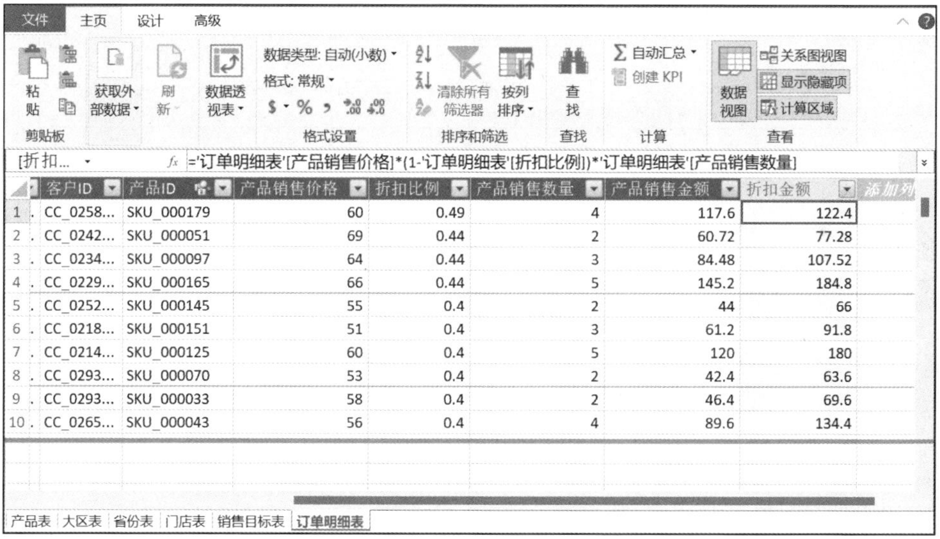

图 8-34

上述公式为每一行都计算了一个结果，但是我们并没有告诉公式要从哪一行获取列的值。而事实是，这个公式中执行计算的行并没有存储在公式中，而是由所谓的行上下文来定义的。

当我们添加一个计算列时，DAX 就会从表的第一行开始迭代，创建一个包含该行的行上下文并计算公式的值，然后依次为后面的每一行执行计算。

所以，计算列与度量值是不同的，计算列具有自动创建的行上下文，而度量值则没有。因此，上述的这个计算列不能直接用到度量值中，因为公式缺少行上下文，不能确定要计算的公式到底位于哪一行。

如果我们在不手动创建计算列的情况下，使用度量值来计算折扣总金额，则可以使用下面的公式，如图 8-35 所示。

```
折扣总金额：=
SUMX('订单明细表', '订单明细表'[产品销售价格] * (1 - '订单明细表'[折扣比例]) *
'订单明细表'[产品销售数量])
```

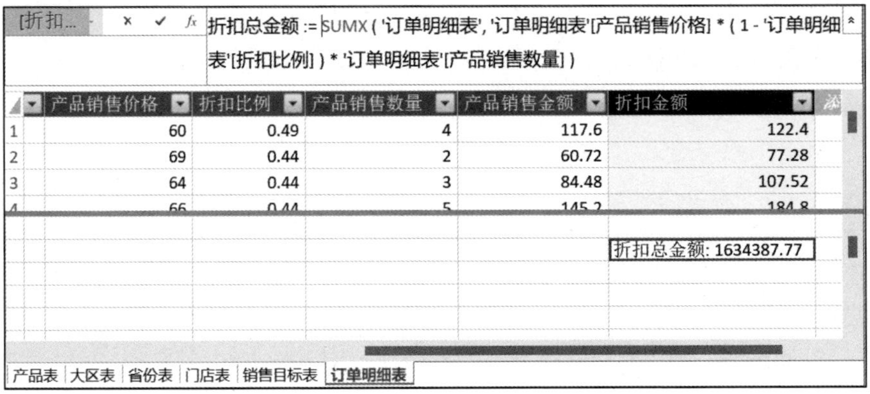

图 8-35

在学习 SUMX 函数时，我们知道该函数是一个迭代函数，它会创建一个逐行迭代"订单明细表"的行上下文。所以，SUMX 函数在行上下文中执行第二个参数进行计算时，才能很清楚地知道使用这 3 列中的哪个值。这个公式是度量值，所以也就不存在自动创建的行上下文，而行上下文是由 SUMX 这个迭代函数创建的。

除了使用计算列或迭代函数创建行上下文，没有其他方法可以创建行上下文。

我们必须清楚地记得：筛选上下文用于筛选模型，行上下文用于迭代表；筛选上下文不迭代，行上下文不筛选。

8.4.4 行上下文转换

上一节介绍的内容都是对每一行的值进行计算，那么如果要计算平均折扣比例，该怎样进行呢？添加一个名称为"平均折扣比例"的计算列，选中新添加的列，在公式编辑栏中输入对应的计算公式，如图 8-36 所示。

```
= AVERAGE('订单明细表'[折扣比例])
```

图 8-36

结果与我们的预期不一样，每一行都是一样的值，也就是说，计算了所有的折扣比例的平均值。虽然 DAX 在添加计算列时就已经创建了行上下文，但是 AVERAGE 函数却忽略了这个创建的行上下文，而使用了"折扣比例"一整列，因此得到的是所有"折扣比例"的平均值。

那度量值可以在计算列中使用吗？我们来试试看。例如，写一个计算平均折扣的度量值，然后将其在计算列中引用，如图 8-37 所示。

平均折扣 (度量值)：= AVERAGE ('订单明细表' [折扣比例])

图 8-37

同时，我们添加一个计算列——图 8-37 中的"平均折扣（引用度量值）"列，引用已经写好的平均折扣的度量值。通过观察我们发现，每一行的结果与原始列"折扣比例"中的数值是一样的，并且不同于"平均折扣比例"列中的数值，这说明引用的度量值的行上下文发生了转换。

通过学习度量值我们知道，以下两个度量值是等价的：

度量值 1：= AVERAGE ('订单明细表' [折扣比例])

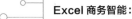

```
度量值2： = CALCULATE(AVERAGE('订单明细表'[折扣比例]))
```

也就是说，我们常规创建的度量值，如度量值 1，DAX 会自动地在外面嵌套一个 CALCULATE 函数，即度量值 2 的形式，但是这种转换通常不会显示出来。也就是说，度量值"天生"具有筛选功能。

所以，在图 8-37 中，我们引用的度量值也是具有筛选功能的，也就是说，引用的度量值会自动将行上下文转换为筛选上下文。下面继续探索，假如给图 8-36 中的计算列的外面嵌套一个 CALCULATE 函数，是不是也会产生与直接引用度量值一样的结果呢？如图 8-38 所示。

	产...	产品销售价格	折扣比例	产品销售数量	产品销售金额	平均折扣比例	平均折扣（CALCULATE）	添加列
1	8... SKU_000...	60	0.49	4	117.6	0.697599509876...	0.49	
2	4... SKU_000...	69	0.44	2	60.72	0.697599509876...	0.44	
3	4... SKU_000...	64	0.44	3	84.48	0.697599509876...	0.44	
4	9... SKU_000...	66	0.44	5	145.2	0.697599509876...	0.44	
5	5... SKU_000...	55	0.4	2	44	0.697599509876...	0.4	
6	8... SKU_000...	51	0.4	3	61.2	0.697599509876...	0.4	
7	4... SKU_000...	60	0.4	5	120	0.697599509876...	0.4	
8	8... SKU_000...	53	0.4	2	42.4	0.697599509876...	0.4	
9	3... SKU_000...	58	0.4	2	46.4	0.697599509876...	0.4	
10	5... SKU_000...	56	0.4	4	89.6	0.697599509876...	0.4	

fx =CALCULATE(AVERAGE('订单明细表'[折扣比例]))

平均折扣比...

产品表 大区表 省份表 门店表 销售目标表 订单明细表

图 8-38

通过对比图 8-37 和图 8-38 中的显示内容可以发现，引用度量值和嵌套 CALCULATE 函数得到的结果是一样的。这也进一步证明了，直接引用度量值或在公式的最外层嵌套一个 CALCULATE 函数，就会将计算列所创建的行上下文自动转换为筛选上下文。

我们再来看另外一个例子，在"产品表"中计算每个产品分类的平均销售价格。添加一个名称为"产品分类平均售价"的计算列。按前面所述内容，对平均销售价格计算平均值，在聚合函数外面嵌套一个 CALCULATE 函数，将行上下文转换为筛选上下文，如图 8-39 所示。

```
= CALCULATE(AVERAGE('产品表'[产品销售价格]))
```

从图 8-39 中我们可以看到，计算出来的产品分类平均售价的值和产品销售价格的值是一样的，也就是说，我们使用 CALCULATE 函数将行上下文转换为筛选上下文时，当前的每一列都具有筛选器。只要我们保留"产品分类"列上的筛选器，就可以轻松地计算出各个产品分类的平均售价，方法就是给 CALCULATE 函数增加筛选器参数，如图 8-40 所示。

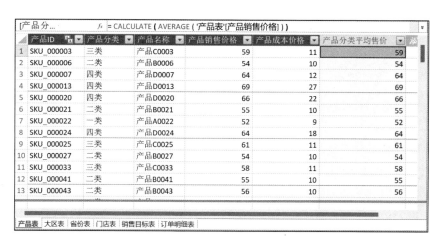

图 8-39

```
= CALCULATE(AVERAGE('产品表'[产品销售价格]), ALLEXCEPT('产品表', '产品表'[产品分类]))
```

	产品ID	产品分类	产品名称	产品销售价格	产品成本价格	产品分类平均售价	添加列
1	SKU_000003	三类	产品C0003	59	11	60.7	
2	SKU_000006	二类	产品B0006	54	10	55.5	
3	SKU_000007	四类	产品D0007	64	12	66.8	
4	SKU_000013	四类	产品D0013	69	27	66.8	
5	SKU_000020	四类	产品D0020	66	22	66.8	
6	SKU_000021	二类	产品B0021	55	10	55.5	
7	SKU_000022	一类	产品A0022	52	9	51.5	
8	SKU_000024	四类	产品D0024	64	18	66.8	
9	SKU_000025	三类	产品C0025	61	11	60.7	
10	SKU_000027	二类	产品B0027	54	10	55.5	
11	SKU_000033	三类	产品C0033	58	11	60.7	
12	SKU_000041	二类	产品B0041	55	10	55.5	
13	SKU_000043	二类	产品B0043	56	10	55.5	

产品表　大区表　省份表　门店表　销售目标表　订单明细表

图 8-40

　　关于 ALLEXCEPT 函数，在 8.3.6 节中我们学习了该函数的语法格式和功能，该函数在上述例子中的主要作用是忽略除 "产品分类" 列之外的其他所有列上的筛选器，所以我们才能得到正确的结果。但是计算列在数据量较大的情形下会消耗计算机宝贵的内存。所以，计算此类如各个产品分类的平均售价的问题，引用度量值进行计算是一个不错的选择。

　　最后请牢记：如果想要将行上下文转换为筛选上下文，就在公式的最外层嵌套一个 CALCULATE 函数。

8.5 CALCULATE 函数的调节器

在前面的章节中，我们已经学习了大量关于 CALCULATE 函数的用法和知识点。通过对前面章节内容的学习，相信读者可以编写更多有用及复杂的表达式。本节将继续介绍 CALCULATE 函数的强大功能，以及其调节器函数 ALL、KEEPFILTERS 和 USERELATIONSHIP。

8.5.1 删除筛选器的 ALL 函数

在 8.3.6 节中介绍了 ALL 函数用作表函数时将返回表的所有行，这个功能让我们在 8.3.6 节中使用 SUMX 函数和 ALL 函数成功地计算了占比。

如果将 ALL 函数用作 CALCULATE 函数的筛选器参数，则 ALL 函数的功能就成了 CALCULATE 函数的调节器，其作用就是清除应用在表上或列上的筛选器。

例如，要计算每个大区的产品销售总金额的占比，如图 8-41 所示[①]。

▲	A	B	C	D	E
1					
2		行标签 ▾	产品销售总金额	产品销售金额占比	
3		A区	394294.57	10.3%	
4		B区	311214.68	8.1%	
5		C区	1181990.07	30.9%	
6		D区	1063994.36	27.8%	
7		E区	879465.55	23.0%	
8		总计	3830959.23	100.0%	
9					

图 8-41

我们可以分步来计算这个结果。首先计算产品销售总金额，度量值可以写为：

```
产品销售总金额：= SUM('订单明细表'[产品销售金额])
```

接着计算分母。分母是所有的大区的产品销售总金额，在 8.3.6 节中是通过 SUMX 函数的第一个参数返回所有表来完成计算的。这里直接使用 ALL 函数作为 CALCULATE 函数的调节器，度量值如下：

---

① 在图 8-41 中，"产品销售金额占比"列中各大区的产品销售总金额占比之和为 100.1%，并非 100%，这是小数位数显示的问题，实际结果仍是 100%。这并不影响对本书内容的说明，敬请读者予以理解。本书后面内容中若出现类似的情况，原因相同，不再批注。

```
总销售金额：= CALCULATE([产品销售总金额], ALL('大区表'[大区名称]))
```

然后将这两个度量值放置于数据透视表中，结果如图 8-42 所示。

	行标签	产品销售总金额	总销售金额
	A区	394294.57	3830959.23
	B区	311214.68	3830959.23
	C区	1181990.07	3830959.23
	D区	1063994.36	3830959.23
	E区	879465.55	3830959.23
	总计	**3830959.23**	**3830959.23**

图 8-42

在数据透视表的结果中，每一行都应用了大区名称的筛选器，产品销售总金额已经应用到了每一行上。在"总销售金额"列上，ALL 函数清除了"大区表"中的"大区名称"列上的筛选器，所以在数据透视表中的"总销售金额"列的任何单元格上，ALL 函数都会清除存在于"大区名称"列上的筛选器，因此"总销售金额"列中的每一行都是相同的值。

接下来，要计算产品销售金额占比就很简单了，使用之前讲过的 DIVIDE 函数就可以。这里为了方便，我们可以将计算产品销售金额占比的公式写成一个整体：

```
产品销售金额占比：=
DIVIDE([产品销售总金额],CALCULATE([产品销售总金额], ALL('大区表'[大区名
称])))
```

如果再将"产品表"中的"产品分类"字段拖放在行标签上，会发现结果变得不正确了，如图 8-43 所示。

这是因为我们使用 ALL 函数只清除了"大区名称"列上的筛选器，而"产品分类"是新添加的一个筛选器，CALCULATE 函数不会覆盖"产品分类"，所以最终只有"产品分类"筛选器。

我们尝试着来解决这个发生了难以理解的问题。如果将数据透视表中的"产品分类"放在"大区名称"的前面，结果就又发生了变化，而这次的变化是正确的，也是可以理解的，即每一个产品分类层级下的各个大区的产品销售金额占比的合计是 100%，如图 8-44 所示。

行标签	▼	产品销售总金额	产品销售金额占比
□A区		394294.57	10.3%
	二类	121580.41	10.4%
	三类	101145.38	10.7%
	四类	110245.13	10.2%
	一类	61323.65	9.6%
□B区		311214.68	8.1%
	二类	92241.33	7.9%
	三类	74699.34	7.9%
	四类	92097.73	8.6%
	一类	52176.28	8.1%
□C区		1181990.07	30.9%
	二类	359152.82	30.8%
	三类	297660.78	31.5%
	四类	330008.55	30.7%
	一类	195167.92	30.4%
□D区		1063994.36	27.8%

图 8-43

行标签	▼	产品销售总金额	产品销售金额占比
□一类		641196.46	100.0%
	A区	61323.65	9.6%
	B区	52176.28	8.1%
	C区	195167.92	30.4%
	D区	175403.41	27.4%
	E区	157125.2	24.5%
□二类		1167875.87	100.0%
	A区	121580.41	10.4%
	B区	92241.33	7.9%
	C区	359152.82	30.8%
	D区	326087.78	27.9%
	E区	268813.53	23.0%

图 8-44

另一种解决方法就是,使用 ALL 函数将"产品分类"列上的筛选器清除,如图 8-45 所示。

```
产品销售总金额(再添加 ALL): =
= DIVIDE([产品销售总金额], CALCULATE([产品销售总金额], ALL('大区表'[大区名
称]), ALL('产品表'[产品分类])))
```

行标签	▼	产品销售总金额	产品销售总金额 (再添加ALL)
□A区		394294.57	10.3%
	二类	121580.41	3.2%
	三类	101145.38	2.6%
	四类	110245.13	2.9%
	一类	61323.65	1.6%
□B区		311214.68	8.1%
	二类	92241.33	2.4%
	三类	74699.34	1.9%
	四类	92097.73	2.4%
	一类	52176.28	1.4%

图 8-45

当然这个度量值也是不完美的,当再次有其他新的筛选器加入时,结果就又变得难理解了,所以还有一种解决方法就是,使用 ALL 函数清除"订单明细表"上的所有筛选器。关于这个问题如何解决,更多地留给读者去思考。

清除筛选器的函数并非只有 ALL 函数,还有 ALLEXCEPT、REMOVEFILTERS、ALLSELECTED、ALLCROSSFILTERED 和 ALLNOBLANKROW 函数,这些函数都具有和 ALL 函数相似的清除筛选器的功能。

8.5.2 追加筛选的 KEEPFILTERS 函数

在 8.4.2 节中，计算一类产品销售总金额时，CALCULATE 函数的筛选器参数会覆盖同一列上已经存在的任何筛选器，在数据透视表中的"一类产品销售总金额"列中显示的都是重复值（见图 8-32）。

```
一类产品销售总金额：=
CALCULATE(SUM('订单明细表'[产品销售金额]), '产品表'[产品分类] = "一类")
```

除 8.4.2 节中介绍的比较烦琐的方法以外，我们还可以对 CALCULATE 函数的筛选器参数应用 KEEPFILTERS 函数，这样就可以只显示一类产品的销售总金额，而其他类别产品的销售总金额则显示为空白，如图 8-46 所示。

```
一类产品销售总金额(KEEPFILTERS)：=
CALCULATE(SUM('订单明细表'[产品销售金额]), KEEPFILTERS('产品表'[产品分类]
= "一类"))
```

	行标签 ▾	销售产品总金额	一类产品销售总金额	一类产品销售总金额(KEEPFILTERS)	
	一类	641196.46	641196.46	641196.46	
	二类	1167875.87	641196.46		
	三类	945485.87	641196.46		
	四类	1076401.03	641196.46		
	总计	3830959.23	641196.46	641196.46	

图 8-46

KEEPFILTERS 函数不会覆盖现有的筛选器，而是保留现有的筛选器并将新的筛选器追加至筛选上下文中。以 B3 单元格为例，"一类"是数据透视表中的行标签产生的筛选上下文，而公式本身的"产品分类"等于"一类"是新建的筛选上下文，这两个筛选上下文在 KEEPFILTERS 函数的作用下产生交集，即均为"一类"，所以最终的结果是"一类"；再以"二类"为例，行标签的"二类"产生的筛选上下文与公式中新建的"一类"产生的筛选上下文的交集为空，所以最终显示的结果为空。

同样地，KEEPFILTERS 函数也适用于一列中选择多个元素的情况。例如，我们将公式中新建的筛选上下文设置为"一类"和"三类"两个条件，如图 8-47 所示。

```
一类和三类产品销售总金额(KEEPFILTERS-1)：=
CALCULATE(
    SUM('订单明细表'[产品销售金额]),
    KEEPFILTERS('产品表'[产品分类] = "一类" || '产品表'[产品分类] = "三类")
)
```

行标签 ▼	销售产品总金额	一类和三类产品销售总金额	一类和三类产品销售总金额(KEEPFILTERS-1)
一类	641196.46	1586682.33	641196.46
二类	1167875.87	1586682.33	
三类	945485.87	1586682.33	945485.87
四类	1076401.03	1586682.33	
总计	3830959.23	1586682.33	1586682.33

图 8-47

上述公式还可以使用运算符 IN 来写，从而简化公式：

```
一类和三类产品销售总金额(KEEPFILTERS-2)：=
CALCULATE(
        SUM('订单明细表'[产品销售金额]),
        KEEPFILTERS('产品表'[产品分类] IN { "一类", "三类" })
)
```

当然 KEEPFILTERS 函数同样可以和表一起使用，所以，上述公式还可以有另外一种写法：

```
一类和三类产品销售总金额(KEEPFILTERS-3)：=
CALCULATE(
        SUM('订单明细表'[产品销售金额]),
        KEEPFILTERS(FILTER(ALL('产品表'[产品分类]), '产品表'[产品分类] IN { "
一类", "三类" }))
)
```

将上述所有的度量值放置于数据透视表中，结果如图 8-48 所示。

行标签	销售产品总金额	一类和三类产品销售总金额	一类和三类产品销售总金额(KEEPFILTERS-1)	一类和三类产品销售总金额(KEEPFILTERS-2)	一类和三类产品销售总金额(KEEPFILTERS-3)
一类	641196.46	1586682.33	641196.46	641196.46	641196.46
二类	1167875.87	1586682.33			
三类	945485.87	1586682.33	945485.87	945485.87	945485.87
四类	1076401.03	1586682.33			
总计	3830959.23	1586682.33	1586682.33	1586682.33	1586682.33

如图 8-48

KEEPFILTERS 函数改变的只是 CALCULATE 函数的单个筛选器参数，并没有改变 CALCULATE 函数的计算过程。

8.5.3 激活关系的 USERELATIONSHIP 函数

在 8.2.2 节中介绍了如何在 Power Pivot 中建立表间关系。如果表与表之间的关系线是实线，则表示这两个表之间的关系是活动关系；如果表与表之间的关系线是虚线，则表示这两个表之间的关系是非活动关系。

在"订单明细表"中有一个"下单日期"字段，还有一个"送货日期"字段。例如，要计算每个大区每年产生的订单数量和送货订单数量，这时需要建立一个日历（或叫日期表，在第 10 章中会详细讲解），将"日历"中的"日期"字段分别与"下单日期"字段和"送货日期"字段建立关系，如图 8-49 所示。

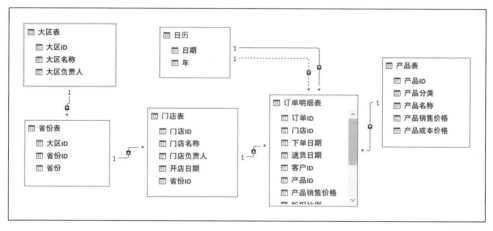

图 8-49

"日历"中的"日期"字段已经分别与"下单日期"字段和"送货日期"字段建立了关系，实线关系是"日期"与"下单日期"之间建立的关系，虚线关系是"日期"与"送货日期"之间建立的关系。这两个关系在每次计算时只能激活其中一个。"日历"中的"日期"与"订单明细表"中的"下单日期"之间的关系是已经激活的，可以直接使用，如果要使用"日期"与"送货日期"之间的关系，就需要使用 USERELATIONSHIP 函数进行关系的切换。

USERELATIONSHIP 函数不会返回任何值，该函数只在计算期间启用指定的关系。该函数的语法格式如下：

```
USERELATIONSHIP(列名 1, 列名 2)
```

该函数的两个参数是两个建立了表间关系的表的字段名，使用时不区分前后顺序。

想要计算每个大区的订单数量和送货订单数量，对"订单明细表"中的"订单 ID"进行不重复计数即可，如图 8-50 所示。

```
订单数量: = DISTINCTCOUNT('订单明细表'[订单 ID])
送货订单数量: =
CALCULATE(
```

```
DISTINCTCOUNT('订单明细表'[订单ID]),
USERELATIONSHIP('日历'[日期], '订单明细表'[送货日期])
)
```

行标签	2019年		2020年		2021年	
	订单数量	送货订单数量	订单数量	送货订单数量	订单数量	送货订单数量
A区	590	566	843	827	1287	1327
B区	409	391	678	666	899	929
C区	1544	1481	2259	2235	2799	2886
D区	1231	1176	2347	2293	2957	3066
E区	846	810	1549	1517	2304	2372
总计	4620	4424	7676	7538	10246	10580

图 8-50

在计算送货订单数量时，"日历"中的"日期"与"订单明细表"中的"送货日期"之间的非活动关系就被激活了，而"日期"和"下单日期"之间的关系就被停用了，当计算结束时，原来的关系就又恢复了。

第 9 章

DAX 进阶知识和常见应用

前面几章重点介绍了 Power Pivot 和 DAX 的一些基本概念和操作。从本章开始,我们将介绍 DAX 的进阶知识和常见应用,以帮助读者解决更多的实际问题。

9.1　Power Pivot 和数据透视表

使用 DAX 编写的度量值都是在 Excel 数据透视表中呈现结果的,所以我们有必要来学习一些 Power Pivot 中可以在数据透视表中使用的功能,从而解决一些在传统的数据透视表中无法解决的问题。

9.1.1　实例 1:在数据透视表中使用自定义排序:按列排序

在计算产品销售总金额时,将"产品分类"放置于数据透视表中的行标签上,将"大区名称"放置于列标签上,将产品销售总金额的度量值放置于值标签上,如图 9-1 所示。

我们发现产品分类并没有按我们想象的一类、二类、三类和四类的顺序排列。即使我们使用数据透视表中的排序功能也很难完成排序,只能通过手动拖曳来调整位置。我们可以在 Power Pivot 的管理界面中借助"按列排序"功能来解决这个问题，具体的操作步骤如下所述。

	A	B	C	D	E	F	G	H
1								
2	产品销售总金额	列标签						
3	行标签	A区	B区	C区	D区	E区	总计	
4	二类	121580.41	92241.33	359152.82	326087.78	268813.53	1167875.87	
5	三类	101145.38	74699.34	297660.78	258948.65	213031.72	945485.87	
6	四类	110245.13	92097.73	330008.55	303554.52	240495.1	1076401.03	
7	一类	61323.65	52176.28	195167.92	175403.41	157125.2	641196.46	
8	总计	394294.57	311214.68	1181990.07	1063994.36	879465.55	3830959.23	
9								

图 9-1

第 1 步：在 Power Pivot 的管理界面中，切换至"产品表"中，导入数据之前在 Power Query 或原始数据中添加一个"产品分类序号"列，如图 9-2 所示。

	产品ID	产品分类	产品名称	产品销售价格	产品成本价格	产品分类序号
1	SKU_000003	三类	产品C0003	59	11	3
2	SKU_000006	二类	产品B0006	54	10	2
3	SKU_000007	四类	产品D0007	64	12	4
4	SKU_000013	四类	产品D0013	69	27	4
5	SKU_000020	四类	产品D0020	66	22	4
6	SKU_000021	二类	产品B0021	55	10	2
7	SKU_000022	一类	产品A0022	52	9	1
8	SKU_000024	四类	产品D0024	64	18	4
9	SKU_000025	三类	产品C0025	61	11	3
10	SKU_000027	二类	产品B0027	54	10	2

图 9-2

第 2 步：首先选中"产品分类"列，然后依次选择"主页"→"按列排序"→"按列排序"选项，在弹出的"排序依据列"对话框的"排序"区域的"列"下拉列表中选择"产品分类"选项，在"依据"区域的"列"下拉列表中选择"产品分类序号"选项，最后单击"确定"按钮，如图 9-3 所示。

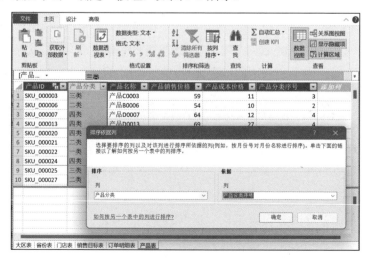

图 9-3

上述步骤完成以后，数据透视表会直接按照在 Power Pivot 中按列排序设置好的顺序显示，如图 9-4 所示。

	A	B	C	D	E	F	G	H
1								
2		产品销售总金额	列标签	▼				
3		行标签 ▼	A区	B区	C区	D区	E区	总计
4		一类	61323.65	52176.28	195167.92	175403.41	157125.2	641196.46
5		二类	121580.41	92241.33	359152.82	326087.78	268813.53	1167875.87
6		三类	101145.38	74699.34	297660.78	258948.65	213031.72	945485.87
7		四类	110245.13	92097.73	330008.55	303554.52	240495.1	1076401.03
8		总计	394294.57	311214.68	1181990.07	1063994.36	879465.55	3830959.23
9								

图 9-4

无论我们把"产品分类"放置于数据透视表中的行标签上，还是放置于列标签上，抑或是放置于筛选标签或切片器上，产品分类都会按照设定好的顺序进行排序。这个功能极大地解决了在使用数据透视表时因排序问题带来的困扰。

9.1.2　实例 2：在数据透视表中创建 KPI 规则——设置"条件格式"

在数据透视表中设置的条件格式通常会因数据源的变化导致条件格式丢失，这是传统的 Excel 数据透视表的一大限制。在学习了 Power Pivot 之后，我们就可以突破这个限制。

在 Power Pivot 的选项卡中提供了一个名称为"KPI"的选项。通过这个选项，我们可以实现条件格式中的图标集功能。例如，要计算任务达成率，80% 以下的部分标注为红色的菱形图标，80%～100% 之间的部分标为黄色的三角形图标，100% 以上的部分标注为绿色的圆形图标，如图 9-5 所示。

"销售目标表"中只提供了 2021 年的销售目标，维度只到每个省份，所以我们在筛选标签中筛选了年份为 2021 年的数据。为了计算任务达成率，我们需要先分别计算产品销售总金额和销售总目标两个指标，再计算任务达成率。度量值可以分别写为：

```
产品销售总金额: = SUM('订单明细表'[产品销售金额])
销售总目标: = SUM('销售目标表'[销售目标])
任务达成率: = DIVIDE([产品销售总金额], [销售总目标])
```

将度量值放置于数据透视表中后，设置"条件格式"，具体的操作步骤如下所述。

第 1 步：依次选择"Power Pivot"→"KPI"→"新建 KPI"选项，如图 9-6 所示。

▲	A	B	C	D	E	F	G
1		年	2021年 ▼				
2							
3		大区名称 ▼	省份 ▼	产品销售总金额	销售总目标	任务达成率	产品销售总金额 状态
4		⊟A区		192702.41	235299	81.9%	▲
5			江苏	109732.81	132293	82.9%	▲
6			上海	7134.02	8555	83.4%	▲
7			浙江	75835.58	94451	80.3%	▲
8		⊟B区		142475.3	175576	81.1%	▲
9			四川	120751.17	150169	80.4%	▲
10			重庆	21724.13	25407	85.5%	▲
11		⊟C区		510198.27	552539	92.3%	▲
12			广东	236805.64	287561	82.3%	▲
13			广西	148281.13	130278	113.8%	●
14			湖南	125111.5	134700	92.9%	▲
15		⊟D区		476822.5	587220	81.2%	▲
16			黑龙江	73266.81	103476	70.8%	◆
17			吉林	129814.78	162332	80.0%	◆
18			辽宁	125692.94	144254	87.1%	▲
19			山东	148047.97	177158	83.6%	▲
20		⊟E区		432853.32	513873	84.2%	▲
21			北京	4635.34	6344	73.1%	◆
22			河南	128078.22	145626	88.0%	▲
23			湖北	197720.34	222545	88.8%	▲
24			陕西	83672.18	112571	74.3%	◆
25			天津	18747.24	26787	70.0%	◆
26		总计		1755051.8	2064507	85.0%	▲
27							

图 9-5

图 9-6

第 2 步：在弹出的"关键绩效指标(KPI)"对话框中，首先设置"KPI 基本字段(值)"选择"产品销售总金额"，"定义目标值"区域中的"度量值"选择"销售总目标"，然后设置对应的区间状态和图标样式，最后单击"确定"按钮即可，如图 9-7 所示。

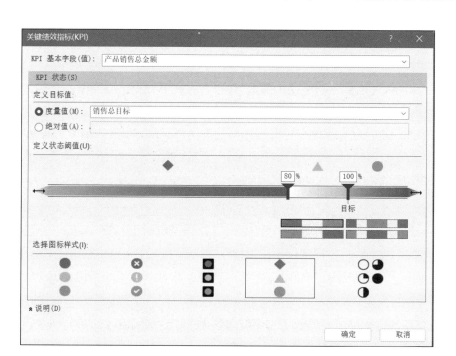

图 9-7

第 3 步：这里在数据透视表中会多出一个"产品销售总金额 状态"的字段，但是图标并没有出现，需要我们在"数据透视表字段"窗格的字段列表中勾选"状态"复选框，图标就会显示出来，如图 9-8 所示。

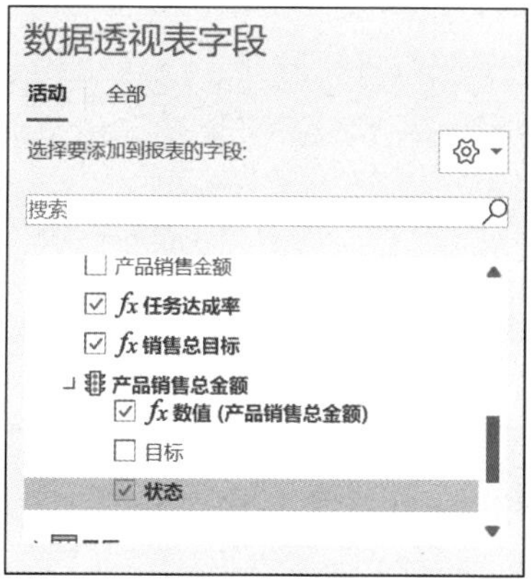

图 9-8

通过 Power Pivot 的"KPI"功能设置的条件格式，在数据刷新后也会同时保持更新。但是 Power Pivot 提供的图标集样式相对比较少，没有类似于 Excel 的条件格式中的数据条、色阶，以及突出显示单元格规则的功能和操作。

9.2 在 DAX 中使用 VAR 变量

在 DAX 中，为了避免重复书写相同的表达式，同时提高 DAX 的计算效率，在编写 DAX 表达式时，我们可以使用 VAR 变量。本节主要介绍 VAR 变量在 DAX 表达式中的运用。

9.2.1 关于 VAR 变量

DAX 表达式中的变量可以使用 VAR 来定义，同时使用 RETURN 来返回表达式的值。

例如，在 8.3.4 节中有一个度量值：

```
折扣大于平均折扣的产品销售金额：=
CALCULATE(
    SUM('订单明细表'[产品销售金额]),
    FILTER('订单明细表', '订单明细表'[折扣比例] > AVERAGE('订单明细表'[折扣
比例]))
    )
```

上述度量值可以分为三个计算的部分：一是计算平均折扣比例；二是对"订单明细表"进行筛选；三是计算产品销售金额。按照这个分步计算的逻辑，我们使用 VAR 变量可以将上述度量值进行改写，改写后的度量值如下：

```
折扣大于平均折扣的产品销售金额(VAR1)：=
VAR Avgdcr = AVERAGE('订单明细表'[折扣比例])
VAR tabl = FILTER('订单明细表', '订单明细表'[折扣比例] > Avgdcr)
VAR salestotal = CALCULATE(SUM('订单明细表'[产品销售金额]), tabl)
RETURN
    salestotal
```

在 8.3.4 节中，这个例子是使用 CALCULATE 函数的筛选器配合 FILTER 函数来完成的，在学习了 VAR 变量的内容后，可以直接使用 CALCULATE 函数的布尔型结构来完成，所以度量值还可以写为：

```
折扣大于平均折扣的产品销售金额(VAR2)：=
VAR Avgdcr =
    AVERAGE('订单明细表'[折扣比例])
VAR salestotal =
```

```
        CALCULATE(SUM('订单明细表'[产品销售金额]), '订单明细表'[折扣比例] >
Avgdcr)
    RETURN
        salestotal
```

关于变量，有以下几点需要注意：

- 在 DAX 中，变量的定义是没有数量的限制的，但是必须以 RETURN 来输出结果。
- DAX 中只存在局部变量。定义的变量只能在一个 DAX 表达式中使用，不能跨表达式调用。
- 变量只有在被调用时计算，如果一个变量没有被调用，那么这个变量将不会计算。
- 变量既可以存储表，也可以存储常量；变量只能先定义后使用，不能先使用后定义。
- 变量的命名只接受英文命名，不接受中文命名，同时变量的定义不能包含特殊符号，不能以数字开头，也不能是 DAX 的保留字。

9.2.2　使用变量时应该避免的错误

上一节介绍了变量的使用方法，本节介绍一个具体的例子。在实际运用中，有很多人都会出现同样的错误。

例如，计算一类产品的销售金额占比，度量值可以写为：

```
一类产品销售金额占比：=
DIVIDE(
    CALCULATE(SUM('订单明细表'[产品销售金额]), '产品表'[产品分类] = "一类"),
    SUM('订单明细表'[产品销售金额])
)
```

相信很多初学者在学习了变量后会将上述度量值改写为如下的度量值，这是一种错误的写法：

```
一类产品销售金额占比(错误变量版)：=
VAR salestotal =
    SUM('订单明细表'[产品销售金额])
VAR S1_salestotal =
    CALCULATE(salestotal, '产品表'[产品分类] = "一类")
RETURN
    DIVIDE(S1_salestotal, salestotal)
```

在上述度量值中，变量 salestotal 计算了产品销售总金额，变量 S1_salestotal

计算了一类产品销售总金额。这个度量值在书写时本身也没有报错，但这确实是一个得不到正确结果的度量值。我们将这个度量值放置于数据透视表中观察结果，如图 9-9 所示。

	A	B	C	D	E	F
2	大区名称 ▼	产品销售总金额	一类产品销售金额	一类产品销售占比	一类产品销售占比(错误变量版)	
3		A区	394294.57	61323.65	15.6%	100.0%
4		B区	311214.68	52176.28	16.8%	100.0%
5		C区	1181990.07	195167.92	16.5%	100.0%
6		D区	1063994.36	175403.41	16.5%	100.0%
7		E区	879465.55	157125.2	17.9%	100.0%
8		总计	3830959.23	641196.46	16.7%	100.0%

图 9-9

上述度量值计算结果的每一行的值都是 100%，也就是说，分子和分母是一样的。换言之，在这个度量值中，变量 S1_salestotal 的值和变量 salestotal 的值是一样的。CALCULATE 函数的筛选器参数，也就是筛选条件被忽略了。原因是变量在被定义的计值上下文中计算，而不在使用它们的环境中计算，而变量 S1_salestotal 被定义在了没有筛选器的环境中，所以变量 S1_salestotal 的值和变量 salestotal 的值是一样的。

在使用 VAR 变量时一定要注意这个问题，这是许多初学者在学习变量时非常容易犯的错误。

9.3 常见的 DAX 函数和实际案例应用

本节主要介绍如何使用 CONCATENATEX 函数进行文本值透视，如何使用 DIVIDE 函数计算占比问题，以及如何使用 RANKX 函数计算排名问题。除此之外，本节还将介绍 HASONEVALUE 函数、ALLSELCTED 函数及 ISFILTERED 函数的用法。通过对本节内容的学习，读者基本可以使用 DAX 灵活地操纵数据透视表来完成大量的数据分析工作。

9.3.1 实例 1：使用 CONCATENATEX 函数进行文本值透视

CONCATENATEX 函数可以将多个值连接在一起，并使用指定的分隔符隔开，返回的结果是文本值。该函数的语法格式如下：

```
CONCATENATEX(表，用于计值的表达式，分隔符，[排序依据表达式]，[排序方式])
```

CONCATENATEX 函数的第四个参数可以对被分隔连接的元素进行排序。最后一个参数为 0、FALSE 或 DESC 时表示降序，为 1、TRUE 或 ASC 时表示升序。

该函数是一个迭代函数，它迭代由第一个参数提供的表，使用由第二个参数提供的表达式对表中的每一行进行计值，表达式的结果使用由第三个参数提供的分隔符连接起来。

下面看一个简单的例子，计算每个大区下面管辖的省份公司的数量和明细，如图 9-10 所示。

```
管辖省份公司: =
CONCATENATEX(VALUES('省份表'[省份]), '省份表'[省份], ", ")
```

大区名称	管辖省份公司数量	管辖省份公司
A区	3	上海，江苏，浙江
B区	2	重庆，四川
C区	3	湖南，广东，广西
D区	4	辽宁，吉林，黑龙江，山东
E区	5	北京，天津，河南，湖北，陕西
总计	**17**	**北京，天津，辽宁，吉林，黑龙江，上海，江苏，浙江，山东，河南，湖北，湖南，广东，广西，重庆，四川，陕西**

图 9-10

从图 9-10 所示的结果来看，“管辖省份公司”的“总计”行中列出了所有省份公司的明细，但是如果我们并不想要这个总计，则可以使用 HASONEVALUE 函数。该函数只有一个参数，用来判断当前列是否只有唯一值。所以，为了让“管辖省份公司”的“总计”行显示为空白，上述度量值还可以写为：

```
管辖省份公司: =
IF(
    HASONEVALUE('大区表'[大区名称]),
    CONCATENATEX(VALUES('省份表'[省份]), '省份表'[省份], ", "),
    BLANK()
)
```

HASONEVALUE 函数是一个非常有用的函数，在后面的章节中我们将会经常用到它。

上面的例子只是 CONCATENATEX 函数的一个常规用法，我们再来看一个有意思的例子。计算每个省份公司所管辖的门店的毛利率小于 60%的门店数量和明细，并按毛利率降序排列门店。

首先写一个计算毛利率的度量值。毛利率是毛利润和销售金额的比例，毛利润是销售金额减去成本金额。度量值如下：

```
毛利率: =
VAR salestotal =
    SUM('订单明细表'[产品销售金额])
VAR grossmargin =
    SUMX('订单明细表', '订单明细表'[产品销售金额] - RELATED('产品表'[产品成
本价格]) * '订单明细表'[产品销售数量])
RETURN
    DIVIDE(grossmargin, salestotal)
```

在 8.3.4 节中介绍了关于 CALCULATE 函数的筛选器参数的选择问题，当度量值与数值比较时，我们可以选择 FILTER 函数。度量值如下：

```
毛利率小于 60%的门店数量: =
CALCULATE(COUNTROWS('门店表'), FILTER('门店表', [毛利率] < 0.6))
```

然后计算毛利率小于 60%的门店明细，同时去掉"总计"行的内容，度量值如下：

```
毛利率小于 60%的门店: =
VAR shopconcatex =
    CALCULATE(
        CONCATENATEX(VALUES('门店表'), '门店表'[门店名称], ",", [毛利率], 0),
        FILTER('门店表', [毛利率] < 0.6)
    )
RETURN
    IF(HASONEVALUE('大区表'[大区名称]), shopconcatex, BLANK())
```

最后将这两个度量值放置于数据透视表中，结果如图 9-11 所示。

大区名称	省份	毛利率小于60%的门店数量	毛利率小于60%的门店
⊟A区		7	CWL店,ILO店,HQQ店,DRU店,QJW店,WXG店,RAQ店
	江苏	3	ILO店,HQQ店,WXG店
	上海	1	RAQ店
	浙江	3	CWL店,DRU店,QJW店
⊟B区		5	CGJ店,HOC店,RSU店,ISC店,KJE店
	四川	4	HOC店,RSU店,ISC店,KJE店
	重庆	1	CGJ店
⊟C区		10	CCJ店,DYV店,BIB店,XMQ店,KOL店,MIB店,QTU店,WRF店,ECL店,HGS店
	广东	2	DYV店,WRF店
	广西	4	KOL店,MIB店,ECL店,HGS店
	湖南	4	CCJ店,BIB店,XMQ店,QTU店
⊟D区		13	LFM店,IUD店,TEG店,YFS店,YCX店,PVJ店,FKI店,URM店,NLI店,ZCK店,DTM店,MAP店,RFY店
	黑龙江	2	YFS店,PVJ店
	吉林	4	YCX店,FKI店,URM店,DTM店
	辽宁	4	LFM店,TEG店,NLI店,ZCK店
	山东	3	IUD店,MAP店,RFY店
⊟E区		5	YVP店,KYP店,XYY店,FEK店,KFV店
	北京	1	FEK店
	河南	2	KYP店,XYY店
	湖北	1	YVP店
	天津	1	KFV店
总计		40	

图 9-11

9.3.2 实例 2：使用 ALLSELECTED 函数动态地计算各类占比

在 8.5.1 节中已经介绍了简单的占比计算，但是这还远远不能满足日常的实际应用。虽然数据透视表可以通过设置显示值显示方式来计算百分比，但是我们还是希望通过使用 DAX 表达式来自定义这类计算。本节将介绍两个新函数，即 ISFILTERED 函数和 ALLSELECTED 函数。

在开始介绍正式的内容之前，我们先认识一下 ALLSELECTED 函数。当我们想要在数据透视表中使用切片器或筛选器作为参数时，ALLSELECTED 函数是一个非常有用的函数。该函数的语法格式如下：

```
ALLSELECTED([表名或列名], <[列名], [列名], …])
```

当 ALLSELECTED 函数至少有一个参数时，它可以作为表表达式使用。该函数是一个复杂的函数，下面我们通过占比计算来理解 ALLSELECTED 函数的具体功能。

要计算各个大区和省份的产品销售金额的占比情况，先计算产品销售总金额，度量值如下：

```
产品销售总金额 : = SUM('订单明细表'[产品销售金额])
```

1）总体占比计算

计算每个大区的产品销售总金额占总体的比例，如图 9-12 所示。

```
总体占比(占大区) : =
DIVIDE([产品销售总金额], CALCULATE([产品销售总金额], ALL('大区表'[大区名
称])))
```

大区名称	产品销售总金额	总体占比(占大区)
A区	394294.57	10.3%
B区	311214.68	8.1%
C区	1181990.07	30.9%
D区	1063994.36	27.8%
E区	879465.55	23.0%
总计	3830959.23	100.0%

图 9-12

我们试图给这个结果插入"大区名称"的切片器，并筛选 A 区、C 区和 E 区，发现结果都变化了，这并不是我们想要的结果，如图 9-13 所示。

大区名称	产品销售总金额	总体占比(占大区)
A区	394294.57	10.3%
C区	1181990.07	30.9%
E区	879465.55	23.0%
总计	2455750.19	64.1%

大区名称：A区、B区、C区、D区、E区

图 9-13

我们只想计算筛选的这 3 个大区分别占被筛选的大区的总体比例,可以使用 ALLSELECTED 函数替换 ALL 函数,如图 9-14 所示。

```
总体占比(占大区 ALLSELECTED):=
DIVIDE([产品销售总金额], CALCULATE([产品销售总金额], ALLSELECTED('大区表'
[大区名称])))
```

图 9-14

2)分类占比计算

在上面的例子中,我们只在数据透视表中放置了"大区名称",当我们把"省份"也放置于行标签上时,上面的度量值就不适用了,需要重新调整一下度量值。由于"大区名称"和"省份"是具有先后顺序的,因此 ALL 函数的参数应该为"省份",这样才能得到正确的结果,如图 9-15 所示。

```
分类占比(占各省份总体):=
DIVIDE([产品销售总金额], CALCULATE([产品销售总金额], ALL('省份表'[省份])))
```

大区名称 ▼	省份 ▼	产品销售总金额	分类占比(占各省份总体)
⊟A区		394294.57	100.0%
	江苏	210598.7	53.4%
	上海	10652.38	2.7%
	浙江	173043.49	43.9%
⊟B区		311214.68	100.0%
	四川	258924.07	83.2%
	重庆	52290.61	16.8%
⊟C区		1181990.07	100.0%
	广东	524428.43	44.4%
	广西	388782.93	32.9%
	湖南	268778.71	22.7%
⊞D区		1063994.36	100.0%
⊞E区		879465.55	100.0%
总计		3830959.23	100.0%

图 9-15

同样地,当我们把"省份"作为切片器使用时,会发生和图 9-13 类似的情况,解决的方法还是使用 ALLSELECTED 函数替换 ALL 函数。度量值如下:

```
分类占比(占各省份总体 ALLSELECTED):=
DIVIDE([产品销售总金额], CALCULATE([产品销售总金额], ALLSELECTED('省份表'
'[省份])))
```

3）分层级占比计算

在数据透视表的行标签中共同放置了"大区名称"和"省份"标签，占比计算要满足两个条件：一是各个大区的省份对应的占比合计为 100%（各个大区的省份对应的占比为各省份的产品销售总金额占所在大区产品销售总金额的比例），另外一个是各个大区的汇总行的占比合计为 100%（各个大区的汇总行的占比为各个大区的产品销售总金额占所有产品销售总金额的比例），如图 9-16 所示。

大区名称	省份	产品销售总金额	分层级占比
A区		394294.57	10.3%
	江苏	210598.7	53.4%
	上海	10652.38	2.7%
	浙江	173043.49	43.9%
B区		311214.68	8.1%
	四川	258924.07	83.2%
	重庆	52290.61	16.8%
C区		1181990.07	30.9%
	广东	524428.43	44.4%
	广西	388782.93	32.9%
	湖南	268778.71	22.7%
D区		1063994.36	27.8%
	黑龙江	183185.91	17.2%
	吉林	245989.71	23.1%
	辽宁	262159.07	24.6%
	山东	372659.67	35.0%
E区		879465.55	23.0%
	北京	10769.8	1.2%
	河南	237759.22	27.0%
	湖北	489976.46	55.7%
	陕西	113385.4	12.9%
	天津	27574.67	3.1%
总计		3830959.23	100.0%

图 9-16

对于这样的分层级计算，占比的计算方式和逻辑都没有变化，唯一变化的是需要我们判断占比对应的筛选上下文，所以就会用到 ISFILTERED 函数。该函数主要用来判断指定的表或列是否被直接筛选（见图 9-16），"大区表"和"省份表"是一对多的筛选关系，所以我们只要判断"大区名称"和"省份"有没有被筛选就能解决问题。因此，可以使用判断是否被筛选的函数 ISFILTERED 有针对性地为"大区名称"和"省份"匹配不同的占比。度量值如下：

```
分层级占比：=
SWITCH(
    TRUE(),
    ISFILTERED('省份表'[省份]), DIVIDE([产品销售总金额], CALCULATE([产品
销售总金额], ALLSELECTED('省份表'[省份]))),
```

```
        ISFILTERED('大区表'[大区名称]), DIVIDE([产品销售总金额], CALCULATE( [产
品销售总金额], ALLSELECTED('大区表'[大区名称])))),
        DIVIDE([产品销售总金额], CALCULATE([产品销售总金额], ALLSELECTED('大
区表'[大区名称]))))
    )
```

如果想要在筛选状态下还保持原有的状态，则将 ALLSELECTED 函数修改为
ALL 函数即可。

DAX 函数并不像 Excel 工作表函数那样可以直接理解，必须在不同的上下文
环境中来观察结果，不断地理解和体会其计算逻辑，才能熟练地使用。

9.3.3　实例 3：使用 RANKX 函数动态地计算各类排名

本节的体系结构和 9.3.2 节中的内容十分相似，不同的是上一节计算的是占
比，而这一节计算的则是排名。排名的计算经常使用 RANKX 函数。

RANKX 函数是一个用于排名的函数，它也是一个迭代函数，返回的结果是
一个值。该函数的具体语法格式如下：

```
RANKX(表，表达式，[排名依据]，[排序方式]，[排序类型])
```

第一个参数可以是表，也可以是表表达式（也就是排名对象）；第二个参数是
对表中的每一行计算的表达式；第三个参数是指当前行排名的依据，如果省略该
参数，则使用第二个参数的表达式；第四个参数是排序方式，默认是升序，当该
参数为 0、FALSE 或 DESC 时表示降序，当该参数为 1、TRUE 或 ASC 时表示
升序。

本节主要介绍常用的第一个和第二个参数，根据"大区名称"和"省份"对
产品销售总金额进行排名。计算产品销售总金额，度量值可以写为：

```
产品销售总金额：= SUM('订单明细表'[产品销售金额])
```

1）整体排名

对每个大区的产品销售总金额进行降序排名，如图 9-17 所示。

```
整体排名：=
= IF(
    HASONEVALUE('大区表'[大区名称]),
    RANKX(ALL('大区表'[大区名称]), [产品销售总金额]),
    BLANK()
)
```

大区名称 ▾	产品销售总金额	整体排名
A区	394294.57	4
B区	311214.68	5
C区	1181990.07	1
D区	1063994.36	2
E区	879465.55	3
总计	**3830959.23**	

图 9-17

HASONEVALUE 函数的作用主要是去除"总计"行的排名，因为对"总计"行进行排名是没有意义的。上述度量值中最重要的部分是使用 ALL 函数忽略"大区名称"列上的筛选器，因为第一个参数的表是在迭代期间构建的。

2）分类排名

如果将"省份表"中的"省份"放置于数据透视表中的行标签上，那么上述度量值就不能返回正确的结果了。因为我们需要的是对每个大区的各个省份的产品销售总金额进行排名。此时，度量值可以写为：

```
分类排名：=
IF(HASONEVALUE('省份表'[省份]), RANKX(ALL('省份表'[省份]), [产品销售总金额]))
```

将度量值放置于数据透视表中，结果如图 9-18 所示。

大区名称 ▾	省份 ▾	产品销售金额	分类排名
⊟A区		**394294.57**	
	江苏	210598.7	1
	上海	10652.38	3
	浙江	173043.49	2
⊟B区		**311214.68**	
	四川	258924.07	1
	重庆	52290.61	2
⊟C区		**1181990.07**	
	广东	524428.43	1
	广西	388782.93	2
	湖南	268778.71	3
⊟D区		**1063994.36**	
	黑龙江	183185.91	4
	吉林	245989.71	3
	辽宁	262159.07	2
	山东	372659.67	1
⊟E区		**879465.55**	
	北京	10769.8	5
	河南	237759.22	2
	湖北	489976.46	1
	陕西	113385.4	3
	天津	27574.67	4
总计		**3830959.23**	

图 9-18

3）分层级排名

和 9.3.2 节中的分层级占比一样，我们希望在"大区名称"的汇总行中显示当前大区的产品销售总金额的排名，在"省份"列中显示每个省份在各自的大区中的排名，如图 9-19 所示。

```
分层级排名：=
IF(
    HASONEVALUE('大区表'[大区名称]),
    SWITCH(
        TRUE(),
        ISFILTERED('省份表'[省份]), IF(HASONEVALUE('省份表'[省份]),
RANKX(ALL('省份表'[省份]), [产品销售总金额])),
        ISFILTERED('大区表'[大区名称]), RANKX(ALL('大区表'[大区名称]),
[产品销售总金额]),
        RANKX(ALL('大区表'[大区名称]), [产品销售总金额])
    )
)
```

大区名称	省份	产品销售总金额	分层级排名
⊟A区		394294.57	4
	江苏	210598.7	1
	上海	10652.38	3
	浙江	173043.49	2
⊟B区		311214.68	5
	四川	258924.07	1
	重庆	52290.61	2
⊟C区		1181990.07	1
	广东	524428.43	1
	广西	388782.93	2
	湖南	268778.71	3
⊟D区		1063994.36	2
	黑龙江	183185.91	4
	吉林	245989.71	3
	辽宁	262159.07	2
	山东	372659.67	1
⊟E区		879465.55	3
	北京	10769.8	5
	河南	237759.22	2
	湖北	489976.46	1
	陕西	113385.4	3
	天津	27574.67	4
总计		3830959.23	

图 9-19

如果想计算按切片器或筛选器筛选后的可见省份或大区的产品销售总金额的排名，那么应该将上述表达式中的 ALL 函数替换成 ALLSELECTED 函数。

RANKX 函数是一个简单的函数，但是计值过程比较复杂，这一点需要在使用过程中反复地理解。本书将不涉及这些复杂的计值过程的介绍。另外，在使用 RANKX 函数的过程中要特别注意以下两点：

一是 RANKX 函数的第一个参数通常是对列或表使用 ALL 函数。第一个参数是单列，如果忘记使用 ALL 函数，那么在检查表达式时会被提示有错误；如果是使用表，那么一定要注意加上 ALL 函数。例如，在计算整体排名时，下面的公式将不会得到正确的结果，如图 9-20 所示。

```
整体排名(错误)：=
IF(HASONEVALUE('大区表'[大区名称])，RANKX('大区表'，[产品销售总金额]))
```

大区名称 ▾	产品销售总金额	整体排名	整体排名(错误)
A区	394294.57	4	1
B区	311214.68	5	1
C区	1181990.07	1	1
D区	1063994.36	2	1
E区	879465.55	3	1
总计	3830959.23		

图 9-20

二是 RANKX 函数的第二个参数未使用 CALCULATE 函数。本节已经展示的 3 个案例中，我们直接引用的是度量值，引用的度量值会默认嵌套一个 CALCULATE 函数。但是如果写成如下的表达式，那么会得到错误的结果。因为表达式无法在迭代的过程中将行上下文转换为筛选上下文，无法对 RANKX 函数的第一个参数的每一行进行计值，如图 9-21 所示。

```
整体排名(错误：未使用 CALCULATE)：=
IF(HASONEVALUE('大区表'[大区名称])，RANKX('大区表'，SUM('订单明细表'[产品
销售金额])))
```

大区名称 ▾	产品销售总金额	整体排名	整体排名(错误:未使用CALCULATE)
A区	394294.57	4	1
B区	311214.68	5	1
C区	1181990.07	1	1
D区	1063994.36	2	1
E区	879465.55	3	1
总计	3830959.23		

图 9-21

正确的写法应该是分步完成，即先将产品销售总金额的度量值单独编写，然后直接调用，或者在图 9-21 所示内容的表达式的基础上，给 RANKX 函数的第二个参数的表达式外面嵌套一个 CALCULATE 函数。度量值如下：

```
整体排名(嵌套CALCULATE) : =
IF(HASONEVALUE('大区表'[大区名称]), RANKX('大区表', CALCULATE(SUM('订单
明细表'[产品销售金额]))))
```

只有谨记上述两点，才能在使用 RANKX 函数的过程中确保得到正确的结果。

9.3.4 实例 4：自定义数据透视表标题行完成复杂的报表

在传统的数据透视表中，标题行都是由拖放至行标签或列标签中的字段的名称的先后顺序形成的层次结构来确定的，这在很大程度上限制了使用数据透视表创建自定义的数据报表的可能。但是，通过 DAX 表达式，我们可以自定义一些简单的自定义格式的数据透视表标题行。本节将讲解自定义标题行是如何实现的。

自定义的数据透视表的标题行如图 9-22 所示。

销售业绩类			客户订单		成本利润		
产品销售总金额	平均折扣比例	销售TOP3门店	订单数量	订单平均金额	成本总额	毛利润	毛利率

图 9-22

具体的操作步骤如下所述。

第 1 步：首先将图 9-22 所示的表头内容进行整理，对一级标题和二级标题进行编号，然后将整理好的表添加到数据模型中，并命名为"标题表"，该表不与其他任何表建立关系，如图 9-23 所示。

	一级标题ID	一级标题名称	二级标题ID	二级标题名称
1	1	销售业绩	1	产品销售总金额
2	1	销售业绩	2	平均折扣比例
3	1	销售业绩	3	销售TOP3门店
4	2	客户订单	1	订单数量
5	2	客户订单	2	订单平均金额
6	3	成本利润	1	成本总额
7	3	成本利润	2	毛利润
8	3	成本利润	3	毛利率

大区表 | 省份表 | 产品表 | 门店表 | 订单明细表 | 销售目标表 | 日期表 | 标题表

图 9-23

第 2 步：在 Power Pivot 的管理界面中，分别对"一级标题名称"列和"二级标题名称"列执行"按列排序"，排序的依据分别是"一级标题 ID"列和"二级标题 ID"列。具体的操作步骤可以参考 9.1.1 节中的内容。按列排序的目的是使标题在数据透视表中可以自动按设定的顺序进行排列。

第 3 步：编写二级标题名称涉及的所有的度量值。

首先编写一级标题名称"销售业绩"下的所有的二级标题名称对应的度量值。度量值如下：

```
产品销售总金额: = SUM('订单明细表'[产品销售金额])
平均折扣比例: = AVERAGE('订单明细表'[折扣比例])
```

上述两个度量值都是十分简单的常规用法。而为了计算销售前 3 名的门店，需要按"产品销售总金额"这个度量值对所有的门店进行排名，使用上一节中介绍的 RANKX 函数即可。具体内容可以参照 9.3.3 节。

```
销售排名(按门店): =
IF(HASONEVALUE('门店表'[门店名称]), RANKX(ALL('门店表'[门店名称]), [产品销售总金额])))
```

最重要的一步就是计算产品销售总金额的前 3 名都有哪些门店，可以使用 CALCULATE 函数和 CONCATENATEX 函数返回一个为文本字符串的标量值。具体内容可以参照 9.3.1 节。

```
销售 TOP3 门店: =
IF(
    HASONEVALUE('大区表'[大区名称]),
    CALCULATE(
        IF(
            [产品销售总金额] <> BLANK(),
            CONCATENATEX(VALUES('门店表'[门店名称]), [门店名称], ",", [产品销售总金额], 0),
            BLANK()
        ),
        FILTER(VALUES('门店表'[门店名称]), [销售排名(按门店)] <= 3)
    )
)
```

然后编写一级标题名称"客户订单"下的所有的二级标题名称对应的度量值。度量值如下：

```
订单数量: = DISTINCTCOUNT('订单明细表'[订单 ID])
订单平均金额: = DIVIDE([产品销售总金额], [订单数量])
```

最后编写一级标题名称"成本利润"下的所有的二级标题名称对应的度量值。度量值如下：

```
成本总额: = SUMX('订单明细表', '订单明细表'[产品销售数量] * RELATED('产品表'[产品成本价格]))
毛利润: = [产品销售总金额] - [成本总额]
毛利率: = DIVIDE([毛利润], [产品销售总金额])
```

第 4 步：在数据透视表中，我们并不能直接把第 3 步中的所有的度量值都放在值标签上。所以，此时我们只有在根据第 1 步里面建立的"标题表"形成的筛选上下文中进行判断，才能将各级标题与度量值一一对应起来，生成一个新的度量值——"自定义标题对应的值"。度量值如下：

```
自定义标题对应的值：=
VAR partitle = MAX('标题表'[一级标题名称])
VAR childtitle = MAX('标题表'[二级标题名称])
VAR measurename =
    SWITCH(
        TRUE(),
        partitle = "销售业绩",
            SWITCH(
                TRUE(),
                childtitle = "产品销售总金额", [产品销售总金额],
                childtitle = "平均折扣比例", ROUND([平均折扣比例], 2),
                [销售 TOP3 门店]
            ),
        partitle = "客户订单",
            SWITCH(TRUE(),
                childtitle = "订单数量", [订单数量],
                ROUND([订单平均金额], 2)
            ),
        SWITCH(
            TRUE(),
            childtitle = "成本总额", [成本总额],
            childtitle = "毛利润", [毛利润],
            FORMAT([毛利率], "0.00%")
        )
    )
RETURN
    IF([产品销售总金额] <> BLANK(), measurename)
```

在上述度量值中，最关键的部分就是使用 SWITCH 函数判断数据透视表中的列标签的筛选上下文是什么，以匹配对应的度量值。由于这是一个组合的值，因此，对于百分比或小数的位置可以使用 FORMAT 函数或 ROUND 函数进行设置。最后是判断没有产生销售记录的省份，不显示即可。MAX 函数不仅可以返回数值列中的最大值，也适用于字段或列名是文本类型的情形。

第 5 步：首先将"标题表"中的"一级标题名称"和"二级标题名称"依次放置于数据透视表中的列标签上，将"大区表"中的"大区名称"和"省份表"

中的"省份"依次放置于数据透视表中的行标签上，然后将度量值"自定义标题对应的值"放置于数据透视表中。如果有需要，可以添加相应的切片器。结果如图 9-24 所示。

义标题对应		一级标题名称	二级标题名							
			销售业绩			客户订单		成本利润		
大区名称	省份	产品销售总金额	平均折扣比例	销售TOP3门店		订单数量	订单平均金额	成本总额	毛利润	毛利率
A区		192702.41	0.62	CQS店, YBQ店, XAI店		1287	149.73	71390	121312.41	62.95%
	江苏	109732.81	0.65	CQS店, YBQ店, ILO店		730	150.32	38258	71474.81	65.14%
	上海	7134.02	0.46	RAQ店		63	113.24	3671	3463.02	48.54%
	浙江	75835.58	0.59	XAI店, QJW店, DRU店		494	153.51	29461	46374.58	61.15%
B区		142475.3	0.66	VWG店, CGJ店, FNF店		899	158.48	47535	94940.3	66.64%
	四川	120751.17	0.68	VWG店, FNF店, KMP店		747	161.65	38918	81833.17	67.77%
	重庆	21724.13	0.55	CGJ店, YHV店		152	142.92	8617	13107.13	60.33%
C区		510198.27	0.75	OMK店, PJU店, GMU店		2799	182.28	149371	360827.27	70.72%
	广东	236805.64	0.81	PJU店, QEV店, WFG店		1147	206.46	65752	171053.64	72.23%
	广西	148281.13	0.72	OMK店, GMU店, TEK店		865	171.42	44458	103823.13	70.02%
	湖南	125111.5	0.71	VDP店, FMU店, GJE店		787	158.97	39161	85950.5	68.70%
D区		476822.5	0.67	RZP店, EVE店, WAL店		2957	161.25	159769	317053.5	66.49%
	黑龙江	73266.81	0.69	XGM店, FRO店, JQX店		414	176.97	23361	49905.81	68.12%
	吉林	129814.78	0.65	WAL店, KNG店, XRL店		858	151.3	45750	84064.78	64.76%
	辽宁	125692.94	0.64	EVE店, UKM店, JHQ店		884	142.19	43486	82206.94	65.40%
	山东	148047.97	0.71	RZP店, ZKX店, JAY店		801	184.83	47172	100875.97	68.14%
E区		432853.32	0.75	EWB店, EUO店, WUY店		2304	187.87	125871	306982.32	70.92%
	北京	4635.34	0.46	FEK店		56	82.77	2331	2304.34	49.71%
	河南	128078.22	0.72	WUY店, CBY店, DYH店		748	171.23	39377	88207.22	68.87%
	湖北	197720.34	0.8	EWB店, EUO店, NBK店		934	211.69	54063	143657.34	72.66%
	陕西	83672.18	0.76	HJS店, WQM店, NWN店		459	182.29	24015	59657.18	71.30%
	天津	18747.24	0.72	EUT店, KFV店		107	175.21	5591	13156.24	70.18%
总计		1755051.8	0.7			10246	171.29	553936	1201115.8	68.44%

年份
2019年
2020年
2021年

季度
Q1
Q2
Q3
Q4

产品分类
二类
三类
四类
一类

图 9-24

这个综合案例的突破点就在于确定当前的筛选上下文（本案例中指数据透视表中的列标签），在使用判断函数进行判断后，将已经编写好的度量值进行一一对应即可。唯一有遗憾的地方就是一些特殊的格式（如百分比等）需要进行格式化。

9.4　DAX 作为查询工具的实际应用

DAX 是一门高级语言，不仅可以用来计算，还可以用来执行查询。本节主要介绍几个重要的表函数，以及如何使用这些表函数创建查询。

9.4.1　数据查询和 EVALUATE

从本质上讲，Power Pivot 的数据模型是一个小型的数据库。在通常情况下，都是将 DAX 分析的结果呈现在数据透视表中，但是有一些场景需要将这个数据库中的数据按条件查询出来作为其他分析项目的数据源，这时就需要使用 EVALUATE 将表表达式的结果以连接表的形式返回 Excel 工作表中。

EVALUATE 是用来执行查询所需的 DAX 语句，其后面跟随表表达式，即返回结果为一个表的 DAX 表达式。其简单的语法格式如下：

```
EVALUATE
表表达式
```

需要注意的是，EVALUATE 后面直接跟随表表达式，没有括号，这与 DAX 函数是不一样的，所以 EVALUATE 不能被称为 DAX 的函数。下面结合具体的案例来介绍在 Excel 中如何使用 EVALUATE，具体的操作步骤如下所述。

第 1 步：在 Excel 的管理界面中单击"数据"→"现有连接"按钮，在弹出的"现有连接"对话框中切换至"表格"选项卡，可以看到已经导入 Power Pivot 数据模型中的表，选择一个行数相对较少的表（如"产品表"），单击"打开"按钮，如图 9-25 所示。

图 9-25

第 2 步：在弹出的"导入数据"对话框中选中"表"单选按钮，并选择存放数据的表格的起始单元格地址（如 A1 单元格），然后单击"确定"按钮，如图 9-26 所示。

图 9-26

此时，Power Pivot 数据模型中的"产品表"的全部数据已经连接到 Excel 工作表中了。下面我们使用 EVALUATE 来修改这个查询。

第 3 步：在第 2 步创建的查询结果中，选择任意一个单元格并右击，在弹出的快捷菜单中依次选择"表格"→"编辑 DAX"命令，如图 9-27 所示。

图 9-27

第 4 步：在第 3 步打开的"编辑 DAX"对话框的"命令类型"下拉列表中选择"DAX"选项，在"表达式"文本框中输入以下表达式。该表达式用于筛选出平均折扣比例大于或等于 0.7 的省份。表达式和结果如图 9-28 所示。

```
EVALUATE
FILTER(ALL('省份表'[省份]), CALCULATE(AVERAGE('订单明细表'[折扣比例]))) >=
0.7)
```

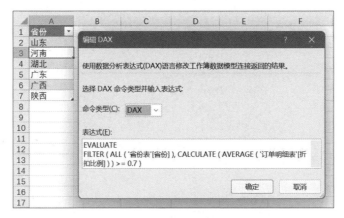

图 9-28

在上述表达式中，我们只需要"省份"即可，不需要"省份表"中的其他多余的列，所以使用了 ALL 函数生成只有单列的表，在 FILTER 函数逐行迭代这个单行表的过程中，CALCULATE 函数用于提供筛选的条件。

在这个例子中，需要重点关注图 9-26，在"导入数据"对话框中，我们发现"将此数据添加到数据模型"复选框是默认勾选的。也就是说，这个查询表会再一次被添加到 Power Pivot 的数据模型中，而且会随着查询的刷新同步当前查询的数据到 Power Pivot 的数据模型中。在实际的应用中，我们可以通过这种连接表的方式解决一些比较复杂的问题。

9.4.2 实例 1：使用 ADDCOLUMNS 函数建立查询表

ADDCOLUMNS 函数经常用来为表新建列，新增的列需要指定名称和对应的标题表达式。该函数的语法格式如下：

```
ADDCOLUMNS(表，名称1，表达式1，名称2，表达式2，…)
```

ADDCOLUMNS 函数会沿着第一个参数的每一行计值，所以该函数也是一个迭代函数，在行上下文中进行计值。该函数的第一个参数可以是一个表，也可以是一个表表达式。

例如，计算每个产品分类的平均折扣比例，如图 9-29 所示。

```
EVALUATE
ADDCOLUMNS(
    VALUES('产品表'[产品分类]),
    "平均折扣比例", CALCULATE(AVERAGE('订单明细'[产品折扣比例]))
)
```

图 9-29

上述表达式中在计算平均折扣比例时，显式地使用了 CALCULATE 函数将行上下文转换为筛选上下文。如果"平均折扣比例"这部分是一个已经写好的度量值，那么上述表达式就可以直接写为：

```
EVALUATE
ADDCOLUMNS(
    VALUES('产品表'[产品分类]),"平均折扣比例", [平均折扣比例]
)
```

下面再来看一个比较复杂的例子。在 9.4.1 节中创建了一个筛选出平均折扣比例大于或等于 0.7 的省份的表，在 9.3.1 节中计算了毛利率。在此基础上，再次计算平均折扣比例大于或等于 0.7 的省份的产品销售总金额、平均折扣比例和毛利率，如图 9-30 所示。

```
EVALUATE
ADDCOLUMNS(
    FILTER(ALL('省份表'[省份]), CALCULATE(AVERAGE('订单明细表'[折扣比
例]))) >= 0.7),
    "产品销售总金额", CALCULATE(SUM('订单明细表'[产品销售金额])),
    "平均折扣比例", CALCULATE(AVERAGE('订单明细表'[折扣比例])),
    "毛利率",
        VAR grossmargin =
            CALCULATE(SUMX('订单明细表', RELATED('产品表'[产品成本价格]) *
'订单明细表'[产品销售数量]))
        VAR salestotal =
            CALCULATE(SUM('订单明细表'[产品销售金额]))
        RETURN
            DIVIDE(salestotal - grossmargin, salestotal)
)
```

	A	B	C	D
1	产品销售总金额	平均折扣比例	毛利率	省份
2	372659.67	71.8%	68.5%	山东
3	237759.22	71.6%	68.8%	河南
4	489976.46	78.1%	72.1%	湖北
5	524428.43	82.4%	73.0%	广东
6	388782.93	70.1%	68.6%	广西
7	113385.4	75.4%	70.7%	陕西
8				

图 9-30

在本例中，ADDCOLUMNS 函数的第一个参数用于计算平均折扣比例大于或等于 0.7 的省份明细。然后对这些省份逐行计算对应的列。尤其需要注意的是，在 ADDCOLUMNS 函数的第七个参数中使用了变量的写法，这使得整个表达式更加易读。当然，在 EVALUATE 中使用 VAR 变量时，还有一种更加简洁的写法，那就是使用 DEFINE。关于这个写法，有兴趣的读者可以自行了解和学习。

9.4.3 实例 2：使用 SELECTCOLUMNS 函数建立查询表

上一节介绍了如何使用 ADDCOLUMNS 函数创建一个查询表。本节介绍另外一个具有同样功能的函数——SELECTCOLUMNS 函数。该函数主要用来在已有的表的基础上创建新列，或者在原有表的基础上选择指定的列生成一个新表。SELECTCOLUMNS 函数的语法格式与 ADDCOLUMNS 函数的语法格式基本相似，具体如下：

```
SELECTCOLUMNS(表, 列名1, 表达式1, 列名2, 表达式2, …)
```

例如，要将"大区表"中的"大区名称"列和"大区负责人"列拿出来，如图 9-31 所示。

```
EVALUATE
SELECTCOLUMNS('大区表', "大区名称", '大区表'[大区名称], "大区总", '大区表'[大区负责人])
```

	A	B
1	大区名称	大区总
2	A区	欧阳锋
3	B区	陈新明
4	C区	李云龙
5	D区	赵刚
6	E区	吴磊

图 9-31

在这个例子中，我们将原有的"大区负责人"列的列名改为"大区总"，当然也可以直接使用原来的列名，这并不会发生列名的冲突。

再来看另外一个例子。例如，以"产品表"为基础，计算每个产品分类的平均折扣比例和毛利润，如图 9-32 所示。

```
EVALUATE
SELECTCOLUMNS(
    VALUES('产品表'[产品分类]),
    "产品分类", '产品表'[产品分类],
    "平均折扣比例", CALCULATE(AVERAGE('订单明细表'[折扣比例])),
```

```
"毛利润",CALCULATE(SUM('订单明细表'[产品销售金额])) - CALCULATE(SUMX ('
订单明细表', RELATED('产品表'[产品成本价格]) * '订单明细表'[产品销售数量]))
    )
```

	A	B	C
1	平均折扣比例	毛利润 ▼	产品分类 ▼
2	70.1%	701373.87	三类
3	69.3%	865253.87	二类
4	69.7%	557240.03	四类
5	70.2%	483291.46	一类
6			

图 9-32

VALUES 函数的作用是去重，而 ADDCOLUMNS 函数的作用是增加列，SELECTCOLUMNS 函数的作用是减少列，都不具有去重的功能。

相比于 ADDCOLUMNS 函数，SELECTCOLUMNS 函数生成的表可以不包含第一个参数的表中的列，而 ADDCOLUMNS 函数生成的表包含第一个参数的表中的列，并从这个指定的表开始添加列。除此之外，对于新建列的名称，ADDCOLUMNS 函数的新建列的名称不能与第一个参数的表中的列名重名，而 SELECTCOLUMNS 函数的新建列的名称则可以与第一个参数的表中的列名一致。

9.4.4　实例 3：使用 SUMMARIZE 和 SUMMARIZECOLUMNS 函数分组汇总数据

SUMMARIZE 函数主要用来分组汇总数据，根据一列或多列对数据进行分组，并使用指定的表达式为汇总后的表添加新列。该函数的语法格式如下：

```
SUMMARIZE(表, 分组条件列 1, [分组条件列 2], …, 新列名 1, 表达式 1, 新列名 2, 表
达式 2, …)
```

例如，对"订单明细表"按"大区名称"列和"省份"列进行分组后，计算产品销售总金额、平均折扣比例和毛利润，如图 9-33 所示。

```
EVALUATE
SUMMARIZE(
    '订单明细表',
    '大区表'[大区名称],
    '省份表'[省份],
    "产品销售总金额", SUM('订单明细表'[产品销售金额]),
    "平均折扣比例", AVERAGE('订单明细表'[折扣比例]),
    "毛利润", SUM('订单明细表'[产品销售金额]) - SUMX('订单明细表', RELATED('
产品表'[产品成本价格]) * '订单明细表'[产品销售数量])
    )
```

	A	B	C	D	E
1	大区名称	产品销售总金额	平均折扣比例	毛利润	省份
2	E区	10769.8	0.46	5495.8	北京
3	E区	27574.67	0.64	18182.67	天津
4	D区	262159.07	0.64	171140.07	辽宁
5	D区	245989.71	0.63	157137.71	吉林
6	D区	183185.91	0.68	122484.91	黑龙江
7	A区	10652.38	0.45	5075.38	上海
8	A区	210598.7	0.62	133832.7	江苏
9	A区	173043.49	0.59	106276.49	浙江
10	D区	372659.67	0.72	255141.67	山东
11	E区	237759.22	0.72	163490.22	河南
12	E区	489976.46	0.78	353264.46	湖北
13	C区	268778.71	0.69	181565.71	湖南
14	C区	524428.43	0.82	382714.43	广东
15	C区	388782.93	0.70	266610.93	广西
16	B区	52290.61	0.49	28121.61	重庆
17	B区	258924.07	0.69	176441.07	四川
18	E区	113385.4	0.75	80183.4	陕西
19					

图 9-33

通过这个例子可以看出两点：一是 SUMMARIZE 函数可以使用多个条件对数据进行分组，但前提是作为参数的列必须在与第一个参数已经建立了多对一关系或一对一关系的表中（这里是指可以使用 RELATED 函数来获取的表中的列，但是不必使用 RELATED 函数）；二是在 SUMMARIZE 函数中新添加的列没有使用 CALCULATE 函数，这是因为通过 SUMMARIZE 函数添加的新列本身就具有筛选上下文，因此不需要使用 CALCULATE 函数。

SUMMARIZE 函数配合 ROLLUP 函数还可以计算总计。在使用 SUMMARIZE 函数进行汇总时，添加的列的顺序是不受控制的，也就是说，SUMMARIZE 函数只管输出结果，如图 9-34 所示。

```
EVALUATE
SUMMARIZE(
    '订单明细表',
    ROLLUP('大区表'[大区名称]),
    "产品销售总金额", SUM('订单明细表'[产品销售金额]),
    "平均折扣比例", AVERAGE('订单明细表'[折扣比例])
)
```

	A	B	C
1	平均折扣比例	大区名称	产品销售总金额
2	74.5%	E区	879465.55
3	60.3%	A区	394294.57
4	65.4%	B区	311214.68
5	74.5%	C区	1181990.07
6	66.8%	D区	1063994.36
7	69.8%		3830959.23

图 9-34

虽然 SUMMARIZE 函数可以同时创建行上下文和筛选上下文（尽管这个暂时

难以理解），但是仍然不推荐使用该函数，需要时使用 SUMMARIZE 函数和 ADDCOLUMNS 函数的组合创建一些临时的查询表。例如，将上述的例子进行改写，表达式如下：

```
EVALUATE
ADDCOLUMNS(
    SUMMARIZE('订单明细表', '大区表'[大区名称]),
    "产品销售总金额", CALCULATE(SUM('订单明细表'[产品销售金额])),
    "平均折扣比例", CALCULATE(AVERAGE('订单明细表'[折扣比例])))
)
```

由于 ADDCOULUMNS 函数是一个迭代函数，因此新建的列的表达式需要使用 CALCULATE 函数显式地将行上下文转换为筛选上下文。另外，在使用 ADDCOLUMNS 函数和 SUMMARIZE 函数的组合时，就不能使用 ROLLUP 函数来计算总计了。

有一个函数和 SUMMARIZE 函数具有类似的功能，但是该函数的功能比 SUMMARIZE 函数的功能更加强大，这个函数就是 SUMMARIZECOLUMNS 函数。该函数的语法格式与 SUMMARIZE 函数的语法格式相似，第一个参数不再需要一个表。

例如，上述例子就可以使用 SUMMARIZECOLUMNS 函数来完成，表达式如下：

```
EVALUATE
SUMMARIZECOLUMNS(
    '大区表'[大区名称],
    "产品销售总金额", SUM('订单明细表'[产品销售金额]),
    "平均折扣比例", AVERAGE('订单明细表'[折扣比例])
)
```

在日常的应用中，SUMMARIZECOLUMNS 函数比 SUMMARIZE 函数在性能上更加优越，因此推荐使用 SUMMARIZECOLUMNS 函数。

9.5　Power Pivot 数据模型与多维数据集函数

本节主要介绍如何从 Power Pivot 数据模型中提取数据到 Excel 工作表的单元格中，而不依托于数据透视表或使用 DAX 作为查询工具得到的表格结果。

9.5.1　认识 CUBE 类函数

在 9.4 节中介绍了如何使用 DAX 作为查询工具，从 Power Pivot 数据模型中返回一个表格形式的结果。但在实际工作中，报表的样式多种多样。虽然在学习数据透视表时，可以使用 GETPIVOTDATA 函数将数据透视表中的数据提取到工作表的单元格中，而且这个方法同样适用于使用 Power Pivot 数据模型生成的数据透视表，但是在很多场景中，使用 GETPIVOTDATA 函数并不是非常合适的选择。因为该函数有以下几点限制：

- 结果严重依赖于数据透视表。
- 数据透视表中的字段必须是设置好的，如果改变了数据透视表中的字段，则结果会报错。
- 当需要多个维度汇总数据时，必须创建多个数据透视表。
- 不能直接从 Power Pivot 数据模型中提取数据。

鉴于此，我们不得不学习 CUBE 类函数，而在 Excel 中使用 CUBE 类函数最直接的场景就是从创建的 Power Pivot 数据模型中提取数据。

在 Excel 中，CUBE 类函数也叫多维数据集函数，它是 Excel 的工作表函数，并非 DAX 函数。在 Excel 工作表的"公式"选项卡下的"其他函数"中的"多维数据集"级联列表中，列出了 7 个多维数据集函数，如图 9-35 所示。

图 9-35

CUBE 是对数据模型的一个形象化描述。在 CUBE 中，我们可以通过指定的维度来获取这个数据立方体中的值。

那么 CUBE 类函数到底是如何返回 Power Pivot 数据模型中的数据的呢？首选通过 Power Pivot 数据模型创建了一个数据透视表，然后选中数据透视表，接着依次选择“数据透视表分析”→“OLAP 工具”→“转换为公式”选项，如图 9-36 所示。这个步骤将数据透视表转换为了 CUBE 函数所表示的公式，如图 9-37 所示。

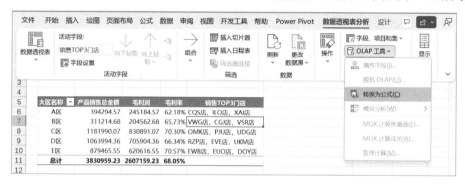

图 9-36

	A	B	C	D	E	F
1						
2		大区名称	产品销售总金额	毛利润	毛利率	销售TOP3门店
3		A区	394294.57	245184.57	62.18%	CQS店，ILO店，XAI店
4		B区	311214.68	204562.68	65.73%	VWG店，CGJ店，VSR店
5		C区	1181990.07	830891.07	70.30%	OMK店，PJU店，UDG店
6		D区	1063994.36	705904.36	66.34%	RZP店，EVE店，UKM店
7		E区	879465.55	620616.55	70.57%	EWB店，EUO店，DOY店
8		总计	3830959.23	2607159.23	68.05%	
9						

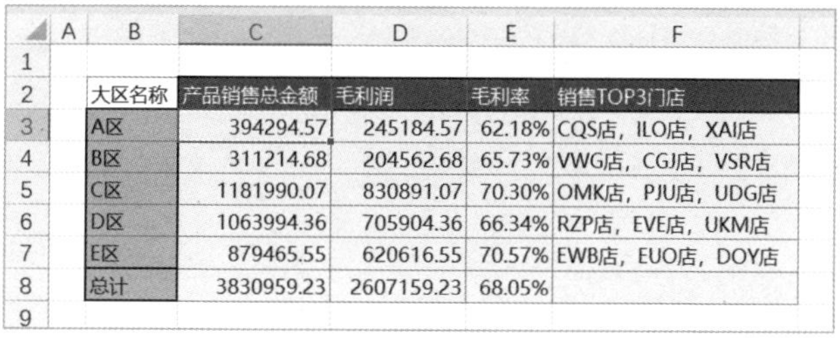

图 9-37

图 9-37 所示内容可以分为 3 个部分，即行标题、列标题和行列交叉处的值，这 3 项分别对应了不同类型的公式。转换后的数据区域中的每个单元格都带有公式。

行标题，以 B3 单元格为例，其公式如下：

```
= CUBEMEMBER("ThisWorkbookDataModel","[大区表].[大区名称].&[A 区]")
```

列标题，以 C2 单元格为例，其公式如下：

```
= CUBEMEMBER("ThisWorkbookDataModel","[Measures].[产品销售总金额]")
```

值，以 C3 单元格为例，其公式如下：

```
=CUBEVALUE("ThisWorkbookDataModel",$B3,C$2)
```

通过上述 3 个公式可以看出，行标题和列标题都用到了 CUBEMEMBER 函数，

而值则用到了 CUBEVALUE 函数。关于函数的用法，将在 9.5.2 节和 9.5.3 节中进行详细的介绍。

另外，上述 3 个公式中还提到了 "ThisWorkbookDataModel"，这部分正是我们通过 Power Pivot 创建的数据模型。因为一个 Excel 工作簿中只能创建一个数据模型，所以这个数据模型以 "ThisWorkbook" 开头。我们可以单击 "数据" → "查询和连接" 按钮，在弹出的 "查询&连接" 窗格中可以看到该数据模型的连接。

由此，可以通过 CUBE 函数来提取 Power Pivot 数据模型中的数据和已经创建好的度量值，这极大地扩展了数据模型的用途，为复杂报表的制作提供了许多可能。

9.5.2　实例 1：使用 CUBEVALUE 函数提取 Power Pivot 数据模型中的数据

在 9.5.1 节中介绍了使用 CUBEVALUE 函数可以提取 Power Pivot 数据模型中的数据，本节将具体介绍该函数的语法和使用方法。本节使用的 Power Pivot 数据模型如图 9-38 所示。

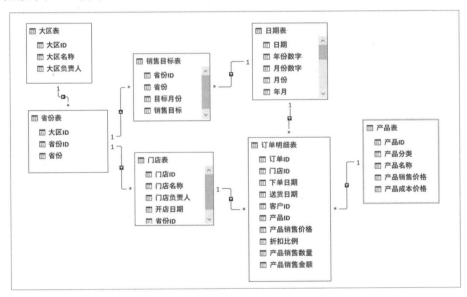

图 9-38

CUBEVALUE 函数作为 Excel 工作表函数中的多维数据集函数之一，其主要的作用是从多维数据集中获取汇总值。该函数的语法格式如下：

```
CUBEVALUE(connection, [member_expression1], [member_expression2], …)
```

其中，Connection 是指链接，即 9.5.1 节中的 Power Pivot 数据模型。该参数是固定的 "ThisWorkbookDataModel"，其是一个文本值，需要写在双引号中间。

member_expression 是指成员的表达式，也可以将其称为维度的表达式。该参数一般的写法是 "[表].[字段].[项目]"，并且该参数是可以省略的。

CUBEVALUE 函数的语法格式可以通俗地写为：

```
CUBEVALUE ( 连接,[表达式1],[表达式2] … )
```

每个参数都被包含在英文双引号中间，但是切片器的选项除外（该部分将在 9.5.3 节中进行详细的介绍）。在使用 CUBE 类函数时，Excel 也为其提供了智能语法提示功能，不过此处的智能语法提示功能与其他的工作表函数的智能语法提示功能有区别，只有在输入英文双引号后，Excel 才会自动显示可供选择的参数列表，如图 9-39 所示。

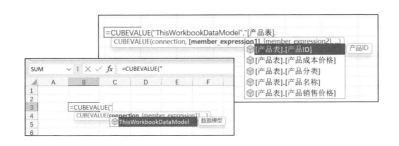

图 9-39

下面以案例的形式讲解该函数的主要用法。

案例 1：CUBEVALUE 函数常见的几种用法。

当在 CUBEVALUE 函数中只输入连接（即第一个参数）时，结果返回一个空文本。

```
= CUBEVALUE("ThisWorkbookDataModel")
```

当在 CUBEVALUE 函数中只输入连接和一个成员的度量值时，只返回总计值，因为没有输入维度参数。例如，以下的公式会返回成本总额的总计值，结果为 1223800。

```
= CUBEVALUE("ThisWorkbookDataModel","[Measures].[成本总额]")
```

使用 CUBEVALUE 函数返回一类产品的产品销售总金额，公式如下，结果为 641196.46。

```
= CUBEVALUE("ThisWorkbookDataModel","[产品表].[产品分类].&[一
类]","[Measures].[产品销售总金额]")
```

当在 CUBEVALUE 函数中只输入连接和维度参数，不输入度量值参数时，返回结果为 1。例如，以下的公式：

```
= CUBEVALUE("ThisWorkbookDataModel","[产品表].[产品分类].&[一类]")
```

通过上述 4 个简单的例子，我们学习了 CUBEVALUE 函数的基本用法。当 CUBEVALUE 函数的维度参数都是固定值（如产品分类为一类产品）时，并不需要这样逐个单元格写公式，我们可以通过已经设置好的单元格中的维度来拼凑公式，以便快速地完成更多维度的数据获取。

案例 2：使用 CUBEVALUE 函数分别从 Power Pivot 数据模型中提取 2020 年各大区各产品分类的产品销售总金额和毛利率，结果如图 9-40 所示。

	大区名称	产品分类	产品销售总金额	产品销售总金额	毛利率
				20034.24	71.74%
	A区	一类		20034.24	71.74%
		二类	120412.93	39866.3	70.41%
		三类		32452.37	70.68%
		四类		28060.02	37.61%
	B区	一类		19256.93	72.66%
		二类	100668.31	28831.86	72.25%
		三类		23411.85	72.94%
		四类		29167.67	46.95%
	C区	一类		68866.28	77.22%
		二类	396584.26	118468.33	75.47%
		三类		97796.13	75.76%
		四类		111453.52	53.89%
	D区	一类		66603.83	73.54%
		二类	384348.64	109996.95	72.78%
		三类		91695.5	71.99%
		四类		116052.36	48.77%
	E区	一类		54397.4	77.38%
		二类	292368.84	86470.48	76.15%
		三类		70022.52	76.18%
		四类		81478.44	55.74%
	总计		1294382.98	1294382.98	67.72%

表头第1行为：2020年各大区各类产品销售状况

图 9-40

"B"列和"C"列中的维度的数据是事先准备好的，"D"列、"E"列和"F"列中的数据需要从 Power Pivot 数据模型中提取。除总计行以外，"D"列、"E"列和"F"列分别对应的第 4 行~第 23 行的公式如下。

计算各个大区的产品销售总金额。首先在 D4 单元格中输入以下公式，然后向下填充至 D23 单元格即可。

```
= CUBEVALUE("ThisWorkbookDataModel","[大区表].[大区名称].["&B4&"]","[日
期表].[年份]."&"[2020 年]","[Measures].[产品销售总金额]")
```

计算各个大区的各个产品分类的产品销售总金额。首先在 E4 单元格中输入以下公式，然后向下填充至 E23 单元格即可。

```
= CUBEVALUE("ThisWorkbookDataModel","[大区表].[大区名称].["&LOOKUP("座
",B$4:B4)&"]","[产品表].[产品分类].["&C4&"]", "[日期表].[年份]."&"[2020 年]"
,"[Measures].[产品销售总金额]")
```

计算各个大区的各个产品分类的毛利率。首先在 F4 单元格中输入以下公式，然后向下填充至 F23 单元格即可。

```
= CUBEVALUE("ThisWorkbookDataModel","[大区表].[大区名称].["&LOOKUP("座
",B$4:B4)&"]","[产品表].[产品分类].["&C4&"]", "[日期表].[年份]."&"[2020 年]"
,"[Measures].[毛利率]]")
```

总计行 E24 单元格中的公式和 D4 单元格中的公式是一样的，只要删除 D4 单元格中公式的维度参数即可。公式如下：

```
=CUBEVALUE("ThisWorkbookDataModel","[日期表].[年份]."&"[2020 年]","
[Measures].[产品销售总金额]")
```

F24 单元格中的公式和 F4 单元格中的公式是一样的，只要删除 F4 单元格中公式的维度参数即可。公式如下：

```
= CUBEVALUE("ThisWorkbookDataModel", "[日期表].[年份]."&"[2020 年]","
[Measures].[毛利率]]")
```

在本例中，"B" 列和 "C" 列这两个维度列都是自己事先设置好的。当然也可以通过 CUBEMEMBER 来获取维度，但是该函数只能固定地返回指定的一个维度，并且支持自定义别名。

这里我们介绍一个可以批量返回 Power Pivot 数据模型中的维度列里的多个值的函数，即 CUBERANKEDMEMBER 函数。该函数的语法格式如下：

```
CUBERANKEDMEMBER(连接,表达式,序号,定义别名)
```

案例 3：使用 CUBERANKEDMEMBER 函数返回大区表的 "大区名称" 列中的多个值，如图 9-41 所示。

"A" 列中的序号是事先准备好的。在 B2 单元格中输入以下公式，向下填充至 B7 单元格即可。

```
= CUBERANKEDMEMBER("ThisWorkbookDataModel","[大区表].[大区名称].members
",A4)
```

其中，B2 单元格中返回了 All 值，这是总计项，其对应的序号是 1。CUBERANKEDMEMBER 函数是可以自定义返回的大区的名称的，上述公式省略了定义别名的参数，如果我们需要给返回的大区名称再定义一个别名，那么在上述的公式基础上再添加最后一个参数即可，如图 9-42 所示。

```
= CUBERANKEDMEMBER("ThisWorkbookDataModel","[大区表].[大区名称].members
",A4,VLOOKUP(B4,{1,"总计";2,"A区-BJ";3,"B区-SH";4,"C区-SZ";5,"D区-CD";6,
"E区-GZ"},2,0))
```

▲	A	B
1	**序号**	**大区**
2	1	All
3	2	A区
4	3	B区
5	4	C区
6	5	D区
7	6	E区

▲	A	B	C
1	**序号**	**大区**	**大区-别名**
2	1	All	总计
3	2	A区	A区-BJ
4	3	B区	B区-SH
5	4	C区	C区-SZ
6	5	D区	D区-CD
7	6	E区	E区-GZ

图 9-41　　　　　　　　　　　　　图 9-42

需要注意的是，无论是 CUBEVALUE 函数还是 CUBERANKEDMEMBER 函数，都需要我们自己手动调整返回结果的单元格区域大小，或者维度列的项目的个数，因为它们都无法做到自动扩展数据区域。

9.5.3　实例 2：使用"切片器+CUBEVALUE 函数"动态提取 Power Pivot 数据模型中的数据

通过对 9.5.2 节内容的学习，我们已经可以使用 CUBE 类函数提取 Power Pivot 数据模型中的数据，制作一些非常规样式的报表或图表了。但是在上述的案例中，我们获取的数据仍然是一个静态数据，如果能够给这些数据添加一个切片器来筛选数据，那么是否就可以实现更多的功能呢？

答案是肯定的。我们可以在使用 CUBEVALUE 函数创建的公式中添加切片器参数来控制从 Power Pivot 数据模型中提取的数据。从本质上讲，切片器也是维度的一种，所以 CUBEVALUE 函数也是支持切片器的。

以图 9-40 所示的内容为例。删除所获取的数据中"2020 年"的参数部分，将年份作为切片器来控制整个报表，当选择切片器中不同的年份时，报表中就可以自动变化为相对应的年份的数据，如图 9-43 所示。

实现这个可筛选报表的操作步骤如下所述。

第 1 步：首先单击"插入"→"切片器"按钮，然后在弹出的"现有连接"对话框中选择"数据模型"选项卡，接着选择"此工作簿数据模型"列表下的数据模型，最后单击"打开"按钮。

大区名称	产品分类	产品销售总金额		毛利率
			各大区各类产品销售状况	
A区	一类		20034.24	71.74%
	二类	120412.93	39866.30	70.41%
	三类		32452.37	70.68%
	四类		28060.02	37.61%
B区	一类		19256.93	72.66%
	二类	100668.31	28831.86	72.25%
	三类		23411.85	72.94%
	四类		29167.67	46.95%
C区	一类		68866.28	77.22%
	二类	396584.26	118468.33	75.47%
	三类		97796.13	75.76%
	四类		111453.52	53.89%
D区	一类		66603.83	73.54%
	二类	384348.64	109996.95	72.78%
	三类		91695.50	71.99%
	四类		116052.36	48.77%
E区	一类		54397.40	77.38%
	二类	292368.84	86470.48	76.15%
	三类		70022.52	76.18%
	四类		81478.44	55.74%
总计		1294382.98	1294382.98	67.72%

年份　2019年　2020年　2021年

图 9-43

第 2 步：在弹出的"插入切片器"对话框中选择"日期表"中的"年份"列，插入年份的切片器。

第 3 步：分别在 D4、E4 和 F4 单元格中输入如下对应的公式，输入完成后分别填充至 D23、E23 和 F23 单元格。

D4 单元格中对应的产品销售总金额的公式如下：

```
= CUBEVALUE("ThisWorkbookDataModel","[大区表].[大区名称].["&B4&"]","
[Measures].[产品销售总金额]",切片器_年份)
```

E4 单元格中对应的产品销售总金额的公式如下：

```
= CUBEVALUE("ThisWorkbookDataModel","[大区表].[大区名称].["&LOOKUP("座
",B$4:B4)&"]","[产品表].[产品分类].["&C4&"]", "[Measures].[产品销售总金额]",
切片器_年份)
```

F4 单元格中对应的毛利率的公式如下：

```
= CUBEVALUE("ThisWorkbookDataModel","[大区表].[大区名称].["&LOOKUP("座
",B$4:B4)&"]","[产品表].[产品分类].["&C4&"]","[Measures].[毛利率]]",切片器_
年份)
```

第 4 步：在总计行 D24、E24 和 F24 单元格中分别输入以下公式。

D24 和 E24 单元格中的公式如下：

```
=CUBEVALUE("ThisWorkbookDataModel","[Measures].[产品销售总金额]",切片器
_年份)
```

F24 单元格中的公式如下：

```
=CUBEVALUE("ThisWorkbookDataModel","[Measures].[毛利率]]",切片器_年份)
```

完成上述的公式的设置后，切片器就可以正常地筛选数据了。

需要注意的是，在 CUBEVALUE 函数中添加切片器参数时，参数是不需要添加英文双引号的。和其他参数一样，当我们在函数的参数中输入"切片器"3 个字时，Excel 会显示智能语法提示，前提是必须在输入公式之前添加切片器。

为什么公式中的参数的名称是"切片器_年份"呢?

我们可以先选中切片器并右击，然后在弹出的快捷菜单中选择"切片器设置"命令，在弹出的"切片器设置"对话框中就可以看到"公式中使用的名称：切片器_年份"字样，如图 9-44 所示。

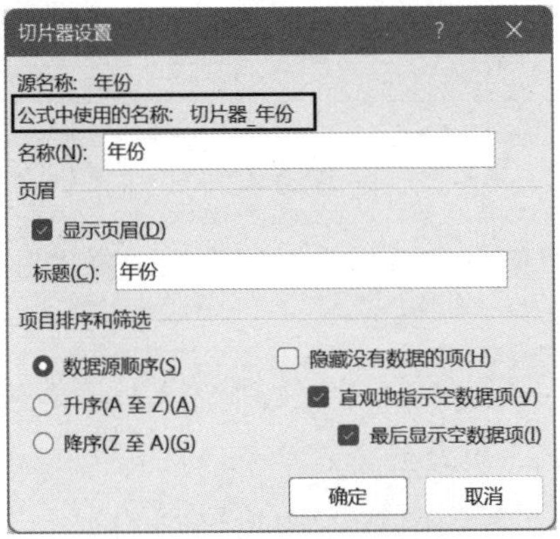

图 9-44

通过对上面内容的学习，我们已经可以利用 Power Pivot 数据模型做出更多可以适应不同场景的数据报表和动态图表了。

无论是 Power Pivot 数据模型还是 Power BI 数据模型，抑或是其他的多维数据模型，CUBE 类函数同样适用。对于其他几个 CUBE 类函数，读者可以在实践中去理解和使用，本节内容不再进行深入的讲解和举例。

第 10 章

时间智能计算

在使用模型进行计算和分析时，有关日期的计算是十分常见的。例如，同比、环比和累计等一些复杂的日期计算问题。本章将聚焦有关日期类的计算，认识和应用 DAX 的时间智能函数解决实际问题。

10.1 认识时间智能函数和日期表

与传统的日期函数不同的是，大多数时间智能函数使用时需要依赖日期表。本节主要介绍时间智能函数，以及如何建立日期表。

10.1.1 时间智能函数与日期函数

在 DAX 函数中，有一类关于日期的函数被称为时间智能函数。从字面上看，时间智能函数应该包含日期和时间两类，但是实际上，DAX 中的时间智能函数只有日期智能函数，并不包含时间智能函数。本书中之所以将其称为时间智能函数，是为了和更多的同种类型的资料与书籍保持一致，减少读者阅读时耗费的理解成本。

常规的日期函数包括分别计算提取年、月、日的 YEAR、MONTH、DAY 函数，以及 DATE、WEEKDAY 和 NOW 等函数。大多数常规的日期函数的功能和语法都与 Excel 工作表函数保持了一致。但是在计算诸如同比、环比和累计等内容时，常规的日期函数在效率和灵活性方面都不够智能，此时我们就需要使用 DAX 中的时间智能函数。

表 10-1 所示为 DAX 中常用的时间智能函数。

表 10-1

函　　数	功　　能	函　　数	功　　能
DATESYTD	返回年初至今的日期	PERVIOUSYEAY	返回上一个年度
DATESQTD	返回季初至今的日期	PERVIOUSQUATER	返回上一个季度
DATESMTD	返回月初至今的日期	PERVIOUSMONTH	返回上一个月
TOTALYTD	返回年初至今的值	PERVIOUSDAY	返回上一日
TOTALQTD	返回季初至今的值	SAMPERIODLASTYEAR	返回上年同期的日期
TOTALMTD	返回月初至今的值	DATEADD	移动一定间隔后的时间
FIRSTDATE	返回第一个日期	STARTOFYEAR	返回所在年度的第一天
LASTDATE	返回最后一个日期	STARTOFQUATER	返回所在季度的第一天
NEXTYEAR	返回次年	STARTOFMONTH	返回所在月度的第一天
NEXTQUATER	返回次季	ENDOFYEAR	返回所在年度的最后一天
NEXTMONTH	返回次月	ENDOFQUATER	返回所在季度的最后一天
NEXTDAY	返回次日	ENDOFMONTH	返回所在月度的最后一天
DATESBETWEEN	返回两个日期之间的时间段	DATESINPERIOD	返回给定期间中的日期
PARALLELPERIOD	返回移动指定间隔的完整时间段	……	……

时间智能函数与常规的日期函数的区别在于：常规的日期函数直接依赖当前行上下文，一般作为新建列使用，如 YEAR 函数提取日期列的年份；时间智能函数会重置上下文，一般新建度量值时使用，可以快速移动到指定区间。时间智能函数可以使有关时间计算的复杂问题变得简单，同时在使用过程中也要注意这些函数本身存在的一些复杂性。

10.1.2　日期表的创建与标记

在我们建立的模型中，虽然一些表中有自带的日期列，但是对于表中存在多个日期列的情况，如"订单明细表"中有"下单日期"和"送货日期"两个日期列，显然在实际计算时，我们需要一个单独的日期表来创建多个关系（如 8.5.3 节中所讲的 USERELATIONSHIP 函数）。所以，只要数据表中有一个以上的日期列时，就应该至少创建一个日期表（也叫日历表，或者日历）。

日期表就是一个日期类型的维度表，这个维度表是有着层次结构的，如年、季度、月和日，以及对应的周和星期等相关字段。建立的日期表必须包含所有表中所有的日期列的日期且是连续的时间。例如，在我们建立的模型中，"订单明细表"中有"下单日期"列和"送货日期"列，"门店表"中有"开店时期"列，"销售目标表"中有"目标月份"列等，所以建立的日期表中的日期列要至少包含这3 个相关日期中的所有的日期（如果使用）。除此之外，建立的日期表中不能有重复的日期。

Power Pivot 为我们提供了一种快速建立日期表的方法。具体的操作步骤为：在 Power Pivot 的管理界面中，依次选择"设计"→"日期表"→"新建"选项，Power Pivot 会自动根据数据模型生成一个名称为"日历"的简易日期表，如图 10-1 所示。

图 10-1

在自动生成的日期表中，我们可以根据自己的需求进行删除和增加字段，如将英文的月份修改为中文的月份等。

许多公司都有自己的企业日历，可以直接将现有的日历导入 Power Pivot 中。从外部导入的日期表还需要进行标记才能正确地使用时间智能函数。具体的操作步骤为：首先选择导入的日期表中的日期列，然后依次选择"设计"→"标记为日期表"→"标记为日期表"选项，如图 10-2 所示。

图 10-2

根据建立的日期表，将模型中其他表中的日期列同日期表中的日期列建立表间关系，如图 10-3 所示。

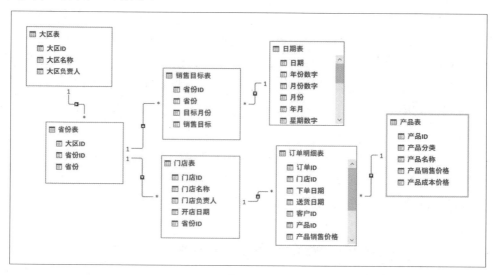

图 10-3

通过 Power Pivot 自动建立的日期表还可以自定义日期表的范围，甚至可以将当前的配置保存为一个新的模板，以便再次创建日期表时使用，这样大大地提高了用户在 Power Pivot 中建立日期表的效率。

10.1.3 与时间智能函数相关的常用计算指标

关于时间的计算，通常会遇到类似同比、环比和累计等有关的计算。在实际应用中，这些指标的含义、简写方式和计算公式都容易混淆。正确地理解和使用这些指标，可以提高代码和报表的阅读效率。表 10-2 所示为一些常见的计算指标。

表 10-2

指标分类	中文名称	英文简称	计算公式
本期至今	年初至今	YTD	-
	季初至今	QTD	-
	月初至今	MTD	-
上期的 本期至今	上年的年初至今	PYTD	-
	上季的季初至今	PQTD	-
	上月的月初至今	PMTD	-

指标分类	中文名称	英文简称	计算公式
上年的 本期至今	上年的年初至今	PY YTD	-
	上年的季初至今	PY QTD	-
	上年的月初至今	PY MTD	-
环比差异	本季季初至今与上期季初至今的差异	QOQ	[QTD] – [PQTD]
	本季季初至今的环比	QOQ%	QOQ / PQTD * 100%
	本月月初至今与上期月初至今的差异	MOM	[MTD] – [PMTD]
	本月月初至今的环比	MOM%	MOM / PMTD * 100%
同比差异	本年年初至今与上年同期的差异	YOY YTD	[YTD] – [PY YTD]
	本年年初至今的同比	YOY YTD%	[YOY YTD] / [PY YTD] * 100%
	本季季初至今与上年同期的差异	YOY QTD	[QTD] – [PY QTD]
	本季季初至今的同比	YOY QTD%	[YOY QTD] / [PY QTD] * 100%
	本月月初至今与上年同期的差异	YOY MTD	[MTD] – [PY MTD]
	本月月初至今的同比	YOY MTD%	[YOY MTD] / [PY MTD] * 100%

　　掌握以上常见的关于时间的计算指标，将有助于我们使用时间智能函数快速地创建报表和进行有意义的分析。下一节将使用时间智能函数重点介绍这些指标的计算。

10.2　常见的时间智能计算

　　本节主要介绍如何使用时间智能函数计算常见的累计计算、同比计算和环比计算。

10.2.1　实例 1：年初、季初与月初至今计算

　　从某一个时间点至今的计算都是在指定的时间维度上对当期的值进行累加。其中，年初至今（YTD）、季初至今（QTD）和月初至今（MTD）的计算都是相似的。MTD 只有在查看日级别的数据时才有意义，而 QTD 和 YTD 通常用于查看月份级别的数据。

　　在时间智能函数中，计算某一时间至今的函数可以分为两类：一类是 DATESYTD、DATESQTD 和 DATESMTD 函数，另外一类是 TOTALYTD、

TOTALQTD 和 TOTALMTD 函数。下面我们分别介绍这两类函数的用法，主要以年初至今和季初至今为主要介绍对象。

1）DATESYTD/DATESQTD：计算年初至今/季初至今

DATESYTD 函数是一个表函数，返回当前年份至今的所有日期的只有一列的表（也叫单列表）。第一个参数是日期表中的日期列；第二个参数是指定年份的结束日期，可以省略。DATESQTD 和 DATESMTD 函数都是同样的原理。DATESYTD 函数的语法格式如下：

```
DATESYTD(日期列, [年截止日期])
```

计算产品销售总金额的年初至今，度量值可以写为：

```
产品销售总金额 YTD: =
CALCULATE([产品销售总金额], DATESYTD('日期表'[日期]))
```

DATESYTD 函数首先返回从年初至当前筛选上下文中的包含最后一个日期的所有日期的单列表，然后用作 CALCULATE 函数的筛选器参数，以此来计值。

除此之外，还有另外一组函数也可以计算以上案例。

2）TOTALYTD/TOTALQTD：计算年初至今/季初至今

TOTALYTD 函数是一个值函数，返回当前年份至今的所有日期要计值的表达式。该函数的语法格式如下：

```
TOTALYTD(表达式, [日期列], [筛选器], [截止日期])
```

在使用 TOTALYTD 函数时，不需要在最外层嵌套一个 CALCULATE 函数，因为 TOTALYTD 函数已经隐式地内置了一个 CALCULATE 函数。

计算产品销售总金额的年初至今，度量值可以写为：

```
产品销售总金额 YTD（TOTOAL 类）: = TOTALYTD([产品销售总金额], '日期表'[日期])
```

我们将使用这两组时间智能函数编写的度量值分别放置于数据透视表中，结果如图 10-4 所示。

这两组函数计算的结果是一样的，唯一的区别就在于 DATESYTD 函数需要配合 CALCULATE 函数进行计值，而 TOTALYTD 函数则可以直接计值。在实际应用中，推荐使用 DATESYTD 函数，因为显式地使用 CALCULATE 函数可以明确知道上下文发生了转换。需要补充的是，这两组函数都支持自定义截止日期，这方便了一些特殊的场景使用，如涉及自定义与年相关的计算等。

行标签	产品销售总金额	产品销售总金额 YTD	产品销售总金额 YTD (TOTOAL类)	产品销售总金额 QTD	产品销售总金额 QTD (TOTAL类)
⊟2019年	781524.45	781524.45	781524.45	255806.28	255806.28
⊟2019Q1	137669.46	137669.46	137669.46	137669.46	137669.46
201901	54250.09	54250.09	54250.09	54250.09	54250.09
201902	26184.07	80434.16	80434.16	80434.16	80434.16
201903	57235.30	137669.46	137669.46	137669.46	137669.46
⊟2019Q2	184448.44	322117.90	322117.90	184448.44	184448.44
201904	63049.08	200718.54	200718.54	63049.08	63049.08
201905	64896.16	265614.70	265614.70	127945.24	127945.24
201906	56503.20	322117.90	322117.90	184448.44	184448.44
⊟2019Q3	203600.27	525718.17	525718.17	203600.27	203600.27
201907	56431.28	378549.18	378549.18	56431.28	56431.28
201908	63335.27	441884.45	441884.45	119766.55	119766.55
201909	83833.72	525718.17	525718.17	203600.27	203600.27
⊟2019Q4	255806.28	781524.45	781524.45	255806.28	255806.28
201910	82754.12	608472.29	608472.29	82754.12	82754.12
201911	84924.23	693396.52	693396.52	167678.35	167678.35
201912	88127.93	781524.45	781524.45	255806.28	255806.28
⊞2020年	1294382.98	1294382.98	1294382.98	417664.35	417664.35
⊞2021年	1755051.80	1755051.80	1755051.80	480640.87	480640.87

图 10-4

10.2.2　实例 2：各类同比与环比的计算

本节主要介绍基于时间智能函数的同期和环期的有关计算。

1）标准的同期和同比计算

从上一年的数据中取出与今年同时间段的数据即为同期值，在 DAX 中有一个专门用来计算同期数据的函数——SAMEPERIODLASTYEAR 函数。该函数的语法格式如下：

```
SAMEPERIODLASTYEAR(日期列)
```

计算产品销售总金额的同期值，度量值可以写为：

```
PY 产品销售总金额: =
CALCULATE([产品销售总金额], SAMEPERIODLASTYEAR('日期表'[日期]))
```

再来计算产品销售总金额的同比，度量值可以写为：

```
YOY% 产品销售总金额: =
IF(
    [PY 产品销售总金额] <> BLANK(), DIVIDE([产品销售总金额] - [PY 产品销售
总金额], [PY 产品销售总金额])
    )
```

将这两个度量值放置于数据透视表中，结果如图 10-5 所示。

行标签	产品销售总金额	PY 产品销售总金额	YOY% 产品销售总金额
⊟ **2019年**	**781524.45**		
⊟ **2019Q1**	**137669.46**		
201901	54250.09		
201902	26184.07		
201903	57235.30		
⊟ **2019Q2**	**184448.44**		
201904	63049.08		
201905	64896.16		
201906	56503.20		
⊞ **2019Q3**	**203600.27**		
⊞ **2019Q4**	**255806.28**		
⊟ **2020年**	**1294382.98**	**781524.45**	**65.62%**
⊟ **2020Q1**	**219104.78**	**137669.46**	**59.15%**
202001	92740.23	54250.09	70.95%
202002	43547.55	26184.07	66.31%
202003	82817.00	57235.30	44.70%
⊟ **2020Q2**	**324044.64**	**184448.44**	**75.68%**
202004	106337.00	63049.08	68.66%
202005	112899.94	64896.16	73.97%
202006	104807.70	56503.20	85.49%
⊞ **2020Q3**	**333569.21**	**203600.27**	**63.84%**
⊞ **2020Q4**	**417664.35**	**255806.28**	**63.27%**
⊞ **2021年**	**1755051.80**	**1294382.98**	**35.59%**

图 10-5

与该函数有着相同作用的另外一个函数 DATEADD 也可以计算同比。DATEADD 函数通过将当前的日期按一定的数量和类型平移后得到一组新的日期，支持移动的类型包括年、季度、月和日。该函数的语法格式如下：

```
DATEADD(日期列，平移数量，平移类型)
```

需要注意的是，该函数的第二个参数如果为正，则表示向未来平移，否则向过去平移。第三个参数为指定的类型，分别为 YEAR、QUARTER、MONTH 和 DAY 这 4 种，在书写时，不需要添加双引号。

例如，上述计算同期的问题还可以改写为以下的度量值，得到与上述相同的结果：

```
PY 产品销售总金额：=
CALCULATE([产品销售总金额]，DATEADD('日期表'[日期]，-1，YEAR))
```

2）本期至今的同期和同比计算

为了计算上年的本期至今的值，我们需要先计算当前的本期至今的值，这一部分可以参考 10.2.1 节中的计算案例。而要计算本期至今的同期数据，则可以使用 SAMEPERIODLASTYEAR 函数和 DATESYTD 函数与计算本期至今的时间智能函数进行嵌套，其实质就是将本期的时间平移到同期。

以计算上年的年初至今的值为例，度量值可以写为：

```
PY YTD 产品销售总金额：=
CALCULATE([产品销售总金额], SAMEPERIODLASTYEAR(DATESYTD('日期表'[日期])))
```

在上述度量值中，SAMEPERIODLASTYEAR 函数和 DATESYTD 函数的顺序并不会影响计算的结果。所以，上述的度量值等价于以下的度量值：

```
PY YTD 产品销售总金额：=
CALCULATE([产品销售总金额], DATESYTD(SAMEPERIODLASTYEAR('日期表'[日期])))
```

那么计算本期至今产品销售总金额的同比，度量值可以写为：

```
YOY YTD% 产品销售总金额：=
IF(
    [PY YTD 产品销售总金额] <> BLANK(),
    DIVIDE([YTD 产品销售总金额] - [PY YTD 产品销售总金额], [PY YTD 产品销售总金额])
)
```

将以上的度量值放置于数据透视表中，结果如图 10-6 所示。

行标签	YTD		PY YTD	YOY YTD%	QTD	PY QTD	YOY QTD%
	产品销售总金额	产品销售总金额	产品销售总金额	产品销售总金额	产品销售总金额	产品销售总金额	产品销售总金额
⊟2019年	781524.45	781524.45			255806.28		
⊟2019Q1	137669.46	137669.46			137669.46		
201901	54250.09	54250.09			54250.09		
201902	26184.07	80434.16			80434.16		
201903	57235.30	137669.46			137669.46		
⊟2019Q2	184448.44	322117.90			184448.44		
201904	63049.08	200718.54			63049.08		
201905	64896.16	265614.70			127945.24		
201906	56503.20	322117.90			184448.44		
⊞2019Q3	203600.27	525718.17			203600.27		
⊞2019Q4	255806.28	781524.45			255806.28		
⊟2020年	1294382.98	1294382.98	781524.45	65.62%	417664.35	255806.28	63.27%
⊟2020Q1	219104.78	219104.78	137669.46	59.15%	219104.78	137669.46	59.15%
202001	92740.23	92740.23	54250.09	70.95%	92740.23	54250.09	70.95%
202002	43547.55	136287.78	80434.16	69.44%	136287.78	80434.16	69.44%
202003	82817.00	219104.78	137669.46	59.15%	219104.78	137669.46	59.15%
⊟2020Q2	324044.64	543149.42	322117.90	68.62%	324044.64	184448.44	75.68%
202004	106337.00	325441.78	200718.54	62.14%	106337.00	63049.08	68.66%
202005	112899.94	438341.72	265614.70	65.03%	219236.94	127945.24	71.35%
202006	104807.70	543149.42	322117.90	68.62%	324044.64	184448.44	75.68%
⊞2020Q3	333569.21	876718.63	525718.17	66.77%	333569.21	203600.27	63.84%
⊞2020Q4	417664.35	1294382.98	781524.45	65.62%	417664.35	255806.28	63.27%
⊞2021年	1755051.80	1755051.80	1294382.98	35.59%	480640.87	417664.35	15.08%

图 10-6

通过时间智能函数的嵌套可以解决许多复杂的计算，其实质就是对时间区间的移动、放大或缩小。

3）标准的环期和环比计算

在介绍同期的计算时，提到了 DATEADD 函数可以根据指定的数量和类型对日期进行平移。因此，当我们要计算环期时，只需将当前的日期向过去平移一个对应类型的单位量即可。

例如，计算本月或本季的产品销售总金额的环期值和环比，就可以使用 DATEADD 函数。那么计算上一月的产品销售总金额，度量值可以写为：

```
PM 产品销售总金额：=
CALCULATE([产品销售总金额], DATEADD('日期表'[日期], -1, MONTH))
```

计算上一季的产品销售总金额，度量值可以写为：

```
PQ 产品销售总金额：=
CALCULATE([产品销售总金额], DATEADD('日期表'[日期], -1, QUARTER))
```

以本月为例，计算本月的产品销售总金额的环比，度量值可以写为：

```
MOM% 产品销售总金额：=
IF(
    [PM 产品销售总金额] <> BLANK(),
    DIVIDE([产品销售总金额] - [PM 产品销售总金额], [PM 产品销售总金额])
)
```

将环比的度量值放置于数据透视表中，结果如图 10-7 所示。

行标签	产品销售总金额	PM 产品销售总金额	MOM% 产品销售总金额	PQ 产品销售总金额	QOQ% 产品销售总金额
⊟2019年	781524.45	693396.52	12.71%	525718.17	48.66%
⊟2019Q1	137669.46	80434.16	71.16%		
201901	54250.09				
201902	26184.07	54250.09	-51.73%		
201903	57235.30	26184.07	118.59%		
⊟2019Q2	184448.44	185180.54	-0.40%	137669.46	33.98%
201904	63049.08	57235.30	10.16%	54250.09	16.22%
201905	64896.16	63049.08	2.93%	26184.07	147.85%
201906	56503.20	64896.16	-12.93%	57235.30	-1.28%
⊞2019Q3	203600.27	176269.75	15.50%	184448.44	10.38%
⊞2019Q4	255806.28	251512.07	1.71%	203600.27	25.64%
⊞2020年	1294382.98	1243175.96	4.12%	1132524.91	14.29%
⊞2021年	1755051.80	1778925.86	-1.34%	1692075.28	3.72%

图 10-7

4）本期至今的环期和环比计算

与第二个例子的思路一样，当我们要计算本期至今的产品销售总金额的环期数据时，也是使用 DATEADD 函数和 DATESYTD 函数与计算本期至今的时间智能函数进行嵌套。

以季度为例，计算本季至今的产品销售总金额的上一期的值，度量值可以写为：

```
PQTD 产品销售总金额: =
CALCULATE([产品销售总金额], DATEADD(DATESQTD('日期表'[日期]), -1,
QUARTER))
```

在上述度量值中，我们也可以将 DATEADD 函数和 DATESQTD 函数的位置进行交换，这并不影响结果的正确性。所以，上述的度量值与以下的度量值是等价的：

```
PQTD 产品销售总金额: =
CALCULATE([产品销售总金额], DATESQTD(DATEADD('日期表'[日期], -1,
QUARTER)))
```

同样以季度为例，计算本季至今的产品销售总金额的环比，度量值可以写为：

```
PQTD% 产品销售总金额: =
IF(
    [PQTD 产品销售总金额] <> BLANK(),
    DIVIDE([PQTD 产品销售总金额] - [QTD 产品销售总金额], [PQTD 产品销售总金
额])
    )
```

将这些度量值放置于数据透视表中，结果如图 10-8 所示。

行标签	产品销售总金额	YTD 产品销售总金额	PYTD 产品销售总金额	PYTD% 产品销售总金额	QTD 产品销售总金额	PQTD 产品销售总金额	PQTD% 产品销售总金额
⊟2019年	781524.45	781524.45			255806.28	203600.27	-25.64%
⊟2019Q1	137669.46	137669.46			137669.46		
201901	54250.09	54250.09			54250.09		
201902	26184.07	80434.16			80434.16		
201903	57235.30	137669.46			137669.46		
⊟2019Q2	184448.44	322117.90			184448.44	137669.46	-33.98%
201904	63049.08	200718.54			63049.08	54250.09	-16.22%
201905	64896.16	265614.70			127945.24	80434.16	-59.07%
201906	56503.20	322117.90			184448.44	137669.46	-33.98%
⊞2019Q3	203600.27	525718.17			203600.27	184448.44	-10.38%
⊞2019Q4	255806.28	781524.45			255806.28	203600.27	-25.64%
⊟2020年	1294382.98	1294382.98	781524.45	-65.62%	417664.35	333569.21	-25.21%
⊟2020Q1	219104.78	219104.78	137669.46	-59.15%	219104.78	255806.28	14.35%
202001	92740.23	92740.23	54250.09	-70.95%	92740.23	82754.12	-12.07%
202002	43547.55	136287.78	80434.16	-69.44%	136287.78	167678.35	18.72%
202003	82817.00	219104.78	137669.46	-59.15%	219104.78	255806.28	14.35%
⊟2020Q2	324044.64	543149.42	322117.90	-68.62%	324044.64	219104.78	-47.89%
202004	106337.00	325441.78	200718.54	-62.14%	106337.00	92740.23	-14.66%
202005	112899.94	438341.72	265614.70	-69.44%	219236.94	136287.78	-60.86%
202006	104807.70	543149.42	322117.90	-68.62%	324044.64	219104.78	-47.89%
⊞2020Q3	333569.21	876718.63	525718.17	-66.77%	333569.21	324044.64	-2.94%
⊞2020Q4	417664.35	1294382.98	781524.45	-65.62%	417664.35	333569.21	-25.21%
⊞2021年	1755051.80	1755051.80	1294382.98	-35.59%	480640.87	463364.63	-3.73%

图 10-8

综上所述，在实际的常规的时间序列的计算中，通过几个简单的常用的时间智能函数就已经可以完成诸如上述复杂的工作。但是，这并不是所有，还有更多的关于时间序列类的计算问题，我们可以通过强大的 DAX 函数来编写适用于实际情况的表达式。

10.2.3　实例 3：动态移动平均分析模型

移动平均又称移动平均线（简称均线），是一种分析时间序列的常用工具。移动平均的目的是过滤掉时间序列中的高频扰动，保留有用的低频趋势。根据计算方法的不同，移动平均包括简单移动平均、加权移动平均和指数移动平均等。其中，简单移动平均最为常见。简单移动平均（Simple Moving Average，SMA）就是对时间序列直接求等权重均值，使用简单。移动平均数是指采用逐项递进的办法，将时间序列中的若干项数据进行算术平均所得到的一系列平均数。本节重点讲解如何使用 DAX 表达式动态地计算产品销售总金额的移动平均。

7 天、15 天、30 天、45 天和 60 天都是筛选结果使用的参数。所以，我们需要首先在当前的 Excel 工作表中建立一个参数表，然后将其添加到数据模型中，如图 10-9 所示。

	移动天数	添加列
1	7	
2	15	
3	30	
4	45	
5	60	
6	90	

图 10-9

首先编写一个基础的计算产品销售总金额的度量值，度量值如下：

```
产品销售总金额: = SUM('订单明细表'[产品销售金额])
```

然后编写动态移动平均的度量值。在这个度量值中，首先需要使用 SUMMARIZE 函数以"日期表"中的"日期"列为分组依据，计算每一天的产品销售总金额，然后使用 FILTER 函数迭代已经建立的汇总表，计算当前选择的移动天数的平均产品销售总金额。度量值如下：

```
移动平均: =
VAR maxdte = MAX('日期表'[日期])
VAR days = MAX('移动天数'[移动天数])
VAR salestable =
    FILTER(
        SUMMARIZE(ALL('日期表'[日期]), '日期表'[日期], "salestotal", [产
品销售总金额]),
        '日期表'[日期] <= maxdte && '日期表'[日期] > maxdte - days
    )
VAR moving_avg_salestotal =
```

```
    AVERAGEX(salestable, [salestotal])
RETURN
    moving_avg_salestotal
```

由于移动平均计算的是每天的向前指定的天数的平均值,因此在通常情况下,不会直接以表格的形式观察数据的变化,而是把每天的平均值做成折线图去观察平均线的变化情况。我们将上述编写的两个度量值和"日期表"中的"日期"分别放置于数据透视图里的字段列表中,绘制折线图,并添加需要筛选的切片器,结果如图 10-10 所示。

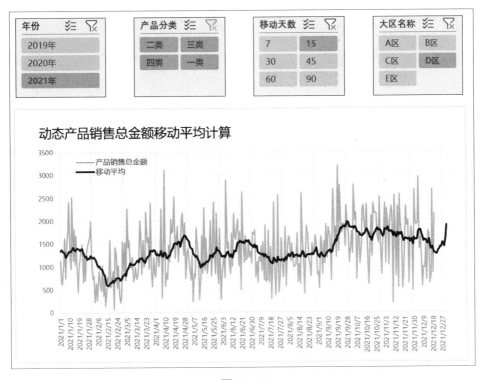

图 10-10

另外一种计算方式是使用时间智能函数 DATESINPERIOD 计算移动平均。该函数是一个表函数,主要作用是返回给定日期期间的日期。使用该函数和 CALCULATE 函数计算移动平均比直接编写表达式计算移动平均更加简洁和方便。度量值如下:

```
移动平均(时间智能): =
VAR days = MAX('移动天数'[移动天数])
VAR moving_avg_salestotal =
    AVERAGEX(
```

```
        DATESINPERIOD('日期表'[日期], MAX('日期表'[日期]), - days, DAY),
        [产品销售总金额]
    )
RETURN
    moving_avg_salestotal
```

　　使用移动平均进行趋势分析，可以减少时间序列中的一些高频干扰，移动时间越长，趋势就会越平滑。

第 11 章

Power Pivot 综合实战

本章内容主要介绍 Power Pivot 和 DAX 表达式在实际运用中的一些综合案例。通过对这些知识的学习，读者可以使用 Power Pivot 解决工作中绝大多数的数据分析问题。

11.1 实例 1：TOP-N 门店销售和利润贡献度分析模型

TOP-N 分析法通常用来分析客户、店铺或产品对于整体的贡献度问题。

我们需要指定 N 个门店，分析这 N 个门店的产品销售总金额或毛利润对于整体的贡献度，如图 11-1 所示。

在这个模型中，我们可以根据实际业务的需求，去个性化地选择以产品销售总金额或毛利润为观察对象，分析每个大区的前 3 名、前 5 名、前 10 名及所有门店的业绩对于整体业绩的贡献情况（见图 11-1）。

该模型主要的功能在于可以根据选择的指标动态地进行筛选，方便我们实时把握贡献最大的 TOP-N 的门店，开展有针对性的经营活动。下面介绍一下这个模型的具体的建立步骤。

第 1 步：编写基本的度量值。

计算产品销售总金额和销售贡献度（占整体比重），度量值可以分别写为：

```
产品销售总金额：= SUM('订单明细表'[产品销售金额])
销售贡献度(占整体比重)：= DIVIDE([产品销售总金额], CALCULATE([产品销售总金额],
ALL('门店表'[门店名称])))
```

计算毛利润和毛利润贡献度（占整体比重），度量值可以分别写为：

```
毛利润：= [产品销售总金额]
    - SUMX('订单明细表', [产品销售数量] * RELATED('产品表'[产品成本价格]))
毛利润贡献度(占整体比重)：= DIVIDE([毛利润], CALCULATE([毛利润], ALL('门店
表'[门店名称])))
```

大区名称	门店名称	产品销售总金额	销售贡献度（占整体比重）	毛利润	毛利润贡献度（占整体占比）	排名
⊟A区		62803.79	32.59%	44487.79	36.67%	
	CQS店	22136.16	11.49%	15464.16	12.75%	1
	YBQ店	20756.79	10.77%	15392.79	12.69%	2
	XAI店	19910.84	10.33%	13630.84	11.24%	3
⊟B区		43894.87	30.81%	31525.87	33.21%	
	VWG店	16337.38	11.47%	11788.38	12.42%	1
	FNF店	14262.96	10.01%	10118.96	10.66%	2
	KMP店	13294.53	9.33%	9618.53	10.13%	3
⊟C区		91627.99	17.96%	68393.99	18.95%	
	OMK店	33963.32	6.66%	25650.32	7.11%	1
	PJU店	30706.23	6.02%	22243.23	6.16%	2
	GMU店	26958.44	5.28%	20500.44	5.68%	3
⊟D区		85650.16	17.96%	64802.16	20.44%	
	RZP店	33515.62	7.03%	25366.62	8.00%	1
	EVE店	29057.76	6.09%	21820.76	6.88%	2
	WAL店	23076.78	4.84%	17614.78	5.56%	3
⊟E区		88413.17	20.43%	65355.17	21.29%	
	EWB店	31643.67	7.31%	24140.67	7.86%	1
	EUO店	31485.57	7.27%	23518.57	7.66%	2
	WUY店	25283.93	5.84%	17695.93	5.76%	3
总计		372389.98	21.22%	274564.98	22.86%	

前N名：前3名 / 前5名 / 前10名 / 全部

排序依据：毛利润 / 销售金额

年份：2019年 / 2020年 / 2021年

产品分类：二类 / 三类 / 四类 / 一类

图 11-1

第 2 步：建立参数表。分别建立"前 N 名"和"排序依据"两个参数表。在工作表中先准备好相应的字段和值，再将其添加到数据模型中，这两个参数表不与其他任何表建立关系，如图 11-2 所示。

	A	B	C	D	E	F
1						
2		排序依据		前N名	名次	
3		销售金额		前3名	3	
4		毛利润		前5名	5	
5				前10名	10	
6				全部	9999	
7						

图 11-2

第 3 步：编写计算各个大区门店产品销售总金额和毛利润排名的度量值，主要为筛选前 N 名做准备。度量值如下：

```
排名：=
IF(HASONEVALUE('门店表'[门店名称]),
```

```
RANKX(
        ALL('门店表'[门店名称]),
        IF(MAX('排序依据'[排序依据]) = "销售金额", [产品销售总金额], [毛利
润])
    )
)
```

在上述度量值中，最重要的是 RANKX 函数的第二个参数。因为要使用"排序依据"这个切片器进行筛选，所以要使用 IF 函数配合判断切片器筛选的内容，并且匹配合适的排序依据。

第 4 步：将上述准备好的度量值放置于数据透视表中，并且将相关的切片器添加到数据透视表中。但是当前使用"前 N 名"和"排序依据"这两个切片器还无法进行筛选，需要进行后续的设置。

第 5 步：为"排名"列设置升序排列。首先单击"门店名称"字段的筛选按钮，在弹出的下拉列表中选择"其他排序选项"选项，然后在弹出的"排序(门店名称)"对话框的"升序排序(A 到 Z)依据"下拉列表中选择"排名"选项，最后单击"确定"按钮，实现对每个大区的门店的排名升序排列，如图 11-3 所示。

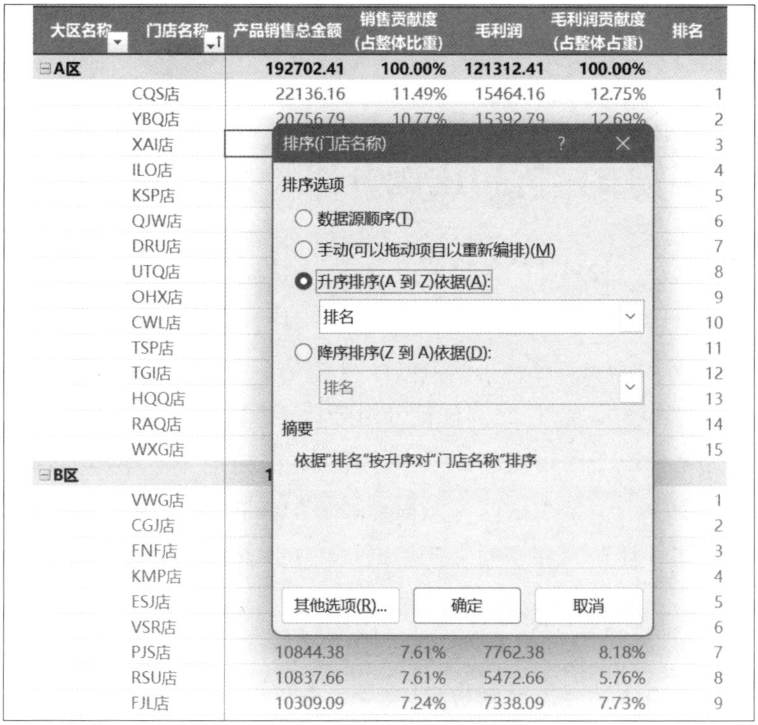

图 11-3

第 6 步：此时，可以根据"排序依据"筛选数据了，但是"前 N 名"切片器还无法进行工作。这里我们可以借助数据透视表的值筛选功能，给筛选设置一个规则即可。例如，当选择"前 3 名"时，筛选出前 3 名的数据。所以，度量值可以写为：

```
筛选条件: = IF([排名] <= MAX('前 N 名'[名次]), 1, 0)
```

第 7 步：单击"门店名称"字段的筛选按钮，在弹出的下拉列表中依次选择"值筛选"→"等于"选项，在弹出的"值筛选(门店名称)"对话框中进行设置。设置如图 11-4 所示。

图 11-4

经过以上的几个步骤，这个查看 TOP-N 门店销售和利润贡献度的模型就建立完成了，核心点就是参数表的建立。最后在 Power Pivot 的管理界面中将不需要在数据透视表里显示的度量值"筛选条件"隐藏即可。

11.2 实例 2：折扣比例分组（分区间）分析模型

分组分析法是一种重要的数据分析方法。例如，根据客户年龄或客户类型进行分组分析，目的就是便于对比各组之间数据的差异。在数据分组中，各组之间的取值界限称为组限，一个组的最小值称为下限，一个组的最大值称为上限。

在 Power Pivot 中对折扣比例进行分组分析，计算每个区间的产品销售总金额及占比。在通常情况下，可以增加一个计算列，先判断"订单明细表"中的每一条折扣比例属于哪一个分组区间，然后计算每个区间的产品销售总金额的占比。但是，计算列比较耗费内存空间，在数据量较大的情况下，使用度量值是一个不错的选择。

在开始分析之前，需要先在 Excel 工作表中建立一个辅助表，并将其命名为"分组表"，然后将该表添加到数据模型中，对"折扣区间(x)"执行按列排序，排序依据为"序号"列，如图 11-5 所示。

序号	折扣区间(x)	最小值	最大值
1	1	0<x<=0.6	0	0.6
2	2	0.6<x<=0.7	0.6	0.7
3	3	0.7<x<=0.8	0.7	0.8
4	4	0.8<x<=0.9	0.8	0.9
5	5	0.9<x<=1	0.9	1

图 11-5

计算分组销售占比，度量值可以写为：

```
销售占比: =
VAR mindr = MIN('分组表'[最小值])
VAR maxdr = MAX('分组表'[最大值])
VAR salestotal =
    CALCULATE(
        SUM('订单明细表'[产品销售金额]),
        FILTER('订单明细表', '订单明细表'[折扣比例] > mindr && '订单明细表'[折扣比例] <= maxdr)
    )
VAR salespct =
    DIVIDE(
        salestotal,
        CALCULATE(SUM('订单明细表'[产品销售金额]), ALL('分组表'[折扣区间(x)])))
    )
RETURN
    salespct
```

在上述度量值中，变量 salestotal 中的 CALCULATE 函数的筛选器部分对"订单明细表"中的每一行进行迭代，先判断每一行的折扣比例属于"分组表"中的哪个折扣区间，再对其进行计值。

将上述度量值、相应的行标签和切片器放置于数据透视表中，结果如图 11-6所示。

分组或分区间分析是日常工作中常见的数据分析方法之一。在 Power Pivot中，我们可以通过自定义辅助表，使用度量值快速地计算结果，这样可以使分析的过程更加灵活。当然，我们还可以使用"折扣区间(x)"列为切片器，从其他的视角进行分析。

销售金额占比		折扣区间(x)				
大区名称 ▼	省份 ▼	0<x<=0.6	0.6<x<=0.7	0.7<x<=0.8	0.8<x<=0.9	0.9<x<=1
⊟A区		51.32%	12.15%	12.51%	8.67%	15.35%
	江苏	45.96%	11.91%	14.20%	9.90%	18.04%
	上海	100.00%				
	浙江	54.86%	13.19%	11.22%	7.71%	13.02%
⊟B区		35.27%	10.77%	14.76%	13.61%	25.58%
	四川	25.03%	12.95%	17.75%	15.05%	29.23%
	重庆	86.01%			6.49%	7.49%
⊟C区		20.27%	6.99%	11.89%	20.46%	40.39%
	广东	8.43%	8.57%	14.70%	23.36%	44.94%
	广西	28.02%	3.79%	9.36%	19.34%	39.49%
	湖南	32.16%	8.56%	10.04%	16.44%	32.81%
⊟D区		34.58%	12.27%	14.32%	12.66%	26.17%
	黑龙江	30.75%	12.35%	15.30%	12.94%	28.67%
	吉林	46.47%	13.26%	14.38%	8.06%	17.83%
	辽宁	40.81%	10.95%	12.57%	12.56%	23.11%
	山东	24.24%	12.49%	15.03%	15.62%	32.61%
⊟E区		17.85%	15.06%	17.61%	14.96%	34.53%
	北京	100.00%				
	河南	24.67%	18.08%	18.07%	13.42%	25.76%
	湖北	12.06%	13.45%	16.85%	16.91%	40.73%
	陕西	16.18%	20.75%	25.05%	10.52%	27.50%
	天津	36.58%		3.35%	17.68%	42.38%
总计		28.10%	11.15%	14.17%	15.26%	31.32%

年份
2019年
2020年
2021年

产品分类
二类
三类
四类
一类

图 11-6

11.3 实例 3：动态 ABC 分类分析模型（帕累托分析模型）

可能很多人不常听说帕累托分析，但是如果提起"社会上 80%的财富掌握在 20%的人手中"这句话，很多人应该很熟悉，这就是帕累托法则，也就是常说的"二八法则"。它揭示了世界固有的不均衡的本质，并由此衍生出了帕累托分析法。

本节介绍如何在 Power Pivot 中实现动态帕累托分析。以各个省份为例，按产品销售总金额的累计占比将各省份划分为三档，分别如下。

- A 档省份：产品销售总金额累计占比小于 70%。
- B 档省份：产品销售总金额累计占比大于或等于 70%且小于 90%。
- C 档省份：产品销售总金额累计占比大于或等于 90%。

首先计算产品销售总金额，度量值可以写为：

```
产品销售总金额: = SUM('订单明细表'[产品销售金额])
```

然后计算累计总销售额，度量值可以写为：

```
累计总销售额：=
VAR currentsales = [产品销售总金额]
VAR runningsalestotal =
    CALCULATE(
        [产品销售总金额],
            FILTER(ALL('省份表'[省份]), [产品销售总金额] >= currentsales)
)
RETURN
    IF([产品销售总金额] = BLANK(), BLANK(), runningsalestotal)
```

累计总销售额的计算是一个复杂的过程，这个过程得益于变量使整个表达式更加地简洁。在不实现物理排序的基础上，我们首先新增一个筛选上下文，对"省份表"中的"省份"列进行迭代，然后对大于或等于当前值的所有产品销售总金额进行计值，最后在 RETURN 后面使用 IF 函数来过滤空值。

累计销售占比等于累计总销售额除以产品销售总金额，度量值可以写为：

```
累计销售占比：=
IF(
    [产品销售总金额] <> BLANK(),
        DIVIDE([累计总销售额], CALCULATE([产品销售总金额], ALL('省份表'[省
份])))
)
```

最后我们根据划分的档位对累计销售占比进行档位的判断，度量值可以写为：

```
分类:=
IF(
    [产品销售总金额] <> BLANK() && HASONEVALUE('省份表'[省份]),
    IF([累计销售占比] >= 0.9, "C", IF([累计销售占比] >= 0.7, "B", "A"))
)
```

将这几个度量值和"省份"放置于数据透视表中。为了能够清晰地看出累计的过程，我们需要对产品销售总金额进行降序排序。首先单击数据透视表中的行标签字段的筛选按钮，选择"其他排序选项"选项，然后在弹出的"排序(省份)"对话框的"降序排序(Z 到 A)依据"下拉列表中选择"产品销售总金额"选项，最后单击"确定"按钮即可。最终结果如图 11-7 所示。

省份	产品销售总金额	累计总销售额	累计销售占比	分类
广东	47270.87	47270.87	12.91%	A
湖北	46067.28	93338.15	25.49%	A
山东	42722.48	136060.63	37.15%	A
广西	33086.71	169147.34	46.19%	A
湖南	31095.94	200243.28	54.68%	A
辽宁	28134.61	228377.89	62.36%	A
黑龙江	26528.70	254906.59	69.61%	A
四川	24123.37	279029.96	76.19%	B
河南	21852.99	300882.95	82.16%	B
吉林	18666.57	319549.52	87.26%	B
浙江	13444.63	332994.15	90.93%	C
江苏	13185.49	346179.64	94.53%	C
陕西	8960.22	355139.86	96.98%	C
重庆	5044.30	360184.16	98.35%	C
天津	3406.40	363590.56	99.28%	C
上海	1429.90	365020.46	99.67%	C
北京	1191.55	366212.01	100.00%	C
总计	**366212.01**			

图 11-7

为了更加直观地进行分析，我们将上述结果做成帕累托图。三档省份可以填充不同的颜色，我们还需要编写 3 个单独的度量值。度量值如下：

```
A 档： = IF([累计销售占比] < 0.7, [产品销售总金额])
B 档： = IF([累计销售占比] >= 0.7 && [累计销售占比] <= 0.9, [产品销售总金额])
C 档： = IF([累计销售占比] >= 0.9, [产品销售总金额])
```

在使用数据透视图创建动态帕累托分析图表时，可以使用切片器动态地进行筛选，具体的操作步骤如下所述。

第 1 步：首先从 Power Pivot 的管理界面中插入数据透视图，将"省份表"中的"省份"放置于"数据透视图字段"窗格中的行标签上，将累计销售占比、A档、B 档和 C 档的度量值分别放置于"数据透视图字段"窗格中的值标签上，然后更改图表类型，将系列名称为"销售占比"的图表类型修改为折线图，坐标轴类型修改为次坐标轴，除"省份"字段按钮以外，隐藏其他不需要的字段按钮，再微调其他格式。结果如图 11-8 所示。

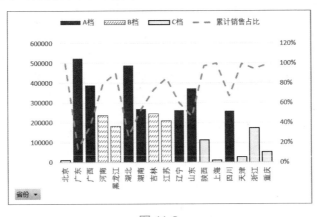

图 11-8

第 2 步：对横坐标轴上的省份按累计销售占比进行升序排列。首先单击图 11-8 中的"省份"下拉按钮，在弹出的下拉列表中选择"其他排序选项"选项，然后设置排序，可以参照图 11-4 的排序的操作方法。

第 3 步：对图表进行美化，添加相应的切片器，完成帕累托分析。最终结果如图 11-9 所示。

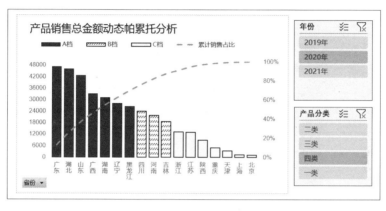

图 11-9

帕累托分析在日常工作中的运用比较广泛，使用 DAX 和数据透视图创建动态帕累托分析图表，突破了传统数据透视表的各种限制，让动态图表有了更多的选择和扩展的思路。

11.4　实例 4：RFM 客户价值分析模型

RFM 模型是衡量客户价值和客户创造利益能力的重要工具与手段。在众多的客户关系管理的分析模型中，RFM 模型是被广泛提到的。该模型通过一个客户的近期购买行为、购买的总体频率及消费金额这 3 个指标来描述该客户的价值状况。

- R（Recency）：最近一次消费时间，指用户最近一次消费距离指定日期的天数，即近度。消费间隔天数越少，近度越高，客户价值越大，否则近度越低，客户价值越小。9 月前消费过的用户肯定没有 1 周前消费过的用户的价值大。

- F（Frequency）：消费频率，指用户在统计周期内购买商品的次数，即频度。消费频率越高，频度越高，否则频度越低。经常购买商品的用户，也就是熟客，其价值肯定比偶尔来一次的客户的价值大。

- M（Monetary）：消费金额，指用户在统计周期内消费的总金额，即值度。消费金额越高，值度越高，否则越低。该指标体现了消费者为企业创利的多少，自然是消费越多的用户价值越大。

依据这 3 个指标可以将客户分为以下 8 类，如表 11-1 所示。

表 11-1

序号	客户类型	R（近度）	F（频度）	M（值度）
1	重要价值客户	高	高	高
2	重要发展客户	高	低	高
3	重要保持客户	低	高	高
4	重要挽留客户	低	低	高
5	一般价值客户	高	高	低
6	一般发展客户	高	低	低
7	一般保持客户	低	高	低
8	一般挽留客户	低	低	低

本节内容主要介绍如何使用 Power Pivot 做 RFM 客户价值分析模型，数据模型如图 11-10 所示。

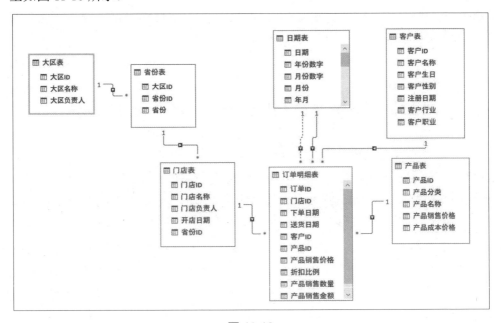

图 11-10

在对常见的 RFM 客户价值进行分析时，R、F 和 M 的高低主要通过与平均值进行比较得到。为了方便计算，我们约定 R、F 和 M 的高对应的值为 1，低对应的值为 0；将每个指标优于平均值的记为 1，劣于平均值的记为 0。因此，3 个指标的规则如下：

- 最后消费间隔天数低于整体平均间隔天数的为高，对应的 R 值为 1，否则为 0。
- 消费频率（即消费次数）高于整体平均消费频率的为高，对应的 F 值为 1，否则为 0。
- 消费金额高于整体平均消费金额的为高，对应的 M 值为 1，否则为 0。

所以，表 11-1 所示内容可以转换为表 11-2 所示内容。将该表导入 Power Pivot 中，并命名为"RFM 类型"。

表 11-2

序号	客户类型	R（近度）	F（频度）	M（值度）	R 值	F 值	M 值	RFM 值
1	重要价值客户	高	高	高	1	1	1	111
2	重要发展客户	高	低	高	1	0	1	101
3	重要保持客户	低	高	高	0	1	1	011
4	重要挽留客户	低	低	高	0	0	1	001
5	一般价值客户	高	高	低	1	1	0	110
6	一般发展客户	高	低	低	1	0	0	100
7	一般保持客户	低	高	低	0	1	0	010
8	一般挽留客户	低	低	低	0	0	0	000

1）计算最后消费间隔天数和平均间隔天数

以"订单明细表"中的"下单日期"列里的最大日期为当前日期。所以，计算最后消费间隔天数，度量值可以写为：

```
最后消费间隔天数：=
VAR maxdte =
    MAXX(ALL('订单明细表'), '订单明细表'[下单日期])
RETURN
    DATEDIFF(MAX('订单明细表'[下单日期]), maxdte, DAY)
```

DATEDIFF 函数用来计算两个日期之间间隔的天数，最后一个参数的类型为 DAY，即表示天。计算平均间隔天数，度量值可以写为：

```
平均间隔天数：=
IF(ISBLANK([最后消费间隔天数]), BLANK(), AVERAGEX(ALL('客户表'), [最后消费间隔天数]))
```

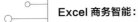

2）计算消费次数和平均消费次数

消费次数即"订单明细表"中不重复的订单数量。计算消费次数和平均消费次数，度量值可以分别写为：

```
消费次数：= DISTINCTCOUNT('订单明细表'[订单 ID])
平均消费次数：= IF(ISBLANK([消费次数]), BLANK(), AVERAGEX(ALL('客户表'),
[消费次数]))
```

3）计算消费金额和平均消费金额

消费金额即"订单明细表"中产品销售金额的合计值。计算消费金额和平均消费金额，度量值可以分别写为：

```
消费金额：= SUM('订单明细表'[产品销售金额])
平均消费金额：= IF(ISBLANK([消费金额]), BLANK(), AVERAGEX(ALL('客户表'),
[消费金额]))
```

4）计算客户的 RFM 客户类型

在这个计算中，首先分别计算 R、F、M 对应的 0 和 1 值，然后将这 3 个指标的 0 和 1 值进行连接，最后与"RFM 类型"表中的"客户类型"列进行匹配。所以，度量值可以写为：

```
RMF 客户类型：=
VAR R_01 =
    IF(ISBLANK([最后消费间隔天数]), BLANK(), IF([最后消费间隔天数] <= [平
均间隔天数], 1, 0))
VAR F_01 =
    IF(ISBLANK([消费次数]), BLANK(), IF([消费次数] >= [平均消费次数], 1,
0))
VAR M_01 =
    IF(ISBLANK([消费金额]), BLANK(), IF([消费金额] >= [平均消费金额], 1,
0))
VAR RFM_01 = R_01 & F_01 & M_01
RETURN
    CALCULATE(VALUES('RFM 类型'[客户类型]), 'RFM 类型'[RFM 值] = RFM_01)
```

在上述度量值中，需要注意的是 RETURN 之后的部分，VALUES 函数的参数为单列时，可以作为标量值使用。具体内容可以参照 8.3.6 节。

5）每个客户类型的数量和占比

以上 4 个部分的度量值都是为了计算每个客户属于什么价值类型。而要分析每个价值类型的客户的数量的占比时，还需要单独书写表达式来计算。因此，计算客户数量，度量值可以写为：

```
客户数量: =
VAR selectrfm =
    MAX('RFM类型'[客户类型])
VAR countcus =
    COUNTROWS(FILTER(ALL('客户表'), [RFM客户类型] = selectrfm))
RETURN
    IF(
        HASONEVALUE('RFM类型'[客户类型]),
        countcus,
        CALCULATE(DISTINCTCOUNT('订单明细表'[客户ID]))
    )
```

在上述度量值中，需要注意 IF 函数的判断部分，因为使用了 MAX 函数，所以总计会和最后一行数据的值一样，因此需要对总计行使用 HASONEVALUE 函数进行判断，赋予总计合适的值。

计算客户占比相对比较简单，度量值可以写为：

```
客户占比: =
DIVIDE([客户数量], CALCULATE(DISTINCTCOUNT('订单明细表'[客户ID])))
```

将相应的字段和度量值放置于不同的数据透视表中，结果如图 11-11 所示。

图 11-11

RFM 客户价值分析模型本身并不复杂，但是计算过程中的计算量比较大。与传统的 Excel 工作表函数相比，使用 Power Pivot 做 FRM 客户价值分析模型，不仅灵活度更高，而且效率也更高。

11.5 实例 5：员工在职、入职、离职和离职率的计算模型

在人力资源数据分析中，经常计算的指标有在职人数、入职人数、离职人数和离职率等。本节主要介绍如何使用 Power Pivot 计算这些指标。

有一个"人员表"，"人员表"中记录了员工的部门、岗位信息、入职日期和离职日期等信息，如图 11-12 所示。

	员工 ID	姓名	一级部门	二级部门	序列	入职日期	离职日期	员工类别
1	V064460	安*	增长部	转化一部	BPC	2020-07-17		正式员工
2	V017704	安*	增长部	转化一部	管理	2019-06-17		正式员工
3	V068766	白*冉	增长部	转化二部	BPC	2020-08-17	2020/11/24	正式员工
4	V070434	白*成	增长部	转化二部	BPC	2020-08-23		正式员工
5	V069849	班*次仁	增长部	转化二部	BPC	2020-08-21		正式员工
6	V017779	蔡*	增长部	转化一部	管理	2019-06-20		正式员工
7	V071295	曾*	增长部	转化二部	BPC	2020-08-27		正式员工
8	V071321	曾*莉	增长部	转化二部	BPC	2020-08-27		正式员工
9	V071246	曾*	增长部	转化二部	BPC	2020-08-27	2021/12/2	正式员工
10	V071327	曾*振	增长部	转化二部	BPC	2020-08-27		正式员工
11	V021738	柴*敏	增长部	转化二部	BPC	2019-07-11		正式员工
12	V021953	陈*	增长部	转化二部	管理	2019-08-12	2020/12/3	正式员工
13	V057869	陈*莉	增长部	转化一部	BPC	2020-05-17		正式员工
14	V056479	陈*仲	增长部	转化二部	BPC	2020-04-26	2020/12/14	正式员工
15	V055340	陈*墩	增长部	转化一部	BPC	2020-04-09		正式员工
16	V071326	陈*姣	增长部	转化二部	BPC	2020-08-27		正式员工

图 11-12

根据上述的数据特征来看，需要单独建立一个"日期表"。但是会有以下两种情况：

- 如果"日期表"与"人员表"之间建立关系，则"日期表"至少要包含"入职日期"和"离职日期"的范围，并且"日期表"中的日期列要分别与"人员表"中的"入职日期"列和"离职日期"列建立关系，通过 USERELATIONSHIP 函数来计算入职人数和离职人数。但是建立的"日期表"的日期范围比较大。
- 如果"日期表"与"人员表"之间不建立关系，也可以计算上述指标。但是依然需要建立"日期表"，不过此时"日期表"的日期范围可以从任意的日期开始。

本节内容选择后者，即"日期表"与"人员表"之间不建立任何关系，但是依然利用"日期表"来计算上述指标。本节案例建立的"日期表"从 2020-1-1 开

始，至 2021-12-31 结束。

1）计算期初在职人数

在职人数可以分为期初在职人数和期末在职人数。计算期初在职人数即计算入职日期小于期初日期且离职日期大于或等于期初日期或当前日期为空的行计数。度量值可以写为：

```
期初在职人数：=
VAR mindte = MIN('日期表'[Date])
VAR totalcount =
    COUNTROWS(
        FILTER(
            ALLSELECTED('人员表'),
            '人员表'[入职日期] < mindte
                &&(
                    '人员表'[离职日期] >= mindte
                        || ISBLANK('人员表'[离职日期])
                )
        )
    )
RETURN
    totalcount
```

2）计算期末在职人数

计算期末在职人数即计算入职日期小于或等于期末日期且离职日期大于期末日期或当前日期为空的行计数。度量值可以写为：

```
期末在职人数：=
VAR maxdte = MAX('日期表'[Date])
VAR totalcount =
    COUNTROWS(
        FILTER(
            ALLSELECTED('人员表'),
            '人员表'[入职日期] <= maxdte
                &&(
                    '人员表'[离职日期] > maxdte
                        || ISBLANK('人员表'[离职日期])
                )
        )
    )
RETURN
    totalcount
```

3）计算入职人数

计算入职人数即计算入职日期在期初日期和期末日期之间的行计数。度量值可以写为：

```
入职人数： =
VAR mindte = MIN('日期表'[Date])
VAR maxdte = MAX('日期表'[Date])
VAR ruzhicount =
    COUNTROWS(
        FILTER(ALLSELECTED('人员表'), '人员表'[入职日期] >= mindte && '
人员表'[入职日期] <= maxdte)
    )
RETURN
    ruzhicount
```

4）计算离职人数

计算离职人数即计算离职日期在期初日期和期末日期之间且离职日期不为空的行计数。度量值可以写为：

```
离职人数： =
VAR mindte = MIN('日期表'[Date])
VAR maxdte = MAX('日期表'[Date])
VAR lizhicount =
    COUNTROWS(
        FILTER(
            ALLSELECTED('人员表'),
            '人员表'[离职日期] >= mindte
                && '人员表'[离职日期] <= maxdte
                && '人员表'[离职日期] <> BLANK()
        )
    )
RETURN
    lizhicount
```

5）计算离职率

离职率等于离职人数除以期初在职人数和期末在职人数之和的平均值。度量值可以写为：

```
离职率： = DIVIDE([离职人数], ([期初在职人数] + [期末在职人数]) / 2)
```

将上述的度量值放置于数据透视表中，结果如图 11-13 所示。

中文年 ▼	年月 ▼	期初在职人数	期末在职人数	入职人数	离职人数	离职率
⊟2020年						
	202001	40	40			
	202002	40	43	3		
	202003	43	48	5		
	202004	48	70	22		
	202005	70	125	56	1	1.03%
	202006	125	145	24	4	2.96%
	202007	145	193	49	1	0.59%
	202008	193	343	151	1	0.37%
	202009	343	338	1	6	1.76%
	202010	338	330		8	2.40%
	202011	330	321	1	10	3.07%
	202012	321	312		9	2.84%
2020年 汇总		40	312	312	40	22.73%
⊟2021年						
	202101	312	311		1	0.32%
	202102	311	310		1	0.32%
	202103	310	309		1	0.32%
	202104	309	308	2	3	0.97%
	202105	308	307	1	2	0.65%
	202106	307	306		1	0.33%
	202107	306	304		2	0.66%
	202108	304	303	2	3	0.99%
	202109	303	302		1	0.33%
	202110	302	300		2	0.66%
	202111	300	295		5	1.68%
	202112	295	292		3	1.02%
2021年 汇总		312	292	5	25	8.28%
总计		40	292	317	65	39.16%

序列　BPC　管理

二级部门　转化二部　转化一部

图 11-13

关于人力资源中的在职人数、入职人数、离职人数和离职率的计算方法比较多样，读者可以在实际计算的过程中自由地选择合适且高效的方法。